Anja Steinbach (Hrsg.)

Generatives Verhalten und Generationenbeziehungen

Anja Steinbach (Hrsg.)

Generatives Verhalten und Generationenbeziehungen

Festschrift für Bernhard Nauck
zum 60. Geburtstag

VS VERLAG FÜR SOZIALWISSENSCHAFTEN

Bibliografische Information Der Deutschen Bibliothek
Die Deutsche Bibliothek verzeichnet diese Publikation in der Deutschen Nationalbibliografie;
detaillierte bibliografische Daten sind im Internet über <http://dnb.ddb.de> abrufbar.

1. Auflage Oktober 2005

Alle Rechte vorbehalten
© VS Verlag für Sozialwissenschaften/GWV Fachverlage GmbH, Wiesbaden 2005

Lektorat: Monika Mülhausen / Tanja Köhler

Der VS Verlag für Sozialwissenschaften ist ein Unternehmen von Springer Science+Business Media.
www.vs-verlag.de

Das Werk einschließlich aller seiner Teile ist urheberrechtlich geschützt. Jede Verwertung außerhalb der engen Grenzen des Urheberrechtsgesetzes ist ohne Zustimmung des Verlags unzulässig und strafbar. Das gilt insbesondere für Vervielfältigungen, Übersetzungen, Mikroverfilmungen und die Einspeicherung und Verarbeitung in elektronischen Systemen.

Die Wiedergabe von Gebrauchsnamen, Handelsnamen, Warenbezeichnungen usw. in diesem Werk berechtigt auch ohne besondere Kennzeichnung nicht zu der Annahme, dass solche Namen im Sinne der Warenzeichen- und Markenschutz-Gesetzgebung als frei zu betrachten wären und daher von jedermann benutzt werden dürften.

Umschlaggestaltung: KünkelLopka Medienentwicklung, Heidelberg

Gedruckt auf säurefreiem und chlorfrei gebleichtem Papier

ISBN-13: 978-3-531-14412-2   e-ISBN-13: 978-3-322-80641-3
DOI: 10.1007/978-3-322-80641-3

Bernhard Nauck

Inhalt

Vorwort 9

Anja Steinbach
Generatives Verhalten und Generationenbeziehungen: Einleitung 13

I. Familienentwicklung

Hans Bertram
Familie und Familienentwicklung im sozialhistorischen Kontext.
Von differenzierungstheoretischen Interpretationen der
Familienentwicklung zu sozialhistorischen Mehrebenenmodellen 27

Rosemarie Nave-Herz
Die Mehrgenerationenfamilie unter familienzyklischem Aspekt 47

Johannes Huinink
Räumliche Mobilität und Familienentwicklung.
Ein lebenslauftheoretischer Systematisierungsversuch 61

II. Generatives Verhalten

Daniela Klaus & Jana Suckow
Der Wert von Kindern und sein langer Schatten.
Eine kritische Würdigung der VOC-Forschung 85

Heike Diefenbach
Die Rationalität von Kinderwünschen und reproduktivem Verhalten.
Einige Anmerkungen zur konzeptionellen Weiterentwicklung
des „value-of-children"-Modells 111

Corinna Onnen-Isemann
Kinderlosigkeit als europäische Perspektive? 131

Thomas Klein & Jan Eckhard
Bildungsbezogene Unterschiede des Kinderwunsches und des generativen
Verhaltens. Eine kritische Analyse der Opportunitätskostenhypothese 151

III. Generationenbeziehungen

Barbara H. Settles & Xuewen Sheng
Social Transformations and the Future of Intergenerational
Relationships in Families and Societies: Implications for Theory, Research
and Programs in Family Studies 177

Beate Schwarz & Gisela Trommsdorff
Intergenerationaler Austausch von Unterstützung und Reziprozität
im Kulturvergleich 199

Xuewen Sheng
Families and Intergenerational Relationships in China: Globalization,
Tradition, Social Transformation and Elderly Care 213

Chin-Chun Yi & En-Ling Pan
Intergenerational Relations in Taiwan. A Preliminary Analysis on the
Lineage Differential 233

Tabellarischer Lebenslauf von Bernhard Nauck 257

Schriftenverzeichnis von Bernhard Nauck 259

Verzeichnis der Autorinnen und Autoren 277

Vorwort

Die vorliegende Festschrift ist Bernhard Nauck zu seinem 60. Geburtstag gewidmet, den er am 27. August 2005 begeht. Damit wird ein Hochschullehrer und Wissenschaftler geehrt, der seit mehr als 30 Jahren die Familien- und Migrationssoziologie belebt und weiterentwickelt hat. Seine akademische Laufbahn begann 1972, als er sein Studium der Erziehungswissenschaften an der Pädagogischen Hochschule Rheinland in Köln mit den Fächern Pädagogik, Soziologie, Vorschulische Erziehung und Didaktik der deutschen Sprache mit Auszeichnung abschloss.

Die Schwerpunkte seiner Forschung liegen in der Familiensoziologie einerseits und der Migrationssoziologie andererseits. Als einer von wenigen versteht er es ferner, diese beiden Themengebiete erfolgreich miteinander zu verbinden. So untersucht er zum Beispiel, inwieweit Migrationserfahrungen den familialen Zusammenhalt beeinflussen und – vice versa – inwieweit der familiale Zusammenhalt die Integration in die Aufnahmegesellschaft erleichtert bzw. erschwert. Der Grundstein für dieses Forschungsinteresse wurde durch das Projekt „Sozialisation und Interaktion in Familien türkischer Arbeitsmigranten" gelegt, an dem er von 1984 bis 1986 in Köln arbeitete. Daran schlossen sich eine große Zahl von Projekten an, die sich mit intergenerativen Beziehungen in türkischen, griechischen, italienischen und vietnamesischen Migrantenfamilien in Deutschland sowie mit Migrantenfamilien aus der ehemaligen Sowjetunion in Deutschland und Israel beschäftigten.

Vor dem Hintergrund der Forschung zu Migrantenfamilien entwickelte Bernhard Nauck schon in den 1980er Jahre ein Interesse am Thema „Werte von Kindern". Im Jahr 1998 begannen dann die Arbeiten an einer Replikationsstudie zum „Value-of-Children"-Ansatz, die bis heute fortgesetzt werden. Im Rahmen dieser neu aufgelegten „Value-of-Children"-Studie werden die Entscheidungen über die Geburt von Kindern und Eltern-Kind-Beziehungen interkulturell vergleichend analysiert und erklärt. Die Familiensoziologie gewann seit dieser Zeit immer mehr an Bedeutung innerhalb der Forschungsarbeiten von Bernhard Nauck. Daher verwundert es nicht, dass er einer der fünf Initiatoren des Schwerpunktprogramms „Beziehungs- und Familienentwicklung" ist, das seit 2004 von der Deutschen Forschungsgemeinschaft (DFG) gefördert wird. Innerhalb dieses

Schwerpunktprogramms werden verschiedene Aspekte der Beziehungs- und Familienentwicklung im Zeitverlauf modelliert und empirisch untersucht.

Alle Forschungsaktivitäten von Bernhard Nauck sind in der einen oder anderen Weise nicht nur in den nationalen, sondern auch in den internationalen Kontext eingebettet. Er hat es immer verstanden neben der Integration inhaltlicher Bereiche auch verschiedene wissenschaftliche Bezugssysteme harmonisch miteinander zu verbinden. So ist Bernhard Nauck nicht nur an kulturvergleichender Forschung interessiert, sondern auch an der Präsentation seiner Ergebnisse im internationalen Rahmen. Seine Reiseaktivitäten sind aus diesem Grund beträchtlich. Zugleich hat Bernhard Nauck es nicht vernachlässigt, sich in unterschiedlichen wissenschaftlichen Institutionen und Organisationen zu engagieren: Er war – unter anderem – Mitglied der Kommission für den sozialen und politischen Wandel in den neuen Bundesländern (1992-1996), Mitglied der Sachverständigenkommission für den 6. Bericht der Bundesregierung über die Lage der ausländischen Familien in der Bundesrepublik Deutschland (1996-2000), Sprecher der Sektionen „Familien- und Jugendsoziologie" (1990-1996) sowie „Migration und ethnische Minderheiten" (2001-2004) und ist seit 2002 Präsident des „Committee on Family Research" (RC 06) der International Sociological Association. Außerdem wurde er im Jahr 2000 als Fachgutachter in den Gutachterausschuss „Empirische Sozialforschung" der Deutschen Forschungsgemeinschaft gewählt. Auch an der TU Chemnitz hat er seine Arbeitskraft in die Selbstorganisation der Universität investiert und war von 2000 bis 2003 als Prodekan der Philosophischen Fakultät tätig.

Thematisch widmet sich die vorliegende Festschrift generativem Verhalten und Generationenbeziehungen – zwei Bereichen der Familiensoziologie, denen Bernhard Nauck besonders viel wissenschaftliche Aufmerksamkeit geschenkt hat. Andere Themenbereiche, zum Beispiel die Migrations- und Integrationsforschung, die Bildungsforschung oder die Kindheitsforschung müssen hier leider ausgeklammert bleiben, denn alle Arbeitsbereiche von Bernhard Nauck abzubilden, würde den Rahmen eines solchen Sammelbandes bei weitem sprengen. Es ist allerdings zu bemerken, dass der inhaltliche Fokus Bernhard Naucks auch innerhalb anderer Forschungsrichtungen vornehmlich auf Familien lag. Zum Beispiel widmet sich, wie oben beschrieben, ein Großteil seiner Forschungsarbeit Migrantenfamilien – ihren Generationenbeziehungen und ihrem Fertilitätsverhalten. So scheint es gerechtfertigt genau diesen beiden Themen im Rahmen einer Festschrift für Bernhard Nauck ausführlich Platz zu geben.

Bernhard Nauck kann auf 33 Jahre wissenschaftliche Arbeit zurückblicken. In dieser Zeit hat er in einer ganzen Reihe von Institutionen mit vielen verschiedenen Menschen zusammen gearbeitet. In diesem Band kommen *einige* seiner Mitarbeiterinnen und Mitarbeiter, Kolleginnen und Kollegen sowie Wegbegleiterinnen und Wegbegleiter zu Wort, die dem Jubilar ihre Anerkennung entgegenbringen möchten. Auf Grund der thematischen Fokussierung der Festschrift auf familiensoziologische Themen im Allgemeinen und generatives Verhalten sowie Generationenbeziehungen im Besonderen, konnten sich nur Personen beteiligen, die dazu auch etwas beizutragen hatten. All jene, die hätten beitragen wollen, aber keine Berücksichtigung gefunden haben, werden um Nachsicht und Verständnis gebeten. Die Beteiligten an diesem Band schließen mit ihren Beiträgen an den Ideen Bernhard Naucks an, vertreten jedoch ihren individuellen wissenschaftlichen Standpunkt, der mitunter auch kontrovers und streitbar angelegt ist. Gerade die kritische Auseinandersetzung mit theoretischen Modellen und Forschungsergebnissen ist es aber, die Bernhard Nauck als außerordentlich fruchtbar ansieht und aus diesem Grund auch besonders schätzt.

Ich bin einer Reihe von Kolleginnen, Kollegen und Institutionen zu Dank verpflichtet, ohne die dieses Buch nicht entstanden wäre: Als erstes möchte ich natürlich allen Autorinnen und Autoren danken, die sich bereit erklärt haben, durch ihre Beiträge, die eigens für diese Festschrift verfasst wurden, dem Buch Leben einzuhauchen. Der Werner-Zeller-Stiftung (Stiftung für gesellschaftsbezogene Familienforschung) bin ich zu besonderem Dank verpflichtet, da sie durch ihre finanzielle Unterstützung wesentlich zum Gelingen des Projektes beigetragen hat. Auch dem Dekan der Philosophischen Fakultät der TU Chemnitz, Prof. Dr. Albrecht Hummel, gilt in diesem Rahmen mein Dank. Durch die Bereitstellung von finanziellen Mitteln konnte ein wesentlicher Teil der Manuskripterstellung besorgt werden. Cornelia Weiß sei hier für die gewissenhafte Erstellung der Druckvorlage gedankt. Frank Kleemann gilt mein besonderer Dank; er stand mir in jeder Phase des Entstehungsprozesses dieser Festschrift mit Rat und Tat zur Seite. Das Gleiche gilt für Jana Suckow und Daniela Klaus, die immer ein offenes Ohr für Fragen und Probleme – ob gestalterischer oder inhaltlicher Art – hatten. Ich danke weiterhin dem Verlag für Sozialwissenschaften in Person von Frank Engelhardt, der durch die Nichtankündigung des Werkes half, den Überraschungseffekt zu wahren. Auch allen anderen „Mitwisser-Innen" sei an dieser Stelle noch einmal für ihre Verschwiegenheit gedankt, ohne die diese Geburtstagsüberraschung für Bernhard Nauck nicht gelungen wäre.

Anja Steinbach
Chemnitz, August 2005

Generatives Verhalten und Generationenbeziehungen: Einleitung

Anja Steinbach

Die Festschrift „Generatives Verhalten und Generationenbeziehungen" gliedert sich in drei Teile. Im ersten Teil *Familienentwicklung* finden sich drei Beiträge, welche eine dynamische Perspektive auf Familien fordern, die sich sowohl auf sozial-historische Verläufe als auch auf familieninterne Entwicklungen bezieht. Im zweiten Teil *Generatives Verhalten* setzen sich die Autorinnen und Autoren in vier Beiträgen mit der Frage auseinander, was die Anreize, Barrieren und Kosten für die Geburt(en) von Kindern sind. Im dritten und letzten Teil *Generationenbeziehungen* werden schließlich wiederum in vier Beiträgen die Unterstützungsleistungen von Großeltern, Eltern und Kindern in verschiedenen Kulturen betrachtet.

1 Familienentwicklung

Dieser Band zu generativem Verhalten und Generationenbeziehungen wird eingeleitet von drei theoretischen Beiträgen, die verdeutlichen, dass Familie und Familienentwicklung dynamisch angelegt sind. Sie zeigen, dass es unumgänglich ist, bei der Betrachtung von Familie und deren Entwicklung sowohl sozialhistorische als auch lebenslaufbezogene Aspekte einzubeziehen.

Hans Bertram betont in seinem Beitrag „*Familie und Familienentwicklung im sozialhistorischen Kontext*" die Bedeutung des sozialräumlichen Kontextes für Familienentwicklung, Generationenbeziehungen und kindliche Sozialisationsprozesse. Er konstatiert, dass in der deutschen Familiensoziologie lange Zeit differenzierungstheoretische Modelle dominierten, was seines Erachtens zu einer beachtlichen Fehlinterpretation der Familienentwicklungen in Deutschland beigetragen hat. Hans Bertram kritisiert, dass Arbeiten die theoretisch wie empirisch nachweisen konnten, dass das Modell der isolierten Kernfamilie allenfalls teilweise der empirischen Realität der 1950er und 1960er Jahre entsprach, nicht beachtet wurden. So brachte schon Elisabeth Pfeil den Nachweis, dass die Beziehungen zwischen Eltern und ihren Kindern, auch wenn sie nicht (mehr) im selben Haushalt leben, besonders intensiv sind. Sie spricht von der „disparaten Drei-Generationenfamilie", um zum Ausdruck zu bringen, dass die Generationen, obwohl räumlich getrennt, dennoch auf vielfältige Weise miteinander verbunden waren. Für Hans Bertram ist das ein Zeichen dafür, dass das, was er als multilokale Mehrgenerationenfamilie bezeichnet, nicht erst in den 1990er Jahren seine Bedeutung gewonnen hat.

An diesem Punkt setzt der Beitrag „*Die Mehrgenerationenfamilie unter familienzyklischem Aspekt*" von *Rosemarie Nave-Herz* an, in dem sie ein Modell zum Familienzyklus der Mehrgenerationenfamilie entwirft. Sie kritisiert, dass die Mehrgenerationenfamilie – obwohl sie durch die verbesserten medizinischen und ökonomischen Bedingungen seit dem 19. Jahrhundert stetig zugenommen hat – in der Soziologie kaum berücksichtigt wurde. Auch weiterhin stehen fast ausschließlich die Interaktionsbeziehungen der Zwei-Generationen-Familie im Vordergrund der Betrachtungen. Rosemarie Nave-Herz versucht in ihrem Beitrag, den familienzyklischen Ansatz auf die veränderte soziale Realität, nämlich in Bezug auf das Massenphänomen der Drei-Generationen-Familie, zu erweitern. Sie zeigt, dass die dynamische Betrachtung mit Hilfe des Familienzyklusmodells eine neue strukturelle Sicht auf die Mehrgenerationenfamilie ermöglicht, wodurch neue Forschungsfragen in den Blick geraten. Das klassische Familienzyklusmodell bezieht sich auf die strukturelle Gliederung des Lebenslaufs einer Zwei-Generationen-Familie (Kernfamilie) auf Grund von internen Veränderungen. Wenn das übliche Familienzyklusmodell durch die Mehrgenerationen-Perspektive erweitert wird, eröffnen sich nach Rosemarie Nave-Herz weitere Chancen der Wahrnehmung familialer Realitäten bzw. die Wahrnehmung von historischen familienendogenen Veränderungen. Die Familienphasen wurden lange Zeit ausschließlich als unabhängige Variablen behandelt. Der Familienzyklus kann aber auch als abhängige Variable betrachtet werden: Zum Beispiel könnte die Reduktion der „Familienphase" (Verzicht auf weitere Kinder) von Wohn-Bedingungen abhängen.

Dieses Thema greift *Johannes Huinink* in seinem Beitrag „*Räumliche Mobilität und Familienentwicklung*" auf. Er fragt, inwieweit räumliche Mobilität die Bedingungen des Familienlebens verändert bzw. umgekehrt Familienentwicklungen einen Wohnortwechsel bedingen. Johannes Huinink entwickelt in seinem Beitrag einen allgemeinen theoretischen Rahmen zur Modellierung von individueller Lebensplanung und -gestaltung, in dem er den Lebenslauf als Prozess der Produktion individueller Wohlfahrt konzeptualisiert. Die individuelle Wohlfahrt unterteilt er in Anlehnung an Smith, Lindenberg und Nauck in die zwei Dimensionen „wirtschaftlich-materielle" Wohlfahrt (die noch einmal in ökonomische und physische Wohlfahrt unterteilt wird) sowie „psycho-soziale" Wohlfahrt (die noch einmal in sozial-normative und psychisch-affektuelle Wohlfahrt unterteilt wird). Der Handelnde orientiert sich nun in Bezug auf die grundlegenden Wohlfahrtsziele an einer allgemeinen Anreizstruktur, die man für verschiedene biographische Zustandsaspekte ableiten kann. Aus diesem theoretischen Rahmen werden schließlich Migration und Familienentwicklung als Teilprozesse im Lebensverlauf und der Produktion individueller Wohlfahrt erklärt.

Diesen einleitenden Beiträgen zur Analyse von Familie und Familienentwicklung als dynamischen Prozess folgen im zweiten Teil des Bandes verschiedene Texte, die generatives Verhalten in den Mittelpunkt ihrer Betrachtungen stellen.

2 Generatives Verhalten

Das generative Verhalten hat insbesondere auf Grund der sinkenden Geburtenzahlen in Deutschland und Europa verstärkt Eingang in den wissenschaftlichen Diskurs der letzten Jahre gefunden. Im Mittelpunkt des Forschungsinteresses steht dabei die zunehmende Kinderlosigkeit potenzieller Eltern – Männer und Frauen, die zwar biologisch in der Lage sind, Kinder zu zeugen und zu gebären, es aber nicht tun. Insbesondere die von Sozialanthropologen vertretene These, dass Elternschaft eine biologische Konstante ist, die dem unabdingbaren Wunsch folgt, sich zu reproduzieren und seine Gene weiterzugeben, wird in der Soziologie zunehmend in Frage gestellt. Dafür geraten unterschiedliche Anreize und Barrieren für die Umsetzung des Kinderwunsches in den Blick der Forscherinnen und Forscher. Denn wie inzwischen viele empirische Untersuchungen belegen, scheint der Wunsch nach einem Kind in der Mehrheit der Bevölkerung ungebrochen zu sein. Dennoch entscheiden sich immer mehr Paare gegen Kinder bzw. schieben den Kinderwunsch so lange auf, bis die Altersgrenze (der Frauen) überschritten ist, in der er noch erfüllt werden kann. Die „Value-of-Children"-Forschung versucht nun diese Erklärungslücke zwischen Kinderwunsch und tatsächlichem reproduktiven Verhalten zu schließen, indem sie sowohl die Nutzen als auch die Kosten von Schwangerschaft, Geburt und Aufzucht von Kindern in einem Erklärungsmodell integriert.

Daniela Klaus und *Jana Suckow* liefern in ihrem Beitrag „*Der Wert von Kindern und sein langer Schatten*" eine zusammenfassende Darstellung der (Weiter-)Entwicklung des „Value-of-Children"-Modells in den vergangenen

Jahrzehnten – von den Anfängen als induktives Modell bis hin zu differenzierten Ausformulierungen unter Zuhilfenahme der Theorie sozialer Produktionsfunktionen. In den intergenerativen Beziehungen der späten Familienphase sehen sie den „langen Schatten" der Werte von Kindern, denn nur langfristig zeigt sich für Eltern, inwieweit die Erwartungen an die Kinder – die zu ihrer Geburt geführt haben – auch tatsächlich erfüllt werden. Über die theoretische Auseinandersetzung mit dem „Value-of-Children"-Ansatz hinaus, prüfen sie ihre Annahmen empirisch anhand einer kulturvergleichenden Analyse, in die sie Deutschland und die Türkei einbeziehen. Daniela Klaus und Jana Suckow konzentrieren sich in ihren empirischen Analysen auf die Erfüllung der Erziehungsstrategien in Form intergenerativer Beziehungen. Sie stellen fest, dass sich der Wert, der Kindern in den beiden Ländern – die sich in vielerlei Hinsicht unterscheiden – zugeschrieben wird, sowohl auf die Erziehungsstrategien als auch auf die tatsächlichen Eltern-Kind-Beziehungen auswirkt.

Heike Diefenbach setzt sich in ihrem Beitrag „*Die Rationalität von Kinderwünschen und reproduktivem Verhalten*" kritisch mit dem „Value-of-Children"-Ansatz auseinander, indem sie die Determinanten von Kinderwünschen und reproduktivem Verhalten hinterfragt. Sie wirft die Frage auf, ob bei der Erklärung reproduktiven Verhaltens möglicherweise eine „Kluft" zwischen der durch die Forscher konstruierten Rationalität des reproduktiven Verhaltens und der Rationalität, der das reproduktive Verhalten der Akteure tatsächlich unterliegt, besteht. Dabei verweist sie auf zahlreiche theoretische und empirische Arbeiten aus Deutschland als auch aus den USA, Ägypten oder Uganda. Sie deckt Schwächen des VOC-Modells auf und zeigt, dass der Ansatz – so fruchtbar er für die Erklärung generativen Verhaltens auch ist – bislang nicht ausgeschöpft wurde. Darüber hinaus stellt Heike Diefenbach Überlegungen zur konzeptionellen Weiterentwicklung des VOC-Modells an, indem sie Kinder als Einstellungsobjekte hinterfragt, die Perspektive der Männer thematisiert sowie die Berücksichtigung des strategischen Einsatzes von Sexualität und Fertilität als Handlungsmöglichkeit fordert. Sie wirft abschließend die Frage auf, ob in der (Familien-)Soziologie nicht (immer noch) an einem unrealistisch harmonischen Bild von Partnerschaft, Ehe und Familie festgehalten werde, das die empirischen Ergebnisse durch ungenaue Operationalisierungen verzerrt und möglicherweise die Erklärungskraft des VOC-Modells beeinträchtigt.

Corinna Onnen-Isemann nimmt schließlich in ihrem Beitrag „*Kinderlosigkeit als europäische Perspektive?*" die zukünftige Entwicklung von generativem Verhalten in verschiedenen europäischen Ländern in den Blick. Zwar können Veränderungen der Familienbildungsprozesse überall in Europa beobachtet werden, aber nicht in allen Ländern ist die Fertilitätsentwicklung auf so hohem Niveau rückläufig wie in Deutschland. Als wesentlichen Auslöser für das veränderte reproduktive Verhalten sieht sie das gestiegene Bildungsniveau von Frauen und die damit verbundene (qualifizierte) Erwerbstätigkeit an. Die sich gleichzeitig hartnäckig haltenden traditionellen Familienvorstellungen der treu sorgenden Ehefrau und Mutter, die Haushalt und Kinder versorgt, führen bei den Frauen zu einem dauerhaften Konflikt, der als Vereinbarkeitsproblem von Beruf und Familie in die öffentliche Diskussion eingegangen ist. Corinna Onnen-Isemann postuliert, dass ein Aufschub der Umsetzung des Kinderwunsches und Kinderlosigkeit zunehmend als Konfliktlösungsstrategie eingesetzt werden wird. Da nicht in allen europäischen Ländern die Geburtenrate im gleichen Ausmaß wie in Deutschland sinkt, verweist Corinna Onnen-Isemann auf die gesellschaftlichen Rahmenbedingungen als wichtigen Indikator für die Geburt von Kindern Eine Verbesserungen der strukturellen Bedingungen für Familien, Frauen und auch Männer würden danach die Entscheidung zur Elternschaft erheblich erleichtern.

Auch *Thomas Klein* und *Jan Eckhard* beschäftigen sich in ihrem Beitrag „*Bildungsbezogene Unterschiede des Kinderwunsches und des generativen Verhaltens*" mit der zunehmenden Kinderlosigkeit deutscher Frauen und Männer. Sie konzentrieren sich dabei auf die Frage, warum die Fertilität kontinuierlich sinkt, obwohl Kinderwünsche auf hohem Niveau konstant bleiben. Auf der Basis des Familiensurveys analysieren sie erstmals das (vielfach nur unter Bezug auf objektive Faktoren untersuchte) familienökonomische Handlungsmodell des generativen Verhaltens auch unter Einbeziehung von Daten über die subjektiven Einstellungen, Orientierungen und Motive. Sie überprüfen auf der Grundlage eines Paneldesigns, ob sich die mit objektiven Faktoren – insbesondere die mit dem Bildungsniveau – assoziierten Beweggründe auf der subjektiven Seite über-haupt wieder finden und ggf. tatsächlich für das generative Verhalten relevant werden. Ein erstes Ergebnis ist, dass sich die bekannten Zusammenhänge zwischen dem Bildungsniveau der Frau und der Familiengründungsrate bzw. der Kinderlosigkeit auch im Familiensurvey wieder finden. Ein zweites Ergebnis ist umso überraschender: Die Wahrnehmung beruflicher Opportunitätskosten unterscheidet sich nicht (bzw. nicht statistisch signifikant) zwischen den Bildungsgruppen. Dagegen unterscheiden sich die Bildungsgruppen allerdings hinsichtlich ihrer Einschätzung des Nutzens, den sie durch Kinder erlangen können. Thomas Klein und Jan Eckhard verweisen abschließend darauf, dass in der öffentlichen Debatte mehr über die Hinderungsgründe als über die Anreize zur Elternschaft diskutiert wird. Diese Ergebnisse geben einen ersten Anhaltspunkt dafür, dass die Auswirkungen familienpolitischer Maßnahmen zur Reduzierung der Opportunitätskosten auf die Familiengründungsbereitschaft möglicherweise überschätzt werden.

Trotz zunehmender Kinderlosigkeit werden in den meisten Partnerschaften auch weiterhin Kinder geboren. Die Geburt von Kindern ist wiederum in den allermeisten Fällen verbunden mit der Stiftung lebenslanger Generationenbeziehungen, die durch ein gegenseitiges Geben und Nehmen von (Ur-)Großeltern, Eltern und Kindern gekennzeichnet sind. In den Beiträgen des dritten Teils dieses Bandes geht es deshalb um die Ausgestaltung von intergenerationalen Beziehungen.

3 Generationenbeziehungen

In den hier vorliegenden Beiträgen zu Generationenbeziehungen steht die kulturvergleichende Sichtweise im Vordergrund. Es wird gezeigt, wie Menschen in verschiedenen Ländern und Kulturen auf die demographischen Veränderungen – zum Beispiel sinkende Geburtenzahlen und steigende Lebenserwartung – reagieren. Die Schwerpunkte der Betrachtungen liegen dabei auf Generationenbeziehungen in westlichen Kulturen wie den USA und Deutschland einerseits und ostasiatischen Ländern wie China und Korea andererseits, wobei insbesondere die Wohnentfernung und der Kontakt zwischen Großeltern, Eltern und Kindern sowie die Pflege älterer Familienmitglieder untersucht werden.

Barbara Settles und *Xuewen Sheng* fragen in ihrem Beitrag „*Social Transformations and the Future of Intergenerational Relationships in Families and Societies*" nach den Unterschieden und Gemeinsamkeiten von Generationenbeziehungen in verschiedenen Ländern. Ihr Fokus der Betrachtungen liegt dabei auf den Pflegepraktiken alter Familienmitglieder in den USA und China. Die Schrumpfung der Familiengröße und die Ausdehnung der Lebenserwartung bleiben in beiden Ländern nicht ohne Auswirkungen auf die Versorgung der Alten. Die Frage, wie die einzelnen Familienmitglieder auf diese Veränderungen reagieren, ist allerdings auch eine Frage der kulturellen Orientierungen und Erfahrungen. Die Vermutung liegt nahe, dass in der amerikanischen Gesellschaft die Wahrscheinlichkeit größer ist, dass die älteren Familienmitglieder unabhängig von ihren Kindern sein wollen und auch sind, während in China Abhängigkeit, Reziprozität und Obligationen zwischen Jungen und Alten bestehen. Das Hauptergebnis der Untersuchung von Barbara Settles und Xuewen Sheng ist allerdings, dass die intergenerationalen Beziehungen in beiden Ländern trotz unterschiedlicher Geschichte und Kultur große Ähnlichkeiten aufweisen. Auf der einen Seite erhalten auch in den USA alte Familienmitglieder – entgegen aller Schwarzmalerei in der öffentlichen Debatte – umfassende finanzielle und instrumentelle Hilfeleitungen von ihren Kindern und Enkelkindern, wenn sie sie benötigen. Auf der anderen Seite bevorzugen auch alte Chinesinnen und Chinesen ihre Unabhängigkeit und Entscheidungsfreiheit. Solange es ihnen möglich ist, versuchen sie ihre persönlichen Angelegenheiten selbst zu regeln. Barbara Settles und Xuewen Sheng untersuchen in ihrem Beitrag die traditionellen kulturellen Werte und die gegenwärtige Bedeutung von Kindern und Enkelkindern in den USA und China und kommen zu dem Ergebnis, dass der familiale Zusammenhalt und die intergenerationale Hilfsbereitschaft groß ist, dass aber beide Länder auf Grund der demographischen Entwicklungen nicht auf den Ausbau professioneller Pflegeeinrichtungen verzichten können.

Beate Schwarz und *Gisela Trommsdorff* richten das Augenmerk in ihrem Beitrag *„Intergenerationaler Austausch von Unterstützung und Reziprozität im Kulturvergleich"* auf Generationenbeziehungen in Korea, China und Deutschland. Im Mittelpunkt ihrer Analysen steht die gegenseitige Unterstützung von erwachsenen Kindern und ihren Eltern. Für ostasiatische Kulturen ist als indigenes Konzept des Konfuzianismus die „filial piety" von großer Bedeutung. Im Konzept der „filial piety" wird, ähnlich wie in westlichen Kulturen, eine Norm der Reziprozität formuliert: Die Kinder sind verpflichtet, die hohen Investitionen ihrer Eltern später wieder gutzumachen. Das traditionelle Konzept der „filial piety" hat allerdings durch den sozialen Wandel und damit erfolgende Änderungen der Gesellschaftsstruktur sowohl in Korea als auch in China einige Veränderungen erfahren. Beate Schwarz und Gisela Trommsdorff beantworten in ihrem Beitrag zwei zentrale Fragen: (1) Unterscheidet sich das Ausmaß an intergenerationaler Unterstützung in Deutschland von dem in konfuzianischen Kulturen und wird dies durch Unterschiede in den familienorientierten Normen erklärt? (2) Unterscheidet sich die Bedeutung von Reziprozität in diesen Kulturen? Zusammenfassend zeigen die Befunde, dass in den konfuzianisch orientierten Kulturen eine langfristigere, generationenübergreifende Zeitorientierung und die Möglichkeit des Abtragens von Verpflichtungen durch hohe Investitionen in die nächste Generation besteht. Eine mangelnde Balance im intergenerationalen Austausch von Unterstützung hat deshalb kaum negative Folgen für die Eltern-Kind-Beziehung, denn die erwachsenen Töchter fühlen sich weniger als die Deutschen unter Druck, durch hohe zukünftige Pflegeleistungen für die alten Eltern eine Balance im Ressourcenaustausch herzustellen.

Der Beitrag von *Xuewen Sheng* „*Families and Intergenerational Relationships in China*" setzt bei der Frage an, ob die dramatischen Veränderungen der vergangenen Jahrzehnte in China auch zu einer Veränderung der familialen Werte („filial piety") und der Generationenbeziehungen geführt haben. Er zieht eine Reihe von Untersuchungen heran, um die Dynamik der Erwartungen sowie die Interdependenzen der Familienmitglieder darzustellen. Xuewen Sheng kann zeigen, dass sich die Familienmitglieder trotz der gewaltigen gesellschaftlichen Veränderungen in China eng miteinander verbunden fühlen und langfristige Austauschbeziehungen miteinander eingehen. Insbesondere in Bezug auf die Pflege alter Eltern wird aber inzwischen von den Kindern eingestanden, dass es notwendig sein wird, zukünftig auch auf spezialisierte Unterbringungseinrichtungen zurückzugreifen. Auch wenn viele junge Chinesinnen und Chinesen die Pflege ihrer Eltern im Prinzip übernehmen würden, fühlen sie sich außer Stande dies zu tun. Bildungsexpansion, Verkleinerung der Familien und Zunahme an Scheidungen sind nur einige Stichworte, die zeigen, wieso das Bedürfnis nach Pflegeeinrichtungen wächst. Die Regierung versucht die Problematik abzuwiegeln, indem auf die Qualität der Pflege, die alte Menschen (nur) zu Hause erhalten können, verwiesen wird. Über kurz oder lang – so ist sich Xuewen Sheng aber sicher – werden auch die Politiker ihre Augen vor dem Notwendigen nicht mehr verschließen können.

Auch *Chin-Chun Yi* und *En-Ling Pan* gehen in ihrem Beitrag „*Intergenerational Relations in Taiwan*" der Frage nach, welchen Einfluss die patriarchalischen Traditionen des Konfuzianismus in Taiwan auf die Ausgestaltung der intergenerationalen Beziehungen haben. Der Fokus ihrer Betrachtungen liegt dabei auf den Unterschieden in den Generationenbeziehungen bezüglich der (patrilinearen und matrilinearen) Abstammungslinie. Dazu analysieren sie die strukturellen Bedingungen von Generationenbeziehungen, indem sie die Wohnentfernung und das Ausmaß des Kontaktes zwischen Jugendlichen, Eltern und Großeltern untersuchen. Ihr besonderes Interesse richtet sich dabei auf die Unterschiede in der Ausgestaltung von patrilinearen und matrilienaren Generationenbeziehungen hinsichtlich soziodemographischer und ethnisch-kultureller Merkmale. Darüber hinaus zeigen sie, dass frühe familiäre Erfahrungen die gegenwärtigen intergenerationalen Beziehungen und damit auch die Unterschiede zwischen den Abstammungslinien bestimmen, dass also intergenerationale Transmission zur Stabilisierung der Unterschiede in den Beziehungen der Angehörigen der patri- und der matrilinearen Abstammungslinie beiträgt. Sie kommen zu dem Ergebnis, dass in Taiwan nach wie vor die patrilineare Abstammung bei intergenerationalen Beziehungen im Vordergrund steht. Töchter verlassen das Haus ihrer Eltern, um einer neuen Familie – der ihres Mannes – beizutreten. Dies wirkt sich auch auf den Kontakt der Kinder zu den Großeltern aus, der sich mehr oder weniger auf Kontakt zu den Großeltern väterlicherseits beschränkt.

4 Zusammenfassung und Ausblick

Die Beiträge in dieser Festschrift zeigen in eindrucksvoller Weise, wie gesellschaftliche Kontextbedingungen und individuelle Erfahrungen im Lebensverlauf miteinander verwoben sind und sowohl die Entscheidung für (eigene) Kinder als auch die Ausgestaltung der Generationenbeziehungen beeinflussen. Dabei greifen die Autorinnen und Autoren auf bereits vorliegende Ansätze der Familiensoziologie zurück und setzen sich damit kritisch und konstruktiv auseinander.

Hans Bertram weist zum Beispiel mit Rückgriff auf Studien aus den 1950er und 1960er Jahren nach, dass die Pluralität familiärer Lebensformen schon immer ein wesentliches Merkmal europäischer Familien gewesen ist. Die Ernährer-Hausfrauen-Ehe war auch in der „goldenen Zeit der Familie" nur eine unter anderen Optionen der Lebensgestaltung. Auch in dieser Zeit pflegten Frauen neben familienorientierten, berufsorientierte und adaptive Lebensstile. Letztere zeichnen sich gerade durch ihre Verbindung von Berufs- und Familienarbeit aus. Er stellt jedoch fest, dass sich mit den Bildungsinvestitionen junger Frauen auch ihre Wahlmöglichkeiten für unterschiedliche Lebensentwürfe vergrößern, deren Nutzung aber offensichtlich eine Begrenzung der Kinderzahl notwendig macht. Auch bei Heike Diefenbach findet sich der Verweis auf die Fehlannahme der Familiensoziologie, von der Ernährer-Hausfrauen-Ehe als seit den 1950er Jahren dominanten Lebensform in Deutschland auszugehen. Sie konstatiert, dass die Untersuchung der verschiedenen Lebensentwürfe von Frauen als Hausfrauen, Karrierefrauen oder als berufstätige Mütter (adaptive Zwischenlösung) auch im Rahmen der VOC-Forschung von großer Bedeutung sind, da sich das generative Verhalten der Frauen nach diesen Lebensentwürfen ausrichtet.

Nach Daniela Klaus und Jana Suckow lässt sich in diesem Zusammenhang grundsätzlich festhalten, dass der Wert von Kindern mit zunehmender Ressourcenausstattung (z. B. Bildungsniveau) des Entscheidungsträgers bzw. der Entscheidungsträgerin abnimmt, weil die alternativen Realisierungsmöglichkeiten von wichtigen Lebenszielen steigen. Auf dieses Argument gehen auch Thomas Klein und Jan Eckhard in ihrem Beitrag ein. Danach greift die ausschließliche Konzentration auf Opportunitätskosten (vor allem der Frauen) als Barriere bei der Entscheidung für Kinder zu kurz. Ihres Erachtens sollte die Nutzendimension von Kindern zukünftig stärker in den Blick genommen werden. Die Frage, warum keine Kinder geboren werden, sollte demnach in die Frage umformuliert werden, warum überhaupt noch Kinder geboren werden. Welchen zusätzlichen Nutzen versprechen sich potenzielle Eltern von Kindern? Thomas Klein und Jan Eckhard kommen zu dem Ergebnis, dass sich Frauen mit hoher Bildung hinsichtlich der Einschätzung des Nutzens von Kindern deutlich von Frauen mit niedriger Bildung unterscheiden. Durch hohe Bildung ist es verstärkt auch Frauen möglich, einen hohen Berufsstatus zu erreichen, der ihnen wiederum zu Macht, Anerkennung und finanzieller Unabhängigkeit verhilft. Kinder können dann nur unter der Bedingung, dass dieses Niveau der Bedürfnisbefriedigung Aufrecht erhalten werden kann, als zusätzliche Nutzenbringer fungieren.

Sowohl Thomas Klein und Jan Eckhard als auch Heike Diefenbach weisen in ihren Beiträgen darauf hin, dass in der deutschen Bevölkerung im gebärfähigen Alter eine starke Diskrepanz zwischen dem Wunsch nach Kindern einerseits und der Umsetzung dieses Wunsches in generatives Verhalten andererseits besteht. Ein zentraler Faktor bei der Aufklärung dieses Widerspruchs zwischen Kinderwunsch und tatsächlichem Verhalten ist das gestiegene Bildungsniveau der Frauen und die damit verbundene Erwerbsorientierung. Corinna Onnen-Isemann verweist in einem europäischen Vergleich auf die Auswirkungen der gesellschaftlichen Regelungsmechanismen und beklagt, dass die Regierung der Bundesrepublik Deutschland es – im Gegensatz zu anderen Ländern wie Frankreich oder Schweden – bisher versäumt hat, Bedingungen zu schaffen, unter denen sich junge Frauen und Männer gleichzeitig für eine erfüllende Berufstätigkeit und für Kinder entscheiden können.

Zusammenfassend zeigen die Beiträge, dass sowohl die Kosten als auch die Nutzen von Kindern in ein Modell einbezogen werden müssen, dass das Ziel verfolgt, generatives Verhalten zu erklären. Die Neukonzeption des „Value-of-Children"-Ansatzes scheint diesen Anspruch zu erfüllen, auch wenn bisher noch nicht alle Probleme gelöst werden konnten. Durch die neuere Verbindung der Themenbereiche „Werte von Kindern" und „Generationenbeziehungen" ist ein weiterer Schritt in die Entwicklung eines vollständigen Modells zur Erklärung von generativem Verhalten getan. Generationenbeziehungen werden nun als Nutzenaspekte von Fertilitätsentscheidungen in das Modell einbezogen, um so die Entscheidung für oder gegen (eine bestimmte Anzahl von) Kinder(n) zu erklären: Mit Kindern werden nämlich spezifische Erwartungen über den kurz-, mittel- und langfristigen Nutzen von Generationenbeziehungen als soziale Tauschprozesse – unter Berücksichtigung der jeweiligen Opportunitätsstruktur

– verbunden, an denen die Akteure ihr Fertilitätsverhalten ausrichten. Diese Erwartungen spiegeln sich in den „Values-of-Children" der (potenziellen) Eltern wider. Um diesen Wert bzw. diese Werte von Kindern realisieren zu können, müssen darauf abgestimmte Verhaltensstrategien ausgewählt und umgesetzt werden. Aus den „Values-of-Children" lassen sich deshalb auch konkrete Vorhersagen zu kindbezogenen Verhaltensweisen treffen, das heißt, Nutzenerwartungen an Kinder und Erziehungsstile hängen eng zusammen. Demnach sollten sich die Werte von Kindern der Eltern im praktizierten Erziehungsstil sowie in den damit verfolgten Zielen ebenso wieder finden, wie in der damit direkt verbundenen Ausgestaltung der intergenerativen Beziehung zu verschiedenen Zeiten im Familienzyklus.

Abschließend bleibt mir nur noch zu bemerken, dass die Autorinnen und Autoren in ihren Beiträgen nicht nur den Status quo der Forschungsaktivitäten in den Bereichen generatives Verhalten und Generationenbeziehungen wiedergeben. Darüber hinaus setzen sie sich mit den vorliegenden theoretischen Überlegungen und empirischen Ergebnissen kritisch auseinander und skizzieren dadurch notwendige Verbesserungen und Erweiterungen zukünftiger Untersuchungen zu diesen Themen.

I. Familienentwicklung

Familie und Familienentwicklung im sozialhistorischen Kontext. Von differenzierungstheoretischen Interpretationen der Familienentwicklung zu sozialhistorischen Mehrebenenmodellen

Hans Bertram

1 Einleitung

Bronfenbrenner (1989) hat mit seinen Arbeiten die erhebliche Bedeutung des sozialräumlichen Kontexts für Familienentwicklung, Generationenbeziehungen und kindliche Sozialisationsprozesse nachgewiesen (Moen, Elder & Lüscher 2001; Elder 1984; Bertram 1997; Brooks-Gunn, Duncan & Aber 2000a). Und obwohl in Deutschland inzwischen die Arbeiten von Strohmeier (1983), Schneewind (2000), Vaskovics (1988), Lüscher (1989) und Grundmann (1993) herausarbeiten konnten, welche Bedeutung die soziale und räumliche Lebensumwelt für Familien und für die Familienentwicklung hat, ist es bisher nicht gelungen, diese Perspektive in der soziologischen Familienforschung so zu verankern, dass die Möglichkeiten dieses Modells sichtbar wären zur Erklärung der Interaktion zwischen kindlicher Entwicklung, Familienentwicklung und Umwelt in einer gleichermaßen theoretischen wie auch empirischen Relevanz und auch in einer sozialpolitischen Bedeutung.

Diese Vernachlässigung der deutschen Familienforschung gegenüber der Wechselwirkung zwischen individuellem Handeln, sozialen Beziehungen und strukturellen Gegebenheiten hängt vermutlich damit zusammen, dass in den letzten Jahren die Diskussion dominiert wurde von Partnerbeziehungen, Geschlechterbeziehungen und den Beziehungen zwischen erwachsenen Kindern und ihren Eltern. Die Bedeutung der Eltern-Kind-Beziehungen in den früheren Lebensphasen von Kindern hingegen wurde zumeist als Problem der Vereinbarkeit von Familie und Beruf thematisiert oder aber die Bedeutung der Eltern für die kindliche Entwicklung wurde weniger diskutiert als etwa die Bedeutung von Anlagefaktoren. In der aktuellen öffentlichen Debatte gewinnt man sogar den

Eindruck, dass Kinder und ihre Entwicklung zunehmend als Aufgabe öffentlicher Einrichtungen interpretiert werden. Diese Akzentverschiebung hängt unter anderem auch damit zusammen, dass sich gerade in Deutschland und in der deutschen Soziologie Thesen von der Auflösung traditioneller soziokultureller Milieus und die Vorstellungen einer Multioptionsgesellschaft (Gross 1994; Schulze 1992) bzw. von Bastelbiografien und mobilen ungebundenen Individuen (Beck 1993) besonderer Beliebtheit erfreuten (Beck-Gernsheim 1994; Meyer 1992). Vorstellungen von interaktiven Mehrebenenmodellen mit wechselseitigen Beziehungen zwischen dem Akteur auf der individuellen Ebene und seinen Interaktionspartnern auf der Mikroebene, die ihrerseits wiederum sowohl den institutionellen Kontext, wie etwa Nachbarschaft und Gemeinde, beeinflussen und in einer Wechselbeziehung zu den sozialstrukturellen Gegebenheiten und den kulturellen Mustern einer Gesellschaft stehen, lassen sich in einem solchen Diskurs kaum durchsetzen. Denn solche Modelle setzen voraus, dass die Gesellschaft klare Strukturen aufweist, die sich wechselseitig beeinflussen. Selbst die vielfältigen Studien im Kontext von PISA (PISA-Konsortium 2002; IEA 2001; Bos, Lankes & Prenzel 2004), die in der Regel Mehrebenenmodelle benutzen wie in den 1970er Jahren die schichtspezifische Sozialisationsforschung, sind in der Familienforschung kaum reflektiert worden.

Bronfenbrenner hat aber nicht nur die Bedeutung der Interaktion zwischen Akteur, konkreter Lebensumwelt und Sozialstruktur mehrebenentheoretisch begründet (Bertram 1982; Brooks-Gunn, Duncan & Aber 2000b; Bronfenbrenner 1993), sondern im Rahmen seines Konzepts auch deutlich gemacht, dass diese Interaktionen und Einflüsse im Lebensverlauf sehr unterschiedlich wirken können und zudem historische Ereignisse von erheblicher Bedeutung für diesen Zusammenhang sind. Insbesondere Elder (1994) und Moen, Elder & Lüscher (2001) haben diese Zusammenhänge empirisch und theoretisch fruchtbar gemacht und nachgewiesen, dass Benachteiligungen in den ersten Lebensjahren, hervorgerufen durch die Weltwirtschaftskrise, durch Förderung im jungen Erwachsenenalter (Elder 1999) ausgeglichen werden konnten. Damit hat Elder (1974) die Bedeutung historischer Ereignisse für den Lebensverlauf von Menschen demonstriert.

Mit seinem sozial-ökologischen Ansatz hat Bronfenbrenner (Bronfenbrenner & Lüscher 1976) aber auch nachweisen können, dass sozialwissenschaftliche Forschung ebenso als anwendungsbezogene Grundlagenforschung theoretisch gehaltvoll sein kann. In diesem Zusammenhang sei nur an ihre Analysen und Interpretationen der Langzeitwirkungen von Head Start erinnert (Bronfenbrenner & Lüscher 1976), bei denen sie zeigen, dass selbst dann, wenn kurzfristige Effekte hinsichtlich der schulischen Förderung benachteiligter Kinder nicht unmittelbar eintreten, langfristig gesehen die so geförderten Kinder im jungen Erwachsenenalter davon profitieren.

Diese theoretische Perspektive von Bronfenbrenner hat in den letzten Jahren in den USA sowohl in den Erziehungswissenschaften aber auch in den Sozialwissenschaften wieder erheblich an Bedeutung gewonnen. So hat die American Academy of Science in ihrem Report über die frühkindlichen Entwicklungschancen diesen Interaktionszusammenhang nicht nur in einer Vielzahl von Einzelaspekten herausgearbeitet, sondern sie hat diesen Report „From Neurons to Neighborhoods" (Shonkoff & Philipps 2000) benannt, was exakt Bronfenbrenners Forschungsprogramm entspricht. Die Arbeiten von Brooks-Gunn, Duncan und Aber (2000a) haben ebenso wie das Forschungsprogramm des Social Science Research Council (Thornton 2001) viele Aspekte dieser sozialökologischen Perspektive aufgenommen. In Deutschland hat sich in den 1980er Jahren eine Reihe von Autoren um diesen Ansatz bemüht, aber anders als in der amerikanischen Familien- und Sozialisationsforschung hat es keine entsprechende Verankerung in der Forschung gegeben.

Einer der wesentlichen Gründe ist in meinen Augen darin zu suchen, dass in der empirischen Familienforschung und in der theoretischen Interpretation der Entwicklung von Familie in Deutschland fast immer differenzierungstheoretische Modelle und Konstruktionen dominiert haben (Tyrell 1986; Kaufmann 1994; Neidhardt 1975). Diese sind in sich plausibel interpretierbar, ohne aber im Sinne der von Bronfenbrenner skizzierten Strategien eines Modells der Interaktion von Individuum und Umwelt im Lebensverlauf und in Abhängigkeit von Zeitereignissen und historischen Umbrüchen selbst empirisch überprüft worden zu sein. Diese Dominanz differenzierungstheoretischer Modelle hat zu einer beachtlichen Fehlinterpretation der Familienentwicklungen in Deutschland beigetragen. Diese These will ich nicht an den heute so modischen „Krisen und Individualisierungstheorien moderner Familien" belegen. Vielmehr will ich an einigen Arbeiten von Elisabeth Pfeil (1961; 1965) deutlich machen, dass die Familienforschung seit den 1960er Jahren die Möglichkeit gehabt hätte, diese Modelle auf der Basis empirischer Studien, die damals teilweise von der DFG initiiert wurden, zu prüfen. Stattdessen wurden die vorliegenden abweichenden Ergebnisse ignoriert oder als unerheblich beiseite geschoben (Neidhardt 1975).

2 Interpretation von Familie und Familienentwicklung in den 1960er Jahren

Von den späten 1950ern an bis in die frühen 1970er Jahre erschien in Deutschland eine Vielzahl von Arbeiten zur Soziologie der Familie, die sich hoher Auflagen erfreuten. Die damals gefundenen Interpretationen von Familienentwicklung und Familie führen heute eine Reihe von Autorinnen und Autoren dazu, diese Zeit als das „goldene Zeitalter der Familie" zu interpretieren (Kaufmann 1995). Denn relativ hohe Geburtenzahlen (2,1 bis 2,3 Kinder auf 100 Frauen), geringe Scheidungszahlen und eine expandierende Ökonomie lassen diese Periode im Rückblick als eine friedliche und wohl geordnete Zeit erscheinen. Die dominante Interpretation des damaligen Familienmodells wurde von Friedhelm Neidhardt (1966) und im Zweiten Familienbericht (Bundesminister für Jugend, Familie und Gesundheit 1975) in Anlehnung an das Familienmodell von Talcott Parsons geliefert. Wir alle kennen dieses Modell der neolokalen Gattenfamilie (Ridley 2003), das mit seiner Annahme einer internen klaren Rollenstruktur zwischen dem männlichen Hauptemährer und Träger universalistischer gesellschaftlicher Werte und Normen sowie der weiblichen, auf die Erziehung und den Haushalt bezogenen expressiven Rolle der Ehefrau und Mutter von Parsons und Bales (1955) zum Modell der isolierten Kernfamilie weiterentwickelt wurde. Mit der ökonomischen Selbstständigkeit des jungen Mannes, dem Auszug aus dem Elternhaus, der Heirat und der Begründung eines neuen Haushaltes mit der Ehefrau und der Loslösung von der Herkunftsfamilie wurde der Eintritt in das Erwachsenenalter vollzogen. Reproduktion, Sozialisation der Kinder, Platzierung der Kinder und Regeneration waren Aufgabe der Eltern im neuen Haushalt. Dieses Modell wurde als funktional für die moderne Industriegesellschaft interpretiert, weil, so Renate Mayntz (1985: 107), die moderne auf den Binnenraum der Familie orientierte Lebensgemeinschaft von Eltern und Kindern den Mobilitätserfordernissen der modernen Industriegesellschaft entspreche. Nach Mayntz' Auffassung habe nicht nur die Verwandtschaft an Bedeutung verloren, sondern eben auch die Nachbarschaft, insbesondere in den Städten, die ihre Funktionen dort vollständig verloren hätten und diese heute, so Mayntz (1985: 107), vielfach an bürokratisch geleitete Organisation und den Staat übergegangen seien. Damit nimmt sie eine These vorweg, die später von Coleman (1986) als zentrale Begründung zur Entwicklung der asymmetrischen Gesellschaft und der Krise der Familie wieder aufgegriffen wird. Mayntz vertritt wie viele andere Autorinnen und Autoren der damaligen Zeit die These der Isolation der Kernfamilie, macht aber auch darauf aufmerksam, dass der Bindungsverlust zur

Herkunftsfamilie die Emanzipation der neuen Gattenfamilie ermöglicht und die Binnenorientierung ein höheres Maß an innerfamiliärer Stabilität mit sich bringe: „Ihre starke Intimität, ihre Wärme und Vertrautheit bilden neuartige Stabilitätsfaktoren der Familie" (Mayntz 1985: 109).

Diese früh von Renate Mayntz entwickelte Hypothese des Bedeutungsverlusts von Verwandtschaft und Nachbarschaft ist eine durchlaufende Argumentation nicht nur der Familienforschung, sondern auch in der soziologischen Theoriebildung. So sieht Kaufmann (1994) in der Abgrenzung und Verselbstständigung gegenüber der Umwelt eine der Existenzbedingungen moderner Familien infolge der strukturellen Differenzierung in modernen Gesellschaften. Die funktionale Spezialisierung der Familie weist der privatisierten Kernfamilie nur noch solche Aufgaben zu, die von ihr in besonderer Weise geleistet werden können. Als Leistungen nennt er dann die emotionale Stabilisierung der Familienmitglieder, die Fortpflanzung, die Pflege und die Erziehung der Kinder, die Regeneration und die wechselseitige Unterstützung der Familienmitglieder. So wie Kaufmann argumentiert auch Coleman (1995) mit seiner These, dass die moderne Familie vor allem deswegen gefährdet sei, weil sie sich nicht mehr auf Nachbarschafts- und Verwandtschaftsunterstützung verlassen könne.

Die Kontinuität und die in sich stringente Argumentation über die Entwicklung der modernen Familie, ihre Abgrenzung gegenüber der Umwelt und ihre Leistungen besteht seit den 1950er Jahren bis in die jüngste Theoriediskussion. Denn das Individualisierungsargument von Beck (1986) gewinnt seine Überzeugungskraft theoretisch aus der Überlegung der Auflösung klassischer institutioneller Strukturen und der Herauslösung des Subjekts aus diesen institutionellen Vorgegebenheiten. Die Wahlgemeinschaft „Familie" (Beck-Gernsheim 1998) ist als Ergebnis eines De-Institutionalisierungsprozesses zu werten, wie ihn beispielsweise Tyrell (1986) beschrieben hat. Münch (1993) sieht diesen Prozess sogar als eine notwendige Voraussetzung zur Bewältigung der Moderne.

Diese Argumentationskette, die bis in die Gegenwart reicht, ist deswegen erstaunlich, weil eine solche rigorose Konzentration der Interpretation von Familie als isolierter Kernfamilie in der US-amerikanischen und in der englischen Literatur nicht in gleicher Weise vertreten wurde. Nicht nur Historiker wie John Gillis (1996) oder Stephanie Coontz (1994) haben in den USA schon frühzeitig diese Vorstellung der Familie der 1950er Jahre kritisiert, sondern selbst die amerikanische Statistik hat diese Vorstellung empirisch in Frage gestellt. So hat Hernandez, lange Zeit Chefstatistiker der amerikanischen Familienstatistik, den Nachweis geführt, dass zu keinem Zeitpunkt in der amerikanischen Nachkriegszeit die Kinder mehrheitlich in der Parsons'schen Normalfamilie gelebt haben (Bertram 1997: Grafik 1).

Dieses Festhalten an einem Familienbild, das in seiner Existenz empirisch kaum geprüft wurde, erklärt aber auch, warum Autorinnen und Autoren mit anderen Positionen nur am Rande zur Kenntnis genommen wurden. Daher ist verständlich, dass Elisabeth Pfeil (1961; 1965) zwar immer wieder mal Erwähnung findet, dies aber eher im Bereich der Stadtforschung als in der Familienforschung. Denn sowohl in Bezug auf die These der Isolation der Kernfamilie wie in Bezug auf die Mutterrolle (als nur auf den Haushalt und die Familie bezogene Rolle) hat sie theoretisch wie empirisch nachweisen können, dass die skizzierten Argumentationen allenfalls teilweise die empirische Realität der 1950er und 1960er Jahre nachzeichneten.

3 Die symmetrische Familie

Auch wenn kein Zweifel daran bestehen kann, dass das Modell einer funktional ausdifferenzierten neolokalen Gattenfamilie zum dominanten Deutungsmuster der Familie der 1960er Jahre geworden ist, gab es durchaus auch andere Interpretationen. Relativ nahe bei diesem Modell, aber doch unterschiedlich, war das Konzept der Gefährtenfamilie von Burgess (1945); dieses ging davon aus, dass die Bindungen und Beziehungen zwischen den Partnern nicht nur die Stabilität des Ehesystems gewährleisten, sondern dass durch diese emotionalen Beziehungen eben auch die strukturellen Ungleichgewichtigkeiten, die sich für die Rolle des Vaters und der Mutter aus der unterschiedlichen Einbindung in die Gesellschaft ergeben, ausgeglichen werden können. „Dagegen hat die moderne Familie einen Gewinn an innerlichen Stabilitätsfaktoren aufzuweisen, die vor allem in dem oben behandelten neuen Verhältnis zwischen Mann und Frau der gegenseitigen Gefühlsbindung, der Solidarität, der geistigen Gemeinsamkeit und dem gegenseitigen Vertrauen liegen" (Mayntz 1985: 63). In einer solchen Konstruktion ist die Stabilität des Ehesubsystems wie auch der Familie insgesamt von den personalen Beziehungen des Ehepaars abhängig; dieser Aspekt war Mayntz (1985) und anderen Autoren, etwa König (1974), die dieses Modell vertraten, nicht nur bewusst, sondern sie sahen darin gerade das besondere Gefährdungspotenzial der modernen Kernfamilie.

Elisabeth Pfeil (1961; 1965) folgte in ihren Untersuchungen aber eher einem Modell von Familie, wie es zunächst von Elizabeth Bott (1957) entwickelt und später von Young und Willmott (1973) zum Konzept der „symmetrischen

Familie und Familienentwicklung im sozialhistorischen Kontext 33

Familie" ausgebaut wurde. Bott (1957) hat in ihrer Arbeit ein Modell partnerschaftlicher Rollenbeziehungen konstruiert, in dem die Binnenbeziehung zwischen Mann und Frau auch bestimmend war für die Außenbeziehungen des Paares. In der Perspektive von Bott (1957) ist davon auszugehen, dass in Familien, in denen beide Partner relativ qualifiziert ausgebildet sind, mit recht großer Wahrscheinlichkeit Mann und Frau die Hausarbeiten ebenso wie ihre Interessen teilen oder diese zumindest aushandeln. Diese partnerschaftlichen Rollenbeziehungen innerhalb der Familien führen nach Bott (1957) dazu, dass die Außenbeziehungen von Familien neben gemeinsamen sozialen Beziehungen doch auch unterschiedliche soziale Netzwerke kennen. In Partnerschaftsbeziehungen, wie sie vor allem in der Unterschicht zu finden sind mit den dort klar getrennten Rollen, sind die Außenbeziehungen und die sozialen Netzwerke von Mann und Frau relativ homogen und zudem mehr auf die Verwandtschaft als auf Bekanntschaften hin konzentriert. In partnerschaftlichen Beziehungen dagegen, die eher bei qualifizierten Ehepaaren zu finden sind, ist davon auszugehen, dass die Interessen und die Beziehungsmuster der Ehepartner heterogener sind.

Dieses Konzept haben Young und Willmot (1973) später als Modell der symmetrischen Familie mit den drei Perspektiven weiterentwickelt, dass Hausarbeit und Berufsarbeit in diesem Modell der partnerschaftlichen Rollenbeziehungen geteilt werden, dass dieses Modell kindzentriert ist und dass es das Modell des 20. Jahrhunderts sei. Dagegen sei das Modell der asymmetrischen Familie mit seiner klaren Rollentrennung zwischen dem außerhäuslich erwerbstätigen Vater und der hausfrauzentrierten Mutterrolle ein Familienmodell des 19. Jahrhunderts und seinerseits Ergebnis des Industrialisierungsprozesses. Es kann nur als erstaunlich bezeichnet werden, dass Parsons' Modell, das Young und Willmot (1973) dem 19. Jahrhundert zuordnen, in der deutschen Soziologie als das moderne Modell der 1960er Jahre galt. Allerdings muss festgestellt werden, dass dieses symmetrische Modell gegenüber dem asymmetrischen Modell in ihren eigenen Untersuchungen die Ausnahme und nicht die Regel darstellte (Worsley 1987).

Der Verweis auf dieses Modell ist deswegen erforderlich, um zu zeigen, dass in der englischen Diskussion von Familie das Zusammenleben im Haushalt für die Familienbeziehungen als viel weniger wichtig eingestuft wurde als in dem Modell von Parsons, Neidhardt und anderen. In jenen Modellen ist der neolokale Haushalt das entscheidende Merkmal zur Begründung der Orientierung der Familie auf den familialen Binnenraum. Demgegenüber wird in dem Modell von Bott (1957) davon ausgegangen, dass die Gestaltung der Interaktionsbeziehungen zwischen den Partnern auch ihre Beziehungen zur Umwelt strukturieren. Damit entspricht dieses Modell viel eher den Vorstellungen von Bronfenbrenner, dass die handelnden Subjekte in der Gestaltung ihrer Beziehung zueinander auch ihre Beziehungen nach außen strukturieren. Sowohl in Parsons' Modell wie in dem Modell der Gefährtenfamilie fügen sich die Subjekte letztlich in gesellschaftlich vorgegebene Strukturen. Möglicherweise hängt die stärkere Differenzierung von Haushalt und Familie auch damit zusammen, dass die Arbeiten von Peter Laslett zum historischen Nachweis der Kernfamilie als einer üblichen Lebensform im 16. und 17. Jahrhundert neben den komplexeren Haushaltsformen in Deutschland zu der damaligen Zeit allenfalls Historiker interessierte (Rosenbaum 1982); in Deutschland hatte hingegen selbst der Dritte Familienbericht (Der Bundesminister für Jugend, Familie und Gesundheit, 1979) noch nicht zur Kenntnis genommen, dass Durkheims Kontraktionsgesetz falsifiziert war, da Laslett zeigen konnte, dass in den von ihm untersuchten Gemeinden die Familiengröße bei durchschnittlich drei bis vier Personen lag (Wall, Robin & Laslett 1983). Diese Ergebnisse wurden später von Mitterauer (2003a) bestätigt.

4 Familiale Beziehungen und familiale Akteure

Die in den 1960er Jahren dominanten Familienmodelle sahen die familiäre Lebensform als eine Folge gesellschaftlicher Strukturveränderungen. Die meisten Autorinnen und Autoren gingen davon aus, dass die Kernfamilie das Ergebnis des Industrialisierungsprozesses des ausgehenden 19. und beginnenden 20. Jahrhunderts gewesen sei. Diese Annahme, die sich theoretisch überzeugend aus dem Differenzierungsmodell ableiten lässt, ist empirisch zwar falsch, aber sie wurde lange und wird teilweise noch heute vertreten. Im Gegensatz dazu folgte Elisabeth Pfeil (1961; 1965) sowohl in ihren Untersuchungen zur Erwerbstätigkeit der Mütter wie auch in ihrer Großstadtuntersuchung einer Akteursperspektive, in der solche einfachen differenzierungstheoretischen Argumente keinen Platz haben, weil neben der Analyse der gesellschaftlichen Vorgegebenheiten und Strukturen die Entwicklung familiärer Lebensformen in Großstädten wie auch die Entwicklung der Erwerbsorientierungen von Müttern immer auch das Ergebnis individueller Handlungsentscheidungen der Subjekte darstellt.

Diese Perspektive ist bis in ihre methodischen Orientierungen nach zu verfolgen. So versuchte Pfeil (1961; 1965) auf der einen Seite, sozialstrukturelle Entwicklungen zu rekonstruieren, indem sie sehr sorgfältig amtliche Daten zur Beschreibung dieser Entwicklungen zusammenstellte. Gleichzeitig werden aber in ihren empirischen Untersuchungen neben quantitativen Analysen immer auch auf qualitativen Materialien aufbauende Interpretationen der Motive und Orientierungen der handelnden Subjekte mitthematisiert. Auf diese Weise entstehen nicht nur sehr lebendige Beschreibungen ihrer Untersuchungsberichte, sondern sie vermeidet dadurch den methodischen Fehler, die strukturellen Veränderungen mit den individuellen Motiven und Orientierungen von vornherein gleichzusetzen. Wie richtig eine solche Vorgehensweise auch heute noch ist, kann man bei der Analyse der Entwicklung der weiblichen Erwerbstätigkeit in den neuen Bundesländern gut nachvollziehen. Keinesfalls haben die strukturellen Veränderungen der letzten 15 Jahre die ostdeutschen Frauen dazu gebracht, Lebensmodelle aus West- oder Süddeutschland zu übernehmen.

In der Einleitung zu Pfeils Studie „Die Familie im Gefüge der Großstadt" (1965) wird diese differenzierte Perspektive sehr deutlich. Pfeil beschreibt auf der einen Seite den strukturellen Prozess der Ausdifferenzierung der modernen Stadt in Wohnstadt, Einkaufsstadt und Arbeitsstadt und schildert die Schwierigkeiten, diese Mehrpoligkeit des eigenen Lebens zu organisieren. Statt aber nun davon auszugehen, dass die moderne Familie ihre Lebensbereiche getrennt und auf sich bezogen isoliert ausgestaltet, fragt sie, wie denn in einer solch ausdifferenzierten Stadtlandschaft die Großstadtfamilie den Stadtraum in Besitz nimmt: „Wir müssen uns lösen von der Vorstellung einer sozial und räumlich isolierten Kleinfamilie, verloren und auf sich verwiesen in der großen Anonymität: der Weltstadt" (Pfeil 1965: 11). Sie geht davon aus, dass die Familie in der Großstadt für sich einen Raum konstruiert, der nicht nur auf die Wohnung und die Nachbarschaft hin konzentriert ist, sondern ein Ordnungsgefüge sozialer und räumlicher Beziehungen entwickelt, das über die Wohnung und die Nachbarschaft weit hinausreicht und damit Verkehrskreise entstehen, die der Familie und den einzelnen Familienmitgliedern eine Ordnung und eine Struktur in der Stadt ermöglichen, die über die Familie hinausweisen.

Der kanadische Netzwerkforscher Barry Wellman (1979) hat in seiner Untersuchung von York im Jahr 1978 diese Überlegungen, allerdings ohne Bezug auf Pfeil, ähnlich formuliert. Er sieht die sozialen Beziehungen von Familien weder allein auf den Haushalt noch auf die unmittelbare Nachbarschaft beschränkt, sondern verteilt über den städtischen Raum, so dass dennoch, aus der Perspektive der Familien, eine unterstützende Beziehungsstruktur möglich ist. Er nennt dies „Community Liberated" und steht damit genauso wie Pfeil in klarem Gegensatz zu vielen modernen Autoren, wie etwa Robert N. Bellah et al. (1991), der in „The Good Society" die moderne Großstadt in ihrer Komplexität als eine wesentliche Ursache dafür identifiziert, dass es Familien erschwert wird, ein Familienleben zu entfalten. Mit dem gleichen Fehler wie jene Autorinnen und Autoren der 1960er Jahre, welche die isolierte Kleinfamilie thematisiert haben, fragt Bellah nicht, wie Familien und familiäre Akteure in einem solchen Kontext als Subjekte für sich selbst Sinn und Beziehungen strukturieren.

Unter dieser Akteursperspektive ist es gut nachzuvollziehen, dass Pfeil in ihrer Stadtuntersuchung als Ausgangsperspektive zunächst die Vorstellungen über Stadtviertel, die Einstellung zum eigenen Stadtviertel, die Nutzung des Stadtviertels und die Nutzung des anderen Raumes der Stadt wählt. Unter dieser Perspektive zeigt sich beispielsweise, dass bei der Wahl des Stadtviertels, in das man zieht, neben objektiven Faktoren wie der Möglichkeit, eine gute Wohnung zu bekommen, sehr wohl auch von Bedeutung ist, ob man dort Verwandte und Bekannte hat: Die Verwandtschafts- und Bekanntschaftsbeziehungen weisen über das Viertel hinaus. Besonders intensiv sind die Beziehungen zwischen den Eltern und ihren Kindern, auch wenn diese nicht im gleichen Haushalt leben, was Pfeil auch als Ausdruck der Tatsache interpretiert, dass die isolierte Kleinfamilie in der von ihr untersuchten Großstadt Hamburg keine Lebensrealität sei. Sie spricht von der „disparaten Drei-Generationenfamilie", um etwa zum Ausdruck zu bringen, dass die Großmütter der 1960er Jahre in einer Großstadtfamilie durch ihre Kinderbetreuung den Müttern die Erwerbstätigkeit mit ermöglichten. Rosenmayr und Köckeis (1965), die eine vergleichbare Studie in Wien durchgeführt hatten, sprechen hier von „Intimität auf Distanz"; und der von mir geprägte Begriff der „multilokalen Mehrgenerationenfamilie" beschreibt die Familienbeziehungen sehr gut, über die Pfeil berichtet.

Die Familienforscher der 1960er Jahre haben bei der Diskussion um die isolierte Kleinfamilie den gleichen Fehler gemacht wie bei der Interpretation der Entwicklung von Familien: Haushalte und Haushaltszusammensetzungen können nicht gleichgesetzt werden mit Familien und Familienbeziehungen; Familienbeziehungen können mit den Haushaltsstrukturen übereinstimmen, müssen es aber nicht, und das gilt für die Vergangenheit (Rothenbacher 1997) ebenso wie für die Gegenwart. Erstaunlicherweise wurde das erst in den 1980er Jahren akzeptiert, als Hoffmann-Nowotny (1988) den Begriff des „Living apart together" prägte, als er zeigte, dass Paare in einem eheähnlichen Verhältnis leben können, ohne im gleichen Haushalt zu leben. Für die Moderne akzeptiert die Familiensoziologie offenbar die Differenzierung von Partnerschaftsbeziehungen und Haushalt, während ihr das für die jüngste Vergangenheit offenkundig schwerer fällt. Im Rückblick ist es daher nicht erstaunlich, dass die empirisch begründete Kritik von Pfeil an der isolierten Kleinfamilie der 1960er Jahre in der Theoriediskussion und in der Beschreibung der Familienentwicklung so wenig Resonanz gefunden hat. Denn obwohl sie sich nicht nur auf die Ergebnisse von Rosenmayr & Kockeis (1965) stützen, sondern ihre Befunde auch mit Daten aus Paris, Dortmund und Stuttgart belegen kann, war die differenzierungstheoretisch begründete Konstruktion der modernen isolierten Kernfamilie mit klarer Aufgabenteilung der männlichen und weiblichen Rolle offenkundig sinnhafter als die empirischen Fakten. Dies ist leider kein überwundenes Phänomen der Familienforschung.

5 Zur Rolle der Mutter

Die skeptische Einstellung von Elisabeth Pfeil (1961; 1965) zur These der isolierten Kleinfamilie hing aber auch damit zusammen, dass sie in ihrer Analyse zur Entwicklung der Mutterrolle und der Erwerbs- und Berufsorientierungen der Mütter in den 1950er Jahren deutlich zeigte, dass es in der Wahrnehmung der von ihr untersuchten Mütter eigentlich nicht *die* Mutterrolle gab, sondern dass die befragten Mütter hinsichtlich der Vorstellungen von ihrer Mutterrolle ebenso wie in Bezug auf ihre Erwerbsrolle unterschiedliche Lebensentwürfe entwickelt hatten und auch lebten.

Das sehr einfache Muster der expressiven Rolle der Mutter im Modell von Parsons' Familie passt weder theoretisch noch empirisch mit den Ergebnissen der Untersuchungen von Pfeil (1961; 1965) zur Berufsorientierung von Müttern zusammen. Sie zeigt im theoretischen Teil ihrer Arbeit, dass die Ausgestaltung der Mutterrolle als Hausfrau und Mutter, sich im Wesentlichen nur für die Kindererziehung und die Regeneration des Mannes zuständig zu fühlen, auch in den 1950er Jahren nur ein Modell neben anderen war. Pfeil verweist auf die schon damals diskutierten und in hohen Auflagen verbreiteten Texte von Myrdal und Klein (1960), Margarete Mead und Simone de Beauvoir hin, erinnert an die schon zu Beginn des 20. Jahrhunderts bekannten unterschiedlichen und auch heute noch gültigen Strategien zur Vereinbarkeit von Familie und Beruf und betont, dass die Beschäftigungsstrukturen der USA und der Bundesrepublik Deutschland höchst unterschiedlich waren. Denn von den gut 30% der Kinder unter 18 Jahren mit einer erwerbstätigen Mutter erlebten 12,5% ihre Mutter als selbstständige oder mithelfende Familienangehörige in der Landwirtschaft und weitere 5,5% als selbstständige oder mithelfende Familienangehörige außerhalb der Landwirtschaft; 11% der Kinder hatten eine außerhäuslich erwerbstätige Mutter. In mehr als 20% der damaligen Familien mit Kindern wurde ein Familienmodell gelebt, in dem die Mutter unmittelbar in gleicher Weise wie der Vater zur ökonomischen Basis der Familie beitrug, weil beide gemeinsam durch ihre Produkte die ökonomische Basis der Familie erwirtschafteten.

Diese Gruppe von verheirateten Müttern passt ebenso wenig in das Modell einer arbeitsteiligen Familie mit je einer universellen und einer expressiven Rolle wie die von Pfeil dann zusammengestellten Motive für die Erwerbsarbeit der Mütter. Denn bei den Selbstständigen, freien Berufen und den Volksschullehrerinnen gaben ihre Befragten zwischen 30 und 45% an, aus Liebe zum Beruf zu arbeiten. Rechnet man noch diejenigen hinzu, die arbeiteten, um ihre berufliche Basis aufzubauen, so waren das weitere knapp 40%; etwa 29% gaben ökonomische Gründe an. Dabei zeigten die Befragten deutlich, insbesondere in den gehobenen Schichten, wie Pfeil das nennt, und bei den gut qualifizierten Frauen jenen „doppelten Lebensentwurf", den Burger und Seidenspinner (1982) als Muster der Vereinbarkeit von Familie und Beruf skizzierten, der in den 1950er Jahren theoretisch-begrifflich noch nicht erfunden, aber Teil der Lebensperspektive der qualifizierten Frauen war. Dieses Muster in den gehobenen und gebildeten Schichten unterschied sich deutlich von dem der unteren Schichten, die im Wesentlichen ökonomische Motive angaben: Dabei macht Pfeil allerdings auch deutlich, dass solche Notmotive je nach Berufstätigkeit durch andere Motive ersetzt werden können.

Pfeil (1965: 254) entwirft drei Grundtypen von Müttern, nämlich (1) die familienorientierte Hausmutter, (2) einen Zwischentypus und (3) die Berufsfrau, die sich hinsichtlich ihrer Vorstellungen zur Vereinbarkeit von Beruf und Familie deutlich unterscheiden. Damit nimmt sie eine Differenzierung vorweg, die von Hakim (2003) als „Work-Lifestyle Choices" im 21. Jahrhundert auf der Basis einer Präferenztheorie entworfen wird. Auch Hakim differenziert den berufsorientierten, den adaptiven und den familienorientierten Lebensstil und unterteilt ihre englische Untersuchungsgruppe entsprechend. Da Pfeil genau wie Hakim auch die Verteilung dieser Typen in ihrer Stichprobe wiedergibt, wird es möglich, den Wandel von Lebensentwürfen empirisch deutlich zu machen. Dominierten bei Pfeil noch die familienorientierten Frauen, so sind es bei Hakim heute die adaptiven Frauen, welche die Vereinbarkeit beider Rollen in Abhängigkeit vom Lebensalter des Kindes gestalten. Dabei zeigte sich schon in der Untersuchung von Pfeil, dass die berufsorientierten Frauen bei den freien Berufen und unter den Akademikerinnen die Mehrheit stellen. Theoretisch von Vorteil ist dieses Modell der dynamischen Ausgestaltung unterschiedlicher Lebensrollen, weil es deutlich macht, dass die Akteure in den konkreten Lebensumständen auf der Basis von persönlichen Präferenzen und Restriktionen ihre Rollen ausgestalten und nicht so einfach vorgegebenen Erwartungen folgen, eine

Familie und Familienentwicklung im sozialhistorischen Kontext 39

These, die die Historikerin Hareven (1999) auch in Bezug auf die Mutterrolle schon für den Beginn des Industriezeitalters formuliert hat, ohne dass die Familiensoziologie dies überhaupt zur Kenntnis genommen hat.

Die von Pfeil befragten Mütter, im Wesentlichen aus Großstädten, hatten durchschnittlich 1,6 Kinder und lagen damit etwas unter dem Durchschnitt erwerbstätiger Mütter im Mikrozensus (1957) mit durchschnittlich 1,9 Kindern. Diese geringeren Kinderzahlen erklärte Elisabeth Pfeil unter Bezug auf Myrdal und Klein (1960) damit, dass die Begrenzung der Kinderzahl eine Voraussetzung dafür ist, um beide Lebensziele – Beruf und Familie – vereinbaren zu können. Auch diese These wird heute in der demografischen Literatur (Lesthaeghe 1992) wieder aufgegriffen, um zu erklären, dass sich durch die Bildungsinvestitionen junger Frauen ihre Wahlmöglichkeiten für unterschiedliche Lebensentwürfe vergrößern, deren Nutzung aber eine Begrenzung der Kinderzahl notwendig macht. Denn, und auch das wird bei Pfeil deutlich, man kann nicht ohne weiteres erwarten, dass alle Frauen die Kompetenz entwickeln, berufliche Leistungen und eine größere Familie zu koordinieren.

Auch wenn ich hier nicht die gesamte Untersuchung von Pfeil (1961) darstelle, obwohl sie mit jeder neueren Erhebung zu Müttererwerbstätigkeit im nationalen und internationalen Kontext konkurrieren kann, ist festzuhalten, dass das Familienmodell der isolierten Kernfamilie mit einer klaren Rollentrennung von Mann und Frau für ein gutes Drittel der Kinder damals nicht gelten konnte. Nimmt man dazu noch jene Mütter mit Kindern, die infolge des Krieges als alleinerziehende Mütter arbeiteten, dann hatte dieses Modell in den 1960er Jahren, bezogen auf die Kinder, für maximal 60% der Kinder Gültigkeit. Auf der Basis von 14.000 Befragten im Alter von 18 bis 80 Jahren habe ich den Anteil aus der Kinderperspektive auf etwa 50% geschätzt, weil die Befragten zu 50% angaben, bis zum 15. Lebensjahr die Berufstätigkeit ihrer Mutter erlebt zu haben (Bertram 1997).

Pfeil arbeitete am Beispiel ihrer Stichprobe auch alle jene Probleme heraus, die wir heute noch intensiv diskutieren. Das beginnt mit der Knappheit der persönlichen Zeit, der fortbestehenden Ungleichheit der Arbeitsteilung zwischen Mann und Frau, den als sehr stressig erlebten Wegezeiten, bis hin zur fehlenden Infrastruktur. Dabei weist sie, wie wir heute auch, immer wieder auf die nordeuropäischen Länder – vor allem Schweden – hin. Sie zeigt, dass bei vielen Eltern, die im Schichtbetrieb arbeiten, Modelle der Gegenschicht gelebt werden und in diesem Fall die Männer einen großen Teil der Hausarbeit übernehmen. Aber genauso, wie es Jean-Claude Kaufmann (1996) für die moderne französische Frau beschreibt, ist ein Teil der Frauen eben doch der Meinung, dass ihr die Last des Disponierens und der Verantwortung für den häuslichen Bereich bleibt: „Er macht alles außer Kochen, aber ich muss manches oft heimlich nochmal machen" (Kaufmann 1996: 306). Die Frage der Kinderbetreuung, die damals unter dem Thema Schlüsselkinder thematisiert wurde, wird von ihr ausführlich behandelt. Dabei fängt das erweiterte Familiennetz dieses Problem im Wesentlichen auf, weil bei den kleinen Kindern 63% und bei den Schulkindern 40% durch die Verwandten betreut werden. Auch dies macht deutlich, dass im städtischen Kontext familiale Unterstützungsleistungen nicht an den Haushalt gebunden sind.

6 Pluralität und Kontinuität

Die Arbeiten von Pfeil (1961; 1965) zeigen, dass die heute vorgenommene Interpretation der Familie der 1950er und 1960er Jahre als eines goldenen Zeitalters der Kernfamilie allenfalls für einen Teil der Familien zutraf und insofern die in den 1970er Jahren vorgenommenen Interpretationen auf der Basis von Parsons notwendigerweise zum Ausschluss der Familien mit erwerbstätigen Müttern und den Alleinerziehenden führten, was etwa 40% aller Kinder unter 18 Jahren ausmachte.

Eine gewisse Blindheit der soziologischen Analyse ist nicht zu verkennen. Doch scheint mir das weniger wichtig zu sein als die Frage, warum die Arbeiten von Pfeil in der Familienforschung anders als in der Stadtforschung nur eine so untergeordnete Rolle gespielt haben. Bei aller Brillanz und einer glücklichen Fähigkeit von Pfeil, mit theoretischem und empirischem Material umzugehen, ist ein erstaunliches Auseinanderfallen ihrer Analyse zu beobachten. Sowohl bei der Analyse der Familie im Gefüge der Großstadt wie auch bei den erwerbstätigen Müttern hat sie nicht den Versuch unternommen, diese Entwicklungen aufeinander zu beziehen. Das ist insofern erstaunlich, weil Ogburn und Tippitts (1933), damals sehr bekannte Familien- und Stadtforscher, die Krise der amerikanischen Familie der 1920er Jahre mit der steigenden außerhäuslichen Erwerbstätigkeit der Mütter und der zunehmenden Verstädterung der amerikanischen Gesellschaft begründeten. Obwohl Pfeil beide Bereiche intensiv bearbeitet hat, bezieht sie diese Bereiche nicht aufeinander. Der von ihr sorgfältig beschriebene Wandel der weiblichen Lebensperspektive findet sich in ihren Untersuchungen zur Familie in der Stadt kaum wieder. Im Grunde fehlte ihr eine systematische theoretische Verknüpfung zwischen Makro-, Meso- und Mikrostruktur (Smelser 1967). Bei aller empirischen Kritik an Parsons, Neidhardt oder

Kaufmann waren die Verknüpfungen zwischen den unterschiedlichen Ebenen systemtheoretisch bzw. differenzierungstheoretisch konsistent abgeleitet, so dass die Sinnhaftigkeit der Theoriekonstruktion die empirischen Fakten von Pfeil als Marginalie erscheinen ließ.

Pfeil fehlte Bronfenbrenner's Forschungsprogramm, in dem – anders als in den system- oder differenzierungstheoretischen Ableitungen – der Zusammenhang verschiedener Ebenen historisch-empirisch und nicht systematisch hergeleitet wird. Das hat den Vorteil, dass in einer gegeben Zeit auf Grund verschiedener Randbedingungen unterschiedliche Beziehungen zwischen den Ebenen bestehen können. In dem systemtheoretischen Familienmodell der 1960er und 1970er Jahre diagnostizierte Neidhardt (1966; 1975) theoretisch stringent die Sozialisationsschwäche des Unterschichtenvaters, der die angesonnene Rolle des Vermittlers universalistischer Werte nicht leisten konnte. In Bronfenbrenner's Mehrebenenmodell kann die berufstätige Mutter diese Schwäche ausgleichen, denn das eher historisch-empirisch orientierte Modell ermöglicht die Annahme unterschiedlicher, nebeneinander bestehender Familienmodelle.

Ohne ein solches Modell behandelt Pfeil zwar die Wechselwirkungen zwischen den Akteuren und den sie umgebenden Strukturen, jedoch ohne mehrebenentheoretische Systematisierung. Damit verschließt sich aber die Möglichkeit, strukturelle Wandlungsprozesse und ihre Konsequenzen sichtbar zu machen. Denn ihre Analysen sind im Grunde eine Bestätigung der Hypothese von Laslett, Mitterauer, Hareven und Wall, dass auch während der Industrialisierung und in der Industriegesellschaft plurale Familienformen in unterschiedlicher Häufigkeit zu beobachten waren. Denn die Pluralität der familiären Lebensformen ist ein wesentliches Merkmal europäischer Familien (Mitterauer 2003b). Darüber hinaus folgt Pfeil konsequent einer Akteursperspektive und thematisiert die notwendigen Aushandlungsprozesse zwischen den Partnern, betrachtet sie aber in der Analyse der Großstadtfamilien als Handlungseinheit und nicht als Akteure in der Familie, die auch untereinander in Aushandlungsprozesse eintreten müssen, um ihre internen und externen Beziehungen zu strukturieren. Das halte ich für einen wirklichen Mangel ihrer Arbeit, weil sie in ihrer Studie über die erwerbstätigen Mütter die Einsicht formuliert, eine Veränderung der Rolle der Familienmutter müsse notwendigerweise auch zu einer Veränderung der Rolle des Familienvaters führen. Konsequenzen hat das aber in ihren Arbeiten nicht.

7 Sozialer Wandel als historische Entwicklung und die Replikation von empirischen Untersuchungen

Weiter oben habe ich ausgeführt, dass die Ansätze von Elisabeth Pfeil (1961; 1965) ähnlich wie Elizabeth Bott (1957), aber auch von Young und Willmott (1973) bei der Interpretation familiärer Entwicklungen in Deutschland relativ randständig behandelt wurden, weil systemtheoretische oder differenzierungstheoretische Ansätze einen in sich theoretisch stringenteren Ansatz lieferten, um Wandlungsprozesse zu interpretieren. Dabei ist auch in Kauf genommen worden, dass diese Interpretationen nur dann stimmig waren, wenn ein großer Teil familiärer Lebensverhältnisse früherer Zeiten in dem Spektrum der eigenen Analyse nicht berücksichtigt wurde. Das hat schon Parsons so gemacht, denn Normalität in Parsons' Sinne war nur möglich, indem die Hälfte der Kinder aus der empirischen Betrachtung ausgeblendet wurde. Das gilt auch für Deutschland, weil die Normalität dieses Familientypus nur dadurch hergestellt werden konnte, indem man einerseits die erwerbstätigen Mütter der 1950er Jahre und den hohen Anteil der alleinerziehenden Mütter ignorierte und andererseits die vorhandenen empirischen Studien zu den Beziehungsmustern von Familien und Umwelt aus der Diskussion weitgehend ausblendete. Denn dieses Schicksal erlitt nicht nur Elisabeth Pfeil, sondern das galt genauso für Irle und Eberlein (1960) oder Rosenmayr und Köckeis (1965). Allerdings ermöglichen uns diese Studien heute ganz im Sinne der Forderung von Elder und Bronfenbrenner, bei der Analyse von familiären Entwicklungen im Rahmen eines sozial-ökologischen Ansatzes eben auch historische Ereignisse zu berücksichtigen. Denn diese Studien sind alle vor 1968 durchgeführt worden, in einer Zeit also, die als „goldenes Zeitalter der Familie" interpretiert wird, da unter einer historischen Perspektive relativ früh geheiratet wurde; sowohl von der vorhergehenden wie der nachfolgenden Zeit ist diese Phase deutlich zu unterscheiden.

Damit ist es ähnlich wie in der Studie von Glen Elder „The Children of the Great Depression" (1974) heute möglich, die Bedeutung gesellschaftlicher Veränderungen, wie sie in den eingangs erwähnten Theorien zur Auflösung von Milieus formuliert worden sind, durch eine Replikation dieser Studien zu prüfen. Durch eine solche Replikation ist aber nicht nur zu prüfen, ob und inwieweit bestimmte historische Wandlungsprozesse die Familienbeziehungen und die Partnerschaftsbeziehungen oder auch die Eltern-Kind-Beziehungen beeinflusst haben; vielmehr muss als der größte Vorzug der Analyse von Pfeil betrachtet werden, dass sich durch ihre genaue Beschreibung des Wohnumfeldes und der Familienbeziehungen zu Geschwistern, Eltern und Großeltern, Bekannten und Nachbarn auch die Möglichkeit ergibt, ganz im Sinne von Urie Bronfenbrenner den Wandel des Einflusses des Kontextes jeweils auf diese Beziehungen zu prüfen. Denn da sie die Orte genau bezeichnet hat, in denen sie ihre Untersuchungen durchführte, lassen sich sowohl der strukturelle Wandel dieser Orte, wie aber auch mögliche Wirkungen einer Veränderung dieser Orte auf die Familienbeziehungen analysieren.

Auch wenn Pfeil selbst die unterschiedlichen Einstellungsmuster von Müttern zu deren Erwerbstätigkeit nicht zu ihren eigenen familiensoziologischen Untersuchungen in städtischen Kontexten in Beziehung gesetzt hat, ermöglichen es uns ihre Analysen, auch diesen innerfamilialen Wandel zu messen. Eine solche Vorgehensweise gibt es in der Soziologie selten, aber es sollte doch erwähnt werden, dass Caplow (1982) Ende der 1970er Jahre die Middletown-Studie von Lynd und Lynd (1929) aus den 1920er Jahren repliziert hat und zeigen konnte, dass trotz aller Wandlungstendenzen im Einzelnen die Kontinuität familialer Beziehungen und nachbarschaftlicher Lebensmuster relativ groß war. Da Pfeil ihre Untersuchungen auch noch in verschiedenen Stadtteilen einer Großstadt durchgeführt hat, müssen sich Veränderungen hier noch deutlicher zeigen.

Auf Dauer, davon bin ich überzeugt, wird eine eher historisch orientierte sozial-ökologische Familienforschung gegenüber den traditionell dominanten differenzierungstheoretischen Ansätzen bessere, das heißt aussagefähigere Ergebnisse liefern. Das ist nicht nur eine Vermutung. Denn wer sich die Ergebnisse der historischen Familienforschung sowohl national wie international anschaut, wird akzeptieren müssen, dass die historische Familienforschung so gut wie alle Vorstellungen der Familiensoziologie widerlegen konnte. So wurde etwa, die von der Entwicklung der Großfamilie zur modernen Gattenfamilie widerlegt, weil gezeigt werden konnte, dass die Kleinfamilie, bestehend aus den Eltern und ihren Kindern, keine Folge der Industrialisierung gewesen ist, sondern sich in Europa schon seit dem 16. Jahrhundert in unterschiedlicher Häufigkeit in unterschiedlichen Regionen mit pluralen Familienstrukturen nachweisen lässt. Aufgabe einer historisch orientierten Familienforschung der jüngsten Vergangenheit sollte es daher sein, solche empirischen soziologischen Studien, die sich bestimmten zeitlichen Umbrüchen oder eindeutigen zeitlichen Perioden zuordnen lassen, ausfindig zu machen, um auf diese Weise Wandlungstendenzen bis hin zur Gegenwart rekonstruieren zu können. Mit dieser Vorgehensweise lassen sich der soziale Wandel und seine Bedeutung auch für die Beziehungsmuster auf individueller Ebene rekonstruieren, und wir sind nicht gezwungen, allein die groben Indikatoren der Amtlichen Statistik zu benutzen. Datensätze für solche Analysen liegen in Deutschland inzwischen hinreichend vor.

Literatur

Beck, Ulrich (1986): Risikogesellschaft. Auf dem Weg in eine andere Moderne. Frankfurt/M.: Suhrkamp.
Beck, Ulrich (1993): Vom Verschwinden der Solidarität. Individualisierung der Gesellschaft heißt Verschärfung sozialer Ungleichheit. In: Süddeutsche Zeitung vom 14./15. 02.1993.
Beck-Gernsheim, Elisabeth (1994): Auf dem Weg in die postfamiliale Familie. Von der Notgemeinschaft zur Wahlverwandtschaft. In: Aus Politik und Zeitgeschichte. Beilage zur Wochenzeitung Das Parlament B29-30: 3-14.
Beck-Gernsheim, Elisabeth (1998): Was kommt nach der Familie? München: Beck.
Bellah, Robert N./Masden, Richard/Sullivan, William M./Swidler, Ann & Tipton, Steven M. (1991): The Good Society. New York: Knopf.
Bertram, Hans (1997): Familien leben. Gütersloh: Bertelsmann Stiftung.
Bertram, Hans (1982): Von der Schichtspezifischen zur sozialökologischen Sozialisationsforschung. Probleme und Perspektiven. In: Vaskovics, Lazslo A. (Hrsg.): Sozialökologische Einflussfaktoren familialer Sozialisation. Stuttgart: Enke: 25-54.
Bos, Wilfried/Lankes, Eva-Maria & Prenzel, Manfred (2004): IGLU. Münster: Waxmann.
Bott, Elizabeth (1957): Family and Social Network. London: Tavistock.
Bronfenbrenner, Urie (1989): Ecological Systems Theory. In: Annuals of Child Development 6: 187-249.
Bronfenbrenner, Urie (1993): Generationenbeziehungen in der Ökologie menschlicher Entwicklung. In: Lüscher, Kurt & Schultheis (Hrsg.): Generationenbeziehungen in »postmodernen« Gesellschaften. Analysen zum Verhältnis von Individuum, Familie, Staat und Gesellschaft. Konstanz: UVK: 51-73.
Bronfenbrenner, Urie & Lüscher, Kurt (1976): Ökologische Sozialisationsforschung. Stuttgart: Klett-Cotta.
Brooks-Gunn, Jeanne/Duncan, Greg J. & Aber, J. Lawrence (2000a): Neighborhood Poverty: Context and Consequences for Children. New York: Russell Sage Foundation.
Brooks-Gunn, Jeanne/Duncan, Greg J. & Aber, J. Lawrence (2000b): Neighborhood Poverty: Policy Implications in Studying Neighborhoods. New York: Russell Sage Foundation.
Burger, Angelika & Seidenspinner, Gerlinde (1982): Mädchen 82. Eine repräsentative Untersuchung über die Lebenssituation und das Lebensgefühl 15- bis 19 jähriger Mädchen in der Bundesrepublik, durchgeführt vom Deutschen Jugendinstitut München im Auftrag der Zeitschrift Brigitte. Hamburg: Gruner + Jahr.
Burgess, Ernest W. & Locke, Harvey J. (1945): The Family. From Institution to Companionship. New York: American Book Co.
Caplow, Theodore (1982): Middletown Families: Fifty Years of Change and Continuity. Minneapolis: University of Minnesota Press.
Coleman, James S. (1986): Die asymmetrische Gesellschaft. Weinheim/Basel: Beltz.
Coleman, James S. (1995): Grundlagen der Sozialtheorie. Band 2: Körperschaften und die moderne Gesellschaft. München: Oldenburg.
Coontz, Stephanie (1994): Die Entstehung des Privaten: Amerikanisches Familienleben vom 17. bis zum ausgehenden 19. Jahrhundert. Münster: Westfälisches Dampfboot.
Der Bundesminister für Jugend Familie und Gesundheit (Hrsg.) (1975): Familie und Sozialisation; Leistungen und Leistungsgrenzen der Familie hinsichtlich des Erziehungs- und Bildungsprozess der jungen Generation. Zweiter Familienbericht. Bonn-Bad Godesberg: Heger.
Der Bundesminister für Jugend Familie und Gesundheit (Hrsg.) (1979): Die Lage der Familien in der Bundesrepublik Deutschland. Dritter Familienbericht. Bonn-Bad Godesberg: Heger.
Elder, Glen. H. jr. (1974): Children of the Great Depression. Chicago: University Press.

Elder, Glen H. jr. (1984): Families, Kin, and the Life Course: A Sociological Perspective. In: Parke, Ross D. (Ed.): The Family. Ithaca: Cornell Univiversity: Kapitel 4.
Elder, Glen H. Jr. (1994): The Life Course Paradigm: Historical, Comparative, and Developmental Perspectives. Chapel Hill: University of North Carolina.
Elder, Glen H. Jr. (1999): The Depression Experience in Life Patterns. In: Elder, Glen H. jr. (Ed.): Children of the Great Depression. Social Change in Life Experience. Boulder, CO: Westview Press: 269-298.
Gillis, John (1996): Making Time for Family: The Invention of Family Time(s) and the Reinvention of Family History. In: Journal of Family History 21: 4-21.
Gross, Peter (1994): Die Multioptionsgesellschaft. Frankfurt/M.: Suhrkamp.
Grundmann, Matthias (1993): Individuelle Entwicklung und Sozialstruktur: Neue Befunde zur sozialstrukturellen Sozialisationsforschung. Diskussions- und Arbeitspapier. Berlin: MPI.
Hakim, Catherine (2003): Models of the Family in Modern Societies: Ideals and Realities. Burlington: Ashgate Pub Co.
Hareven, Tamara K. (1999): Family, History and Social Change: Life Course and Cross-Cultural Change. Boulder, CO: Westview Press.
Hareven, Tamara K. & Mitterauer, Michael (1996): Entwicklungstendenzen der Familie. Wien: Picus.
Hernandez, Donald J. (1993): America's Children: Resources from Family, Government, and the Economy. New York: Russell Sage Foundation.
Hoffmann-Nowotny, Hans-Joachim (1988): Ehe und Familie in der modernen Gesellschaft. In: Aus Politik und Zeitgeschichte. Beilage zur Wochenzeitung Das Parlament B13: 3-13.
International Association for the Evaluation of Educational Achivement (IEA) (2001): TIMSS 1999. Third International Mathematics and Science Study at the Eigth Grade. Chestnut Hill: International Study Center Lynch School of Education, Boston College.
Irle, Matin & Eberlein, Gerald (1960): Gemeindesoziologische Untersuchungen zur Ballung Stuttgart. Bad Godesberg: Bundesanstalt für Landeskunde und Raumforschung.
Kaufmann, Franz-Xaver (1994): Läßt sich Familie als gesellschaftliches Teilsystem begreifen? In: Herlth, Alois/Brunner, Erhard, Tyrell, Hartmann, & Kriz, Jürgen (Hrsg.): Abschied von der Normalfamilie. Partnerschaft contra Elternschaft. Heidelberg: Springer: 42-63.
Kaufmann, Franz-Xaver (1995): Zukunft der Familie im vereinten Deutschland. Gesellschaftliche und politische Bedingungen. München: Beck.
Kaufmann, Jean-Claude (1996): Frauenkörper – Männerblicke. Konstanz: UVK.
König, René (1974): Materialien zur Soziologie der Familie. Köln, Berlin: Kiepenheuer und Witsch.
Lesthaeghe, Ron (1992): Der zweite demographische Übergang in den westlichen Ländern: Eine Deutung. In: Zeitschrift für Bevölkerungswissenschaft 18: 313 - 353.
Lüscher, Kurt (1989): Plädoyer für eine „Erweiterte Ökologie der Familie"! Konstanz: UVK.
Lynd, Robert Staught & Lynd, Helen Merrell (1929): Middletown: A Study in American Culture. New York: Harcourt and Brace.
Mayntz, Renate (1985): Die moderne Familie. Stuttgart: Enke.
Meyer, Thomas (1992): Modernisierung der Privatheit. Opladen: Westdeutscher Verlag.
Mitterauer, Michael (2003a): Gattenzentrierte Familie und bilaterale Verwandtschaft. In: Mitterauer, Michael (Hrsg.): Warum Europa? Mittelalterliche Grundlagen eines Sonderwegs. München: Beck: 70-108.
Mitterauer, Michael (2003b): Warum Europa? München: Beck.
Moen, Phyllis/Elder, Glen H. Jr. & Lüscher, Kurt (2001): Examining Lives in Context: Perspectives on the Ecology of Human Development. Essays in Honor of Urie Bronfenbrenner. Washington, DC: American Psychological Association (APA).
Münch, Richard (1993): Das Projekt Europa. Zwischen Nationalstaat, regionaler Autonomie und Weltgesellschaft. Frankfurt/M.: Campus.

Myrdal, Alva & Klein, Viola (1960): Die Doppelrolle der Frau in Beruf und Familie. Köln, Berlin: Kiepenheuer und Witsch.
Neidhardt, Friedhelm (1966): Familie und Wirtschaftsstruktur, Autorität und Familie. Opladen: Westdeutscher Verlag.
Neidhardt, Friedhelm (1975): Systemtheoretische Analysen zur Sozialisationsfähigkeit der Familie. Stuttgart: Enke.
Ogburn, William F. & Tippitts, Clark (1933): Family and Its Functions. New York: McGraw-Hill Book Co.
Parsons, Talcott & Bales, Richard F. (1955): Family, Socialization and Interaction Process. Glencoe, Ill.: Free Press.
Pfeil, Elisabeth (1961): Die Berufstätigkeit von Müttern. Eine empirisch-soziologische Erhebung an 900 Müttern aus vollständigen Familien. Tübingen: Mohr.
Pfeil, Elisabeth (1965): Die Familie im Gefüge der Großstadt. Hamburg: Christians.
PISA-Konsortium (Hrsg.) (2002): PISA 2000 - Die Länder der Bundesrepublik im Vergleich. Opladen: Leske + Budrich.
Ridley, Matt (2003): Nature Via Nurture: Genes, Experience, and What Makes Us Human. New York: Harper Collins.
Rosenbaum, Heidi (1982): Formen der Familie. Untersuchungen zum Zusammenhang von Familienverhältnissen, Sozialstruktur und sozialem Wandel in der deutschen Gesellschaft des 19. Jahrhunderts. Frankfurt/M.: Suhrkamp.
Rosenmayr, Leopold & Köckeis, Eva (1965): Umwelt und Familie alter Menschen. Neuwied: Luchterhand.
Rothenbacher, Franz (1997): Historische Haushalts- und Familienstatistik von Deutschland 1815-1990. Frankfurt/M.: Campus.
Schneewind, Klaus A. (2000): Familienpsychologie im Aufwind. Göttingen: Hogrefe.
Schulze, Gerhard (1992): Die Erlebnisgesellschaft. Kultursoziologie der Gegenwart. Frankfurt/M.: Campus.
Shonkoff, Jack P. & Phillips, Deborah (2000): From Neurons to Neighborhoods: The Science of Early Childhood Development. Washington, DC.: National Academy Press.
Smelser, Neil Joseph (1967): The Industrial Revolution and the British Working-Class Family. In: Journal of Social History 1: 17-35.
Strohmeier, Klaus-Peter (1983): Quartier und soziale Netzwerke. Frankfurt/M.: Campus.
Thornton, Arland Dee (2001): The Well-Being of Children and Families: Research and Data Needs. Ann Arbor: Univiversity of Michigan Press.
Tyrell, Hartmann (1986): Geschlechtliche Klassifizierung und Geschlechterklassifikation. In: Kölner Zeitschrift für Soziologie und Sozialpsychologie 38: 450-89.
Vaskovics, Laszlo A. (1988): Familienabhängigkeit junger Erwachsener und ihre Folgen. Bamberg: ifb an der Universität Bamberg.
Wall, Richard/Robin, Jean & Laslett, Peter (1983): Family Forms in Historic Europe. Cambridge/New York: Cambridge University Press.
Wellman, Barry (1979): The Community Question: The Intimate Networks of East Yorkers. In: American Journal of Sociology 84: 1201-1231.
Worsley, Peter (1987): Modern Sociology: Introductory Readings; Selected Readings. Harmondsworth: Penuin.
Young, Michael & Willmott, Peter (1973): The Symmetrical Family. A Study of Work and Leisure in the London Region. London: Routledge and Kegan Paul.

Die Mehrgenerationenfamilie unter familienzyklischem Aspekt

Rosemarie Nave-Herz

1 Einführung

Der Begriff der Mehrgenerationen-Familie wird in der Soziologie zur Abgrenzung gegenüber der Zwei-Generationen-Familie (= Kernfamilie) verwendet. Er bezieht sich also auf zumindest drei durch Abstammung oder Adoption vertikal verbundene Kernfamilien, wobei die mittlere Mitglied von zwei Kernfamilien gleichzeitig ist, nämlich der „family of orientation" und der „family of procreation". Dies gilt ebenfalls für die Vier-Generationen-Familie. Das Vorhandensein eines Ehe-Subsystems und eines gemeinsamen Haushaltes ist in der Soziologie kein essentielles Kriterium mehr von Familie (vgl. ausführlicher Nave-Herz 1989: 2ff.; vgl. auch die Diskussion über den Familienbegriff in Lenz 2003).

Die Mehrgenerationen-Familie (bestehend aus drei und zunehmend aus vier Generationen) war – entgegen weit verbreiteten Vorstellungen – in der Vergangenheit selten gegeben. Damals lebten wegen der niedrigen Lebenswahrscheinlichkeit, einem relativ hohen Heiratsalter in unserem Kulturkreis (vgl. hierzu ausführlicher Nave-Herz 2004: 39ff.), der hohen Säuglings- und Kindersterblichkeit mehrere Generationen nur dort zusammen, wo ein Bauernhof oder Handels- bzw. Handwerksbetrieb groß genug war, dass er Unterhalt für mehrere Generationen bot. Doch auch unter den wenigen wohlhabenden Familien gab es nur selten Drei-Generationen-Familien (vgl. ausführlicher bei Mitterauer 1977: 38ff.; 1989: 179ff.).

Demgegenüber ist heute die Chance sehr groß, dass sich die verschiedenen Familiengenerationen – wenn auch nicht zusammen wohnend – dennoch gegenseitig „erfahren". Dieser Prozess begann im 19. Jahrhundert und setzte sich insbesondere nach dem II. Weltkrieg aufgrund der medizinischen Fortschritte und besserer ökonomischer Bedingungen fort. Obwohl also die Mehrgenerationen-Familie heute nahezu zu einem Massenphänomen wurde, ist sie bisher wissenschaftlich sowohl in der Psychologie als auch in der Soziologie nicht intensiv berücksichtigt worden: Die soziologische und insbesondere die psychologische Forschung hat sich stärker den familialen Interaktionsbeziehungen zwischen zwei Generationen gewidmet, vor allem den Eltern-Kind-Beziehungen, den Problemen zwischen Jugendlichen und ihren Eltern, den Interaktionen zwischen Großeltern und Enkeln sowie den Beziehungen zwischen den alten Eltern und ihren erwachsenen Kindern. Allein in der klinischen Familienpsychologie wurde die Mehrfamilien-Perspektive berücksichtigt, z. B. in Bezug auf die Weitergabe von pathologischen Familienmustern (Stierlin 1978; 1994: 184), im Rahmen der Familiendiagnostik und -therapie (vgl. z. B. Sperling et al. 1982). Weiterhin wurde die Methode der Familiengenogramme entwickelt, in denen Informationen über mehrere Familiengenerationen zum Zwecke der schnellen Erfassung bestimmter Familienkonstellationen verbunden und graphisch dargestellt werden (vgl. hierzu ausführlich Schneewind 1991: 133ff., 211ff.; Kaiser 1989).

In der Soziologie ist seit Mitte der 1980er Jahre ein wachsendes wissenschaftliches Interesse an familialen Mehr-Generations-Beziehungen zu beobachten, was – wie F. X. Kaufmann betont (1993: 95) – weniger auf wissenschaftsimmanente Entwicklungen als auf wissenschaftsinterne Problematisierungen zurückzuführen ist. Die bisher behandelten Forschungsthemen lassen nämlich die Reaktionen auf aktuelle und in Zukunft noch zunehmende sozialpolitische Probleme, vor allem aufgrund der Verlängerung der Lebenserwartungen mit ihren weit reichenden gesamtgesellschaftlichen Auswirkungen, erkennen. So beziehen sich die soziologischen Untersuchungen insbesondere auf Transfer- und Unterstützungsleistungen innerhalb der Mehrgenerationen-Familie (Vaskovics 1997: 141ff.; Motel & Szydlik 1999: 3ff.; Szydlik 2000) und die Kontaktintensität und -qualität zwischen den Generationen innerhalb einer Familie (Großeltern/Eltern/Enkel) (vgl. zusammenfassend Lauterbach 1998: 113ff.). Dabei zeigte sich, dass bei der Mehrgenerationen-Familie zwar Multilokalität gegeben ist, dass diese aber keine Aufkündigung der familialen Mehrgenerationen-Solidarität bedeutet. Verschiedene Untersuchungen (vgl. Kohli 1997: 278ff.; Vaskovics, Buba & Früchtel 1992: 395ff.; Mayer & Baltes 1996; zusammenfassend Nave-Herz 1998: 298ff.; Motel & Szydlik 1999: 3ff.) zeigen, wie stark – auch bei getrennten Haushalten – die Interaktionen, nicht zuletzt auch die Transferleistungen in den Familien zwischen den Generationen sind. Selbst bei geringen Ressourcen werden in absteigender Linie Hilfs- und materielle Leistungen an die nächste Generation weitergegeben.

Mehrere Untersuchungen beziehen sich auf die Art der personellen Versorgungsleistung im Falle der Pflege von alten Familienmitgliedern. So geht aus einer Umfrage des Eurobarometers hervor, dass ca. zwei Drittel der Hilfs- und

Pflegedienste von den Familienangehörigen übernommen werden (Statistisches Bundesamt 1994: 73). Die Hilfs- und Pflegetätigkeiten führen in der Regel die selbst alt gewordenen Kinder durch, sehr selten die erwachsenen Enkel. Vor allem sind es die Töchter und Schwiegertöchter, zuweilen die Söhne, die diese Leistungen erbringen, sogar gleichgültig, in welchem emotionalen Verhältnis sie zu ihren Eltern standen oder zurzeit stehen (Schütze & Wagner 1991). Damit wird natürlich nichts über die Qualität der Hilfe ausgesagt, vor allem auch nichts darüber, mit welcher emotionalen Zuwendung diese Tätigkeit ausgeführt wird, ob mit positiven oder negativen Gefühlen, letztere etwa ausgelöst z. B. durch dauernde starke Belastung.

Die Daten des DJI-Surveys zeigen ferner, wie stark die Generationen innerhalb des erweiterten Familienverbandes überhaupt – und nicht nur im Pflegefall – als „care-taker" fungieren. So nehmen z. B. Frauen in der mittleren Generation ihre erwachsenen Kinder für Gespräche über persönliche Dinge in Anspruch. Die Großeltern – wiederum vor allem die (länger lebenden) Frauen – wenden sich mit ihren Sorgen an ihre inzwischen selber älteren Kinder. Subjektiv wird das Geben und Nehmen über alle Generationen hinweg als ausgeglichen erlebt, wie aus den „Bilanzen" von Befragten hervorgeht (Bien 1996). Unter austauschtheoretischer Sicht könnte dieses subjektive Empfinden des „Gleichgewichts" aus dem Empfang von materiellen gegen immaterielle Leistungen resultieren. Denn materielle Leistungen werden – wie bereits erwähnt – vor allem in absteigender Linie gewährt, dagegen das „care-taking" (Pflegedienste, Gespräche) in aufsteigender.

In der vorindustriellen Zeit war nicht nur die Drei-Generationen-Familie selten gegeben; es gab auch ferner keine klar gegliederten Familienphasen, also keinen familienzyklischen Ablauf, und zwar infolge der hohen Geburtenzahlen, der geringen Lebenswahrscheinlichkeit, der hohen Wiederverheiratungsquoten und der z. T. großen Altersunterschiede zwischen den Geschwistern infolge des hohen Sterblichkeitsrisikos von Säuglingen und Kleinkindern. So kam es nicht selten vor, dass Kinder noch geboren wurden, wenn die Ältesten bereits den Familienhaushalt verließen (Mitterauer 1977: 66ff.; 1989: 179ff.). Abgrenzbare Familienphasen sind erst seit ca. 250 Jahren in unserer Gesellschaft vorfindbar.

Im folgenden Beitrag wird versucht, diese beiden neuzeitlichen Entwicklungstrends, den quantitativen Anstieg der Mehrgenerationen-Familie und die Entstehung des Familienzyklus, miteinander zu verbinden, um damit zu zeigen, dass die dynamische Betrachtung, die mit Hilfe des Familienzyklusmodells ermöglicht wird, einerseits eine neue – wenn auch zunächst nur – strukturelle Sicht auf die Mehrgenerationen-Familie ermöglicht, wodurch andererseits gleichzeitig neue Forschungsfragen, in den Blick „geraten". Der Artikel stellt lediglich einen ersten Versuch dar, den familienzyklischen Ansatz im Hinblick auf die veränderte soziale Realität, nämlich in Bezug auf das Massenphänomen „Drei-Generationen-Familien" zu erweitern.

2 Erklärung des Familienzyklusmodells und methodische Anmerkungen

Seit den Arbeiten von P. C. Glick (1947) ist der Familienzyklusansatz in der Soziologie bis heute aktuell geblieben. Wie allgemein bekannt, bezieht sich das Familienzykluskonzept auf die strukturelle Gliederung des Lebensablaufs einer Familie aufgrund von internen Veränderungen, die sich durch das Hinzukommen (Geburt oder Adoption) bzw. Ausscheiden der Kinder bzw. von Ehepartnern durch Tod ergeben; er geht davon aus, dass die einzelnen Phasen qualitative Unterschiede in Bezug auf familiale Interaktionen, die ökonomische Lage der Familien u. a. m. aufweisen, was empirisch belegt wurde (vgl. König 2002: 465). „Die Familie wird in der Analyse der Familienentwicklung als ein halbgeschlossenes System und als eine Einheit von interagierenden Personen betrachtet, die von anderen sozialen Systemen weder völlig abhängig noch unabhängig ist. Werden die Eltern und Kinder älter, so ändern sich ihre Bedürfnisse, Wünsche, Hoffnungen, Erwartungen und damit auch ihre Positionen und Rollen" (Schwägler 1970: 129).

Das klassische Konzept des Familienzyklus bezieht sich auf die Kernfamilie, d. h. auf Ehepaare mit Kindern, also auf die „Zwei-Generationen-Familie". In der Literatur sind unterschiedliche Differenzierungen im Hinblick auf die Familienphasen zu finden. In älteren Arbeiten bezeichnete man die Abfolge: (1) Gründung, (2) Erweiterung, (3) abgeschlossene Erweiterung, (4) Schrumpfung, (5) abgeschlossene Schrumpfung (Höhn 1982: 15; Diekmann & Weick 1993: 11). In der Soziologie setzte sich mehrheitlich ein 4-Phasen-Modell durch: (1) Ehephase (oder auch „Aufbauphase" genannt), (2) Familienphase, (3) nachelterliche Phase, (4) Verwitwung (vgl. Abbildung 1). In einigen soziologischen Untersuchungen und vor allem in der psychologischen Literatur werden unter der Bezeichnung „Stufen im Familienzyklus" zahlreichere Phasen unterschieden und bewusst stärker die Altersstufen der Kinder berücksichtigt, um dadurch die unterschiedlichen „Familienentwicklungsaufgaben" genauer beschreiben zu können (vgl. Schneewind 1991: 112). Modelle bis zu max. 10 Familienphasen sind entworfen worden (vgl. die Übersicht bei König 2002: 472).

Im Folgenden wähle ich die Bezeichnung „Familienzyklus" als übergeordneten Begriff, der alle einzelnen Familienphasen umfasst. Diese Einteilung ist in der Literatur sonst nicht üblich. Absicht ist, mit dem Begriff des Familienzyklus stärker den immer wiederkehrenden Ablauf der strukturellen Gliederung von Familienleben zu betonen, während bislang die einzelne Familienphase häufiger unter der Mikroperspektive untersucht wurde.

Abbildung 1: Schematische Darstellung des gegenwärtigen Familienzyklus

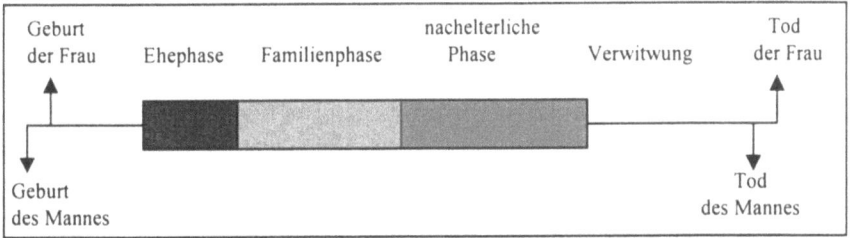

Quelle: Zusammengestellt nach den Angaben des Statistischen Jahrbuches 2004

Welche Ausdifferenzierung in Familienphasen zu wählen ist, hängt sowohl in der Psychologie als auch in der Soziologie von der Forschungsfragestellung ab. Soll das Familienzyklus-Modell der Beschreibung der Dynamik von Rollen und Rollenanforderungen nach Positionen im Familienverband oder der Messung der Beziehungsdichte innerhalb der Familie oder der zu außerfamilialen Personen und Verwandtengruppen dienen, ist vornehmlich die Trennung von Familienphase und nachelterlicher Phase (vgl. hierzu die späteren kritischen Anmerkungen) sinnvoll. Sind aber Gegenstand der Untersuchung die ökonomische Belastung der Familie, ihre Wohnfragen, Konsumstile, der Umfang an Haushaltstätigkeiten usw., dann werden Unterteilungen der Familienphase zusätzlich nach dem Alter der Kinder notwendig.

Lange Zeit wurden die Familienphasen allein als unabhängige Variablen gesetzt und ohne Zweifel bietet das Familienzykluskonzept für viele Fragestellungen eine bessere Erklärungsmöglichkeit als das individuelle Alter ihrer einzelnen Familienmitglieder (z. B. für die Analyse familialen Freizeitverhaltens, von Konsumausgaben, für den Rollenwechsel zur Elternschaft usw.). Doch kann ebenso der Familienzyklus als abhängige oder intervenierende Variable behandelt werden. So z. B. wenn geprüft werden soll, ob die Reduktion der Familienphase infolge des Verzichts dritter oder mehr Kinder von wohnungsmäßigen und/oder von ökonomischen Bedingungen u. a. m. abhängt. Bei zeitvergleichenden Untersuchungen über die Länge der Familienphasen, sind diese nicht per se von Interesse. Vielmehr haben Phasenverschiebungen familienendogene und zahlreiche strukturelle Folgen für andere gesellschaftliche Teilbereiche, weil sie andere Handlungsoptionen für alle oder für einzelne Familienmitglieder nach sich ziehen können (z. B. für den Wiedereintritt der Frauen in den Erwerbsbereich durch Verkürzung der Familienphase, Ausweitung des Dienstleistungssektors infolge längerer Verwitwungszeiten im höheren Alter usw.).

Manche Wissenschaftler und Wissenschaftlerinnen bestreiten, dass es heute noch eine Standardisierung in der Abfolge von bestimmten Lebensphasen gäbe, was noch vor 30 Jahren als „normal" galt (z. B. Kohli 1986). Sie weisen in diesem Zusammenhang auf die Entstehung der Nichtehelichen Lebensgemeinschaften und auf die hohen Scheidungszahlen hin. Verändert hat sich de facto der Phasenablauf bis zur Familiengründung. Mehr junge Menschen sammeln heutzutage Erfahrungen mit den unterschiedlichsten Lebensformen bis zur Eheschließung. Eine eigenständige Ehephase ist vielfach gar nicht mehr oder nur für kurze Zeit gegeben. Doch mit der Geburt des ersten Kindes (oder heute vielfach umgekehrt: nach der Geburt des Kindes und der Eheschließung; Nave-Herz 1997: 35ff.) ist der Phasenablauf gleich geblieben. Auch wenn heute fast ein Drittel aller Ehen durch Scheidung aufgelöst wird, so gilt doch umgekehrt: Zwei Drittel aller Ehen bleiben in Deutschland, „bis dass der Tod sie scheidet", bestehen. Selbst bei Ehescheidung bleibt die Kernfamilie erhalten, wenn sie auch ihre Form zur Alleinerzieherschaft oder Stieffamilie ändert.

Kritisch gegenüber den herkömmlichen Bezeichnungen der einzelnen Familienphasen (vgl. Abbildung 1) ist anzumerken: Die Bezeichnung „nachelterliche Phase" ist irreführend, weil sie den Verlust der Elternrolle suggerieren könnte (nach-elterlich). Mit Ausscheiden der Kinder aus dem elterlichen Haushalt können sich zwar die Elternrollen-Erwartungen und -anforderungen verändern, aber alle bleiben Kinder und Eltern. Die Elternrollen sind askriptive Rollen, denen man sich – im Gegensatz zu den erworbenen – nicht entziehen kann; sie bleiben selbst wenn der Rollenträger diese soziale Rolle nicht übernehmen will, kann oder darf, zumindest latent bestehen. Ich spreche im Folgenden statt von „nachelterlicher Phase" von „zweiter Familienphase".

Ferner lässt die Kennzeichnung der letzten Phase im Familienzyklus mit dem Wort „Verwitwung" das weitergegebene familiale Eingebundensein trotz des Partnerverlustes in der üblichen schematischen Darstellung nicht „in den Blick" kommen. Das Wort „Verwitwung" bezieht sich lediglich auf das Ehesystem. Gemäß dem etymologischen Wörterbuch heißt „Witwe": „die ihres

Mannes beraubte"; und umgekehrt gilt gleiches für die Bezeichnung „Witwer". Die Auflösung des Ehesystems bedeutet aber nicht gleichzeitig die Auflösung des Familiensystems, weil dessen essentielles Kriterium nicht das Ehesubsystem, sondern die Generationsdifferenzierung ist (zur Familienbegriffsproblematik vgl. Nave-Herz 1989: 2ff.). Hieraus wird deutlich, dass das traditionelle Familienzyklus-Modell nicht zwischen Ehe und Familie unterscheidet. Die Phase der Verwitwung bezeichne ich im Folgenden mit „dritter Familienphase".

In Bezug auf die erhebungsmethodischen Probleme des Familienzyklusses ist auf die groben statistischen Vereinfachungen hinzuweisen, weil zumeist von durchschnittlichen Alters- und Zeiteinteilungen ausgegangen wird; d. h. dass in der Realität Links- und Rechtsverschiebungen nicht selten zu sein brauchen. Ob kausalanalytische Antworten mit seiner Hilfe möglich sind, ist in der Literatur umstritten. Soll es diesem Zweck dienen, müssen weitere Variablen einbezogen werden, um die sonst daraus möglich zu deutende monokausale Erklärung zu hinterfragen. Im Rahmen dieses Beitrages können diese empirisch-methodischen Probleme und die Möglichkeit der Koppelung dieses Ansatzes mit anderen Methoden, z. B. der Ereignisanalyse, nicht erörtert werden; hierfür sei z. B. auf die ausführlichen Einzeldarstellungen im Sammelband von Diekmann und Weick (1993) hingewiesen. Die Verfasser schreiben zusammenfassend: Trotz dieser Einschränkungen „können doch die Grundideen des Konzepts für die theoretische und empirische Forschung immer noch als stimulierend gelten" (Diekmann & Weick 1993: 7). Nur dieses Ziel – wie in Kapitel 1 betont – verfolgen die folgenden Ausführungen.

3 Vorschlag zur Erweiterung des Familienzyklusmodells

Das traditionelle Modell des Familienentwicklungsverlaufs orientiert sich ausschließlich an der traditionellen Kernfamilie, ohne die in der sozialen Realität gegebenen veränderten Rollen- und Interaktionsstrukturen infolge der heute gegebenen Mehrgenerationen-Familie zu berücksichtigen. Aber die Geburt bzw. Adoption des ersten Kindes der letzten Generation konstituiert nicht nur für die Eltern, sondern ebenso für alle Mitglieder der höheren Generationen automatisch einen Rollenpluralismus (z. B. der Sohn wird Vater im Hinblick auf seine Kinder, bleibt aber Sohn in Bezug auf seine Eltern; diese führen die Elternrolle fort und werden aber gleichzeitig zu Großeltern usw.). Dass diese Konstellation Auswirkungen auf die familialen Beziehungen und auf den Sozialisationsprozess der Kinder hat, liegt „auf der Hand", vor allem im Hinblick auf die familialen Autoritätsstrukturen. Da die Eltern heutzutage zumeist nicht mehr die älteste

Generation sind, sondern die mittlere, werden sie von ihren Kindern auch in der Sohn-/Tochter-Rolle wahrgenommen. Leider fehlen bislang diesbezügliche Untersuchungen. Die Forderung nach Erweiterung des Familienzykluskonzeptes kann also mit den internen Veränderungen der Interaktions- und Rollenstruktur innerhalb der Mehrgenerationen-Familie begründet werden. Mit dem Begriff der „Mehrgenerationen-Familie" wird gerade dieser Sachverhalt, nämlich die Übernahme bzw. Bündelung von mehreren askripitiven Familienrollen betont.

Ein möglicher kritischer Einwand gegen die Erweiterung des Familienzyklus-Modells durch die Mehrgenerationenfamilien-Perspektive könnte mit dem Argument formuliert werden, dass die Mehrgenerationsfamilie gar nicht als „richtige" Familie anzusehen sei, weil sich die einzelnen familialen Generationen gegenseitig abschotteten, also kaum Beziehung zueinander hätten. Sie wäre somit keine Gruppe „besonderer Art" (König 2002). Diese Behauptung ist in der Öffentlichkeit und in Massenkommunikationsmitteln häufig zu hören. Doch – wie einleitend dargestellt – zeigen viele Untersuchungen, dass zwar Multilokalität gegeben ist, aber diese keine Aufkündigung der Mehrgenerationensolidarität bedeutet. Sie kann als eine besondere Art von Solidargemeinschaft gelten. In einer Solidargemeinschaft gibt es selbstverständlich nicht nur gegenseitige positive Gefühle, sondern häufig Gefühlsambivalenzen (Lüscher 2002: 585) und auch Konflikte. Ob diese Konflikte destruktiv wirken, hängt vom Konfliktverhalten der Familienmitglieder ab. Jegliche Vermeidung von Konflikten, also das Verschweigen von Interessengegensätzen, kann im Übrigen gerade destruktiv wirken (vgl. Nave-Herz et al. 1990; Nave-Herz 2004).

Wenn das übliche Familienzyklusmodell durch die Mehrgenerationen-Perspektive erweitert wird, eröffnen sich m. E. weitere Chancen der Wahrnehmung familialer Realität bzw. konkreter formuliert: Die Wahrnehmung von historischen familienendogenen Veränderungen, die durch den Anstieg der Lebenserwartung und den Rückgang der Kinderzahl in der Familie bewirkt wurden. So überschneiden sich die einzelnen Familienphasen in einem bisher nicht gekannten Ausmaß. Mit Hilfe der folgenden schematischen Darstellungen des Familienzyklusmodells (Abbildung 2) unter Berücksichtigung von drei Familiengenerationen soll die heute gegebene Gleichzeitigkeit der Generationen innerhalb ein und derselben Familie, selbst im Erwachsenenalter, veranschaulicht werden (vgl. hierzu auch Nave-Herz 2001b[1]).

---

[1] Ich habe versucht, die in einem früheren Aufsatz (2001a) m. E. zu unübersichtliche Darstellung hier zu vereinfachen. Wie meinen Ausführungen zu entnehmen ist, verwende ich den Begriff „Familie" als Oberbegriff untergliedert in „Kernfamilie" und „Mehrgenerationenfamilie".

Die Mehrgenerationenfamilie unter familienzyklischem Aspekt 55

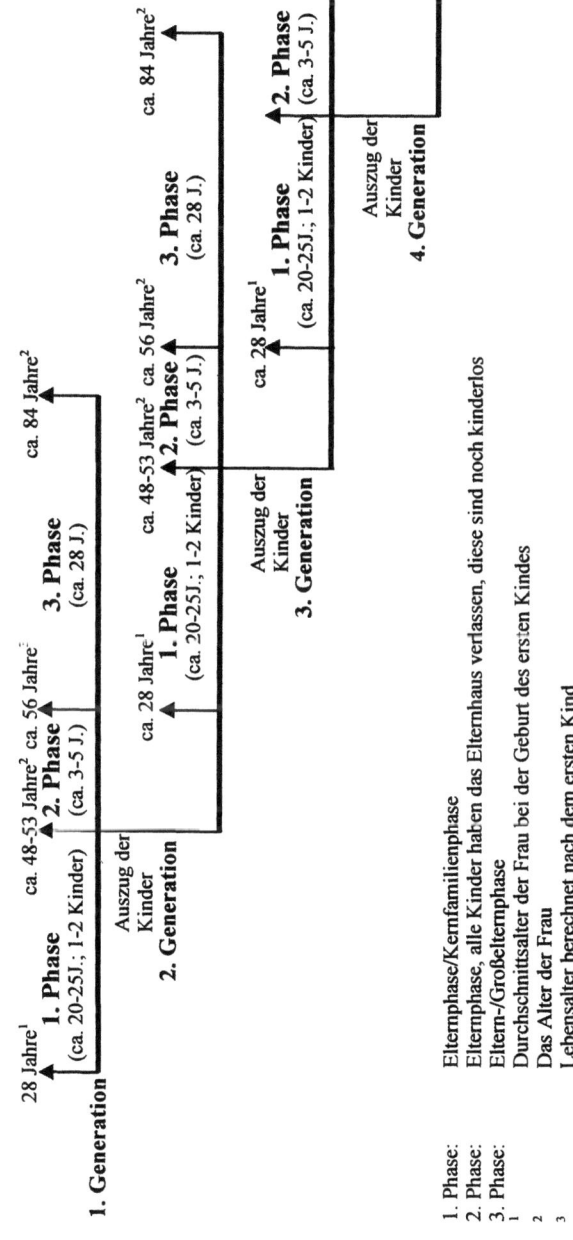

Abbildung 2: Der Familienzyklus der Mehrgenerationenfamilie

1. Phase: Elternphase/Kernfamilienphase
2. Phase: Elternphase, alle Kinder haben das Elternhaus verlassen, diese sind noch kinderlos
3. Phase: Eltern-/Großelternphase
[1] Durchschnittsalter der Frau bei der Geburt des ersten Kindes
[2] Das Alter der Frau
[3] Lebensalter berechnet nach dem ersten Kind

Die gemeinsame Lebenszeit zwischen Kindern, Eltern und Großeltern hat sich zeitgeschichtlich verlängert. Sie beträgt zurzeit ca. 28 Jahre. Die Großelternschaft ist – sieht man von der steigenden Kinderlosigkeit ab – zu einem relativ sicheren und wenn, dann zu einem zeitlich langen Lebensabschnitt geworden, länger als die Phase des Zusammenlebens der Eltern mit ihren minderjährigen Kindern. Die schematische Darstellung zeigt also, dass die Beziehung zwischen erwachsenen Kindern und ihren Eltern die längste Phase im Familienzyklus ist. Genealogische Unterschiede hat W. Lauterbach (2004: 227) festgestellt: Großväter väterlicherseits erfahren ihre Enkel am kürzesten; Großmütter mütterlicherseits sind die jüngsten und erleben um Jahre länger ihre erwachsenen Töchter und Söhne und deren Kinder, bedingt durch den Altersunterschied zwischen den Ehepartnern von zwei Generationen und der höheren Lebenserwartung von Frauen im Vergleich zu den Männern. Selbst wenn die Kinder der dritten Generation ins Jugendalter kommen, erleben sie noch für (evtl. über 10) Jahre ihre Großeltern, insbesondere die Großmutter mütterlicherseits.

Das Bild der Drei-Generationen-Familie besteht in unserer Alltagsvorstellung aus Großeltern, Eltern und kleinen Kindern. In der Realität ist aber die Drei-Generationen-Familie in der Konstellation „Großeltern/Eltern/Kinder bis zum Alter von 10 Jahren" in der Zeitspanne kürzer als die Zeit, in der die Zusammensetzung die „Großeltern/Eltern/jugendliche bzw. junge Erwachsene" umfasst. Dieser Sachverhalt ist bisher forschungsmäßig überhaupt noch nicht berücksichtigt worden. Doch mit der Möglichkeit, dass sich die Mitglieder gegenseitig bis ins Erwachsenenalter erfahren, kann z. B. Zeitgeschichte als Lebensgeschichte weitervermittelt werden. Jedes Mitglied einer Familie verfügt über einen eigenen, individuellen Erfahrungshorizont, der durch die historische Zeit, in die es hineingeboren und aufgewachsen ist, mitgeprägt wurde. Mannheim (1967) hat in diesem Sinn den Generationsbegriff neu gefasst. Er ging davon aus, dass Generationen nicht altersspezifisch abgrenzbar sind, sondern dass gleichaltrige Personen – trotz ihrer Unterschiedlichkeit – auch immer durch die spezifisch historische Zeit geprägt wären. Denn die gleichen sozio-historischen Bedingungen bestimmen ebenfalls den Sozialisationsprozess.

Diese ganz unterschiedlichen historischen Erfahrungen der Generationen fließen in familiale Interaktionsprozesse mit ein und vermitteln unmittelbar die spezifische individuelle Verarbeitung historischer Ereignisse an die weiteren familialen Generationen. Damit wird nicht unterstellt, dass zwischen den Familiengenerationen die historischen Ereignisse selbst Gegenstand von häufigen Kommunikationen wären, sondern ihre Verarbeitung und Bewertung werden bei alltäglichen Mitteilungen als Hinweise u. ä. „mitgesendet", die die nächste Generation in ihrem allgemeinen historischen Kontext aufgrund ihrer Geschichtskenntnisse zu entschlüsseln weiß. Die massenhafte Verbreitung der Mehrgenerationen-Familie ermöglicht erst diesen Weitergabeprozess von unmittelbar erlebter Geschichte über eine derart lange Zeitspanne wie nie zuvor.

Durch die umfangmäßige Zunahme der Drei-Generationen-Familie hat sich ferner eine quantitative Verschiebung der Altersgruppen in der Familie ergeben. So stehen den ein bis zwei Kindern in der heutigen Familie zumeist sechs Erwachsene gegenüber, nämlich die Eltern und Großeltern väterlicher- und mütterlicherseits, evtl. sogar noch zusätzlich Urgroßeltern. Vor 150 Jahren dagegen, als die Kinderzahl vier pro Familie betrug (Hubbard 1983: 103), gehörten neben den Eltern zumeist nur noch ein bis zwei Großeltern dem Familienverband an. Damit sind die Kinder in eine Minoritätenstellung innerhalb des Familienverbandes „gerutscht". Gegenüber Minoritäten verhält sich jedoch die Umwelt selten neutral: Sie nehmen entweder eine unterprivilegierte Stellung ein, oder sie genießen eine besondere Wertschätzung und Aufmerksamkeit (Hofstätter 1959: 373ff.). Vermuten könnte man, dass Kinder somit zum „kostbaren Gut" werden, dem man möglichst „das Beste" (was immer der einzelne darunter verstehen mag) zukommen lassen möchte, sodass in der Mehrgenerationen-Familie die Chance der positiven Diskriminierung gegenüber insbesondere den Kleinkindern gegeben sein könnte. Die quantitative Altersgruppenverschiebung gilt auch gesamtgesellschaftlich. Sie würde – so vermuten einige Autoren – den viel beschworenen Generationskonflikt auslösen. Wenn auch von Seiten der Politik von diesem häufig die Rede ist bzw. er prognostiziert wird, so hat er in der Realität bisher nicht stattgefunden und nichts deutet darauf hin, dass er kommen wird. Zwar gibt es den Zusammenschluss der „Grauen Panter", aber er stellt keine Gegenbewegung gegenüber der Jugend dar, sondern ist lediglich ein Interessenvertretungsverband der älteren Generation gegenüber dem Staat.

In dieser politischen Diskussion wird häufig zwischen öffentlicher und familialer Solidarität unterschieden und der Generationskonflikt auf die Ebene der öffentlichen Solidarität verwiesen. Doch die Scheidbarkeit zwischen Öffentlichkeit und Privatheit ist lediglich analytisch möglich, nicht in der Realität. Jeder, der die öffentliche Solidarität einfordern und den öffentlichen Solidarverband aufkündigen möchte, ist zugleich verstrickt im familialen Solidaritätsverband. Begreift man nämlich Familie als ein gegenseitiges, aufeinander bezogenes Miteinander verschiedener Generationen (vgl. Nave-Herz 1989), so vermittelt sie unmittelbar das, was Kindheit, Jugend-, Erwachsensein und Alter ist. Sie ist heutzutage die – zwar nicht einzige, aber für das Individuum die bedeutendste – Institution, in der die Differenzierung von Altersgruppen gegeben ist und erfahren wird, aber eine Altersgruppen-Segregation nicht gilt. Damit könnte ein auf der Makro-Ebene zwar denkbarer Generationskonflikt infolge der Altersgruppenverschiebung durch die Mikro-Ebene, nämlich durch das Vorhandensein der Mehrgenerationen-Familie, sich gar nicht erst formieren. Unter funktionalistischem Aspekt wäre der Mehrgenerationen-Familie damit eine gesellschaftliche Integrationsfunktion zuzusprechen.

4 Ausblick

Mein Beitrag stellt lediglich einen ersten Versuch dar, das neue historische Phänomen der Mehrgenerationen-Familie in der Wissenschaft – vor allem in der Familienforschung – stärker „in den Blick zu rücken". Bisher ist der Aspekt der Drei-Generationen-Familie in der Psychologie und in der Soziologie kaum berücksichtigt worden. Insbesondere die Zwei-Generationen-Familie (Eltern/Kinder; alte und mittlere Generationen; Großeltern und Enkel usw.) stand und steht als Analyseobjekt im Mittelpunkt von empirischen Erhebungen.

Dass sich die Mitglieder von drei Familiengenerationen sogar heute bis ins Erwachsenenalter erleben, bedeutet, dass das familiale Interaktionssystem über lange Zeit durch die vertikale Familienlinie geprägt wird. Empirische Untersuchungen fehlen, die Form, Art und Intensität der Wirkung über die Generationen hinweg in deutschen Familien beleuchten (abgesehen von klinischen Befunden und jene über zwei Generationen) und die vor allem die Beziehungsdichte nicht nur quantitativ, sondern auch in qualitativer Hinsicht zwischen den verschiedenen Mehrgenerationen-Familienphasen messen sowie den Rollenwandel und den Rollenpluralismus der mittleren und älteren Generation thematisieren. Denn es gibt kaum Interaktionsbeziehungen, in denen das Individuum nur als ein ganz bestimmter Rollenträger handelt; zumindest sind alle übrigen Rollen zu jeder Zeit latent vorhanden und werden je nach Situation aktualisiert (Goffman 1969). Untersuchungen, die z. B. Rollenkonflikte aufgrund des genannten Rollenpluralismus, Statusambivalenzen u. a. m. nachgehen, fehlen.

Die nur wenigen Beispiele von neuen Forschungsfragen und von Forschungsdefiziten bei Berücksichtigung der Mehrgenerationen-Familien-Perspektive zeigen, wie wichtig es wäre, das Familienzykluskonzept um diesen Aspekt zu erweitern. Durch das Familienzyklusmodell können vor allem – wie darzustellen versucht wurde – trotz aller methodischen Einschränkungen deskriptiv typische zeitgeschichtliche Veränderungen in der personellen Familienzusammensetzung auf struktureller Ebene erfasst werden.

Literatur

Baltes, Paul B. & Baltes Marie M. (1992): Zukunft des Alterns und gesellschaftliche Entwicklung. In: Baltes, Paul B. & Mittelstrass, Jürgen (Hrsg.): Zukunft des Alterns und gesellschaftliche Entwicklung. Berlin, New York: de Gruyter: 1-34.
Bien, Walter (1996): Familie an der Schwelle zum neuen Jahrtausend. DJI-Familiensurvey 6. Opladen: Leske + Budrich.
Diekmann, Andreas & Weick, Stefan (1993): Familienzyklus als sozialer Prozess. Bevölkerungssoziologische Untersuchungen mit den Methoden der Ereignisanalyse. Berlin: Duncker & Humblot.
Glick, Paul C. (1947): The Family Cycle. In: American Sociological Review 12: 164-174.
Goffman, Erving (1969): Wir alle spielen Theater. Die Selbstdarstellung im Alter. München: Piper.
Hofstätter, Peter R. (1959): Einführung in die Sozialpsychologie. Stuttgart: Kröner.
Höhn, Charlotte (1982): Der Familienzyklus. Zur Notwendigkeit einer Konzepterweiterung. Schriftenreihe des Bundesinstituts für Bevölkerungsforschung, Band 12. Boppard: Boldt.
Hubbard, William H.(1983): Familiengeschichte. Materialien zur deutschen Geschichte seit dem Ende des 18. Jahrhunderts. München: Beck.
Kaiser, Peter (1989): Familienerinnerungen. Zur Psychologie der Mehrgenerationenfamilie. Heidelberg: Asanger.
Kaufmann, Franz-Xaver (1993): Generationenbeziehungen und Generationsverhältnisse im Wohlfahrtsstaat. In: Lüscher, Kurt & Schultheis, Franz (Hrsg.): Generationsbeziehungen in ‚postmodernen' Gesellschaften. Analysen zum Verhältnis von Individuum, Familie, Staat und Gesellschaft. Konstanz: Universitätsverlag: 95-108.
Kohli, Martin (1997): Beziehungen und Transfers zwischen den Generationen: Vom Staat zurück zur Familie? In: Vaskovics, Laszlo A. (Hrsg.): Leitbilder von Familienrealitäten. Opladen: Leske + Budrich: 287-288.
Kohli, Martin (1986): Gesellschaftszeit und Lebenszeit. Der Lebenslauf im Strukturwandel der Moderne. In: Berger, Johannes (Hrsg.): Die Moderne – Kontinuitäten und Zäsuren. Soziale Welt, Sonderband 4. Göttingen: Schwartz: 183-208.
König, René (2002): Schriften – Ausgabe letzter Hand. Band 14, Familiensoziologie. Hrsg. von Rosemarie Nave-Herz. Opladen: Leske + Budrich.
Lauterbach, Wolfgang (1998): Die Multilokalität später Familienphasen. Zur räumlichen Nähe und Ferne der Generationen. In: Zeitschrift für Soziologie 27: 113-132.
Lauterbach, Wolfgang (2004): Die multilokale Mehrgenerationenfamilie. Zum Wandel der Familienstruktur in der zweiten Lebenshälfte. Würzburg: Ergon.
Lenz, Karl (2003): Familie. Abschied von einem Begriff. In: Erwägen – Wissen – Ethik 3: 485-576.
Lüscher, Kurt (2002): Intergenerational Ambivalence. Further Stepps in Theory and Research. In: Journal of Marriage and the Family 64: 585-593.
Luy, Marc (2002): Die geschlechtsspezifischen Sterblichkeitsunterschiede – Zeit für eine Zwischenbilanz. In: Zeitschrift für Gerontologie und Geriatrie 5: 413-429.
Mannheim, Karl (1967): Das Problem der Generation. In: Friedenburg, Ludwig von (Hrsg.): Jugend der modernen Gesellschaft. 4. Auflage. Köln, Berlin: Kiepenheuer & Witsch: 43-48.
Mayer, Karl Ulrich & Baltes, Paul B. (1996): Die Berliner Altersstudie. Berlin: Akademie Verlag.
Mitterauer, Michael (1977): Der Mythos von der vorindustriellen Großfamilie. In: Mitterauer, Michael & Sieder, R. (Hrsg.): Vom Patriarchat zur Partnerschaft. Zum Strukturwandel der Familie. München: Beck: 38-65.
Mitterauer, Michael (1989): Entwicklungstrends der Familie in der europäischen Neuzeit. In: Nave-Herz, Rosemarie & Markefka, Manfred (Hrsg.): Handbuch der Familien- und Jugendforschung. Band 1: Familienforschung. Neuwied: Luchterhand: 179-194.

Motel, Andreas & Szydlik, Marc (1999): Private Transfers zwischen den Generationen. In: Zeitschrift für Soziologie 28: 3-22.
Nave-Herz, Rosemarie (1989): Gegenstandsbereich und historische Entwicklung der Familienforschung. In: Nave-Herz, Rosemarie & Markefka, Manfred (Hrsg.): Handbuch der Familien- und Jugendforschung. Band 1: Familienforschung. Neuwied: Luchterhand: 1-18.
Nave-Herz, Rosemarie (1997): Die Hochzeit – Ihre heutige Sinnzuschreibung seitens der Eheschließenden: Eine empirisch-soziologische Studie. In der Reihe: Religion in der Gesellschaft. Würzburg: Ergon.
Nave-Herz, Rosemarie (1998): Die These über den „Zerfall der Familie". In: Friedrichs, Jürgen/ Lepsius, Rainer M. & Mayer, Karl Ulrich (Hrsg.): Diagnosefähigkeit der Soziologie. Opladen: Westdeutscher Verlag: 286-315.
Nave-Herz, Rosemarie (2001a): Die Mehrgenerationenfamilie – Eine soziologische Analyse. In: Walper, Sabine & Pekrun, Reinhard (Hrsg.): Familie und Entwicklung – aktuelle Perspektiven der Familienpsychologie. Göttingen, Bern: Hogrefe: 21-35.
Nave-Herz, Rosemarie (2001b): Wandel und Kontinuität der Familie in der Bundesrepublik Deutschland. Stuttgart: Enke.
Nave-Herz, Rosemarie (2004): Ehe- und Familiensoziologie. Eine Einführung in Geschichte, theoretische Ansätze und empirische Befunde. Weinheim, München: Juventa.
Nave-Herz, Rosemarie/Daum-Jaballah, Marita/Hauser, Sylvia/Matthias, Heike & Scheller, Gitta (Hrsg.) (1990): Scheidungsursachen im Wandel. Eine zeitgeschichtliche Analyse des Anstiegs der Ehescheidungen in der Bundesrepublik. Bielefeld: Kleine Verlag.
Rüssmann, Kirsten & Arránz Becker, Oliver (2004): Die Interdependenz von Sozialstruktur, Familienzyklus, Interaktionsstil und Partnerschaftszufriedenheit. In: Hill, Paul B. (Hrsg.): Interaktion und Kommunikation. Eine empirische Studie zu Alltagsinteraktionen, Konflikten und Zufriedenheit in Partnerschaften. Würzburg: Ergon: 207-247.
Schneewind, Klaus A. (1991): Familienpsychologie. Stuttgart: Kohlhammer.
Schütze, Yvonne & Wagner, Michael (1991): Sozialstrukturelle, normative und emotionale Determinanten der Beziehungen zwischen erwachsenen Kindern und ihren alten Eltern. In: Zeitschrift für Sozialisationsforschung und Erziehungssoziologie 11: 295-313.
Schwägler, Georg (1970): Soziologie der Familie. Tübingen: J. C. B. Mohr.
Sperling, Eckhard/Massing, Almuth/Reich, Georg/Georgi, H. & Wöbbe-Mönks, E. (1982): Die Mehrgenerationentherapie. Göttingen: Vandenhoeck & Ruprecht.
Statistisches Bundesamt (1994): Statistisches Jahrbuch für die Bundesrepublik Deutschland. Wiesbaden: Metzler-Poeschel.
Stierlin, Helm (1978): Delegation und Familie. Frankfurt/M.: Suhrkamp.
Stierlin, Helm (1994): Normale vs. gestörte Familien. In: Herlth, Alois/Brunner, Johannes/Tyrell, Hartmann & Kriz, Jürgen (Hrsg.): Abschied von der Normalfamilie? Partnerschaft contra Elternschaft. Heidelberg: Springer: 175-187.
Szydlik, Marc (2000): Lebenslange Solidarität? Generationsbeziehungen zwischen erwachsenen Kindern und Eltern. Opladen: Leske + Budrich.
Vaskovics, Laszlo A. (1997): Generationsbeziehungen: Junge Erwachsene und ihre Eltern. In: Liebau, Eckart (Hrsg.): Das Generationenverhältnis – über das Zusammenleben in Familie und Gesellschaft. Weinheim: Juventa: 141-160.
Vaskovics, Laszlo A./Buba, Hans Peter & Früchtel, Frank (1992): Postadoleszenz und intergenerative Beziehungen in der Familie. In: Jugendwerk der deutschen Shell (Hrsg.): Jugend '92: Lebenslagen, Orientierungen und Entwicklungsperspektiven im vereinigten Deutschland. Band 2. Opladen: Leske + Budrich: 395-408.

Räumliche Mobilität und Familienentwicklung.
Ein lebenslauftheoretischer Systematisierungsversuch

Johannes Huinink

1 Einleitung

Räumliche Mobilität und Familienentwicklung sind Teildimensionen individueller Lebensverläufe und damit zentrale Bereiche individueller Lebensplanung und Lebensgestaltung. Sie sind zudem eng miteinander verknüpft. Wie Bernhard Nauck in seiner Forschung unter verschiedenen Blickwinkeln zeigen konnte, wirkt sich räumliche Mobilität auf die Familiendynamik und die ihr zugrunde liegenden Pläne und Handlungen von Migranten aus. Sie verändert in umfassender Weise die Bedingungen des Familienlebens. Umgekehrt geht die Gründung eines paargemeinschaftlichen Haushaltes in der Regel mit räumlicher Mobilität einher. Es gibt familienbedingte Wohnortwechsel. So veranlasst eine Familiengründung Paare dazu, ihren Wohnsitz in ein kinderfreundlicheres Umfeld zu verlagern. Ich werde in diesem Beitrag einen allgemeinen theoretischen Rahmen zur Modellierung von individu-eller Lebensplanung und -gestaltung entwickeln. Im Anschluss daran werde ich einige Aspekte der Beziehung zwischen Migration und Familienentwicklung exemplarisch darstellen.

2 Theoretischer Rahmen

Ich gehe von der Annahme aus, dass Individuen grundsätzlich anstreben, für sich unter Einsatz der ihnen zur Verfügung stehenden Ressourcen, unter den gegebenen Lebensbedingungen und gemessen an ihren Ansprüchen ein möglichst hohes Maß an individueller Wohlfahrt im Lebensverlauf herzustellen. Der Lebenslauf wird als Prozess der Produktion individueller Wohlfahrt durch die Herstellung bzw. Aufrechterhaltung biographischer Zustände verstanden. Die Gesamtheit der biographischen Zustände bildet den biographischen Status einer Person. Ihm liegt ein biographischer Zustandsraum zugrunde, der als mehrdimensionaler Vektor $BZ = (Z_i(L): i=1,...,I_L; L=1,...\Lambda)$ von biographischen Zustandsaspekten $Z_i(L)$ in Λ verschiedenen Lebensbereichen L; $L=1,...\Lambda$, $i=1,...,$

I_L beschrieben werden kann.[1] Zustandsaspekte sind durch Merkmale wie die Lebensform, der Erwerbsstatus, das Einkommen oder die Wohnsituation einer Person gegeben und können Lebensbereichen zugeordnet werden. $Z_i(L)$ bezeichnet dann den i-ten Zustandsaspekt im Lebensbereich L. $z_i(L,t)$ steht für den zum Zeitpunkt t innegehaltenen Zustand im i-ten biographischen Zustandsaspekt im Lebensbereich L bei einer Person. Der biographische Status zum Zeitpunkt t sei dann durch den Vektor BS(t) = $(z_i(L,t): i=1,..., I_L; L=1,...\Lambda)$ der Zustände in den biographischen Zustandsaspekten $Z_i(L)$ bestimmt.[2]

2.1 Die allgemeine Anreizstruktur

Menschen können grundsätzlich die Zustände bezogen auf die verschiedenen biographischen Zustandsaspekte durch Handeln herstellen, aufrechterhalten oder verändern. Indem sie dies tun, streben sie an, allen Menschen gleichermaßen eigene, grundlegende Bedürfnisse oder Wohlfahrtsziele $UG_1,..., UG_N$ zu befriedigen (Lindenberg 2001; Esser 1999; Nauck 2001). Eine einheitliche Spezifikation dieser Wohlfahrtsziele gibt es nicht, die Konstruktion als solche ist umstritten (vgl. Opp & Friedrichs 1996). Meine Strategie ist daher, weniger konkrete Ziele, wie es etwa Lindenberg tut, vorzuschlagen, sondern allgemeiner, wie Bernhard Nauck es ebenfalls tut, Nutzen- oder Wohlfahrtsdimensionen zu benennen, auf die bezogen Individuen versuchen, einen für sie befriedigenden Zustand zu erreichen (vgl. Abbildung 1). Ich schlage vier Wohlfahrtsdimensionen vor, denen grundlegende Wohlfahrtsziele zugeordnet werden können. Sie sind in Abbildung 1 im Vergleich zu anderen Vorschlägen und Konzepten dargestellt. Ich unterscheide zwischen einer psycho-sozialen und wirtschaftlich-materiellen Wohlfahrtsdimension. Bezüglich der psycho-sozialen Wohlfahrt unterscheide ich eine psychisch-affektuelle Dimension (Verhaltensbestätigung und emotionale Wohlfahrt) und eine sozio-normative Dimension (Status und soziale Anerkennung; soziale Einbindung). Wirtschaftlich-materielle Wohlfahrt reflektiert die Auswirkung von Handlungen auf die physisch-materielle Lebenslage der Menschen. Hier kann man ökonomische Aspekte und andere Aspekte

---

[1] Dazu gehören strukturelle Aspekte der Lebenslage eines Individuums, wie das Ausbildungsniveau, das Einkommen, der Wohnort oder die Lebensform. Sie sind Ziele individuellen Handelns. Unter Bezug auf einen Begriff des „inneren Handelns" könnten wir auch die Herstellung und Veränderung „innerer" Zustände betrachten, soweit ihre Dynamik dem willentlichen Zugriff der Akteure unterworfen ist.

[2] Der Lebenslauf lässt sich dann als (stochastischer) Prozess (BS(t); t ≥ 0) beschreiben.

der körperlichen Lebensqualität und Unversehrtheit von einander unterscheiden. Wohlfahrtsziele $UG_1,..., UG_N$ kann man jeweils einer dieser Dimensionen zurechnen.

Abbildung 1:   *Dimensionen individueller Wohlfahrt*

Bedürfniskategorien nach Adam Smith				
Physisches Wohlbefinden		Soziale Anerkennung		
Bedürfniskategorien nach Siegwart Lindenberg				
Komfort	Stimulation	Status	Verhaltensbestätigung	Affekt
Nutzenkategorien nach Bernhard Nauck				
Arbeitsnutzen	Versicherungsnutzen	Statuszugewinn	Emotionaler Nutzen	
Wohlfahrtsdimensionen nach eigenem Vorschlag				
Wirtschaftlich-materielle Wohlfahrt		Psycho-soziale Wohlfahrt		
ökonomisch	physisch	sozial-normativ	psychisch-affektuell	

Wohlfahrtsziele können in der Regel nur indirekt erreicht werden. Die Herstellung bzw. Aufrechterhaltung biographischer Zustände $z_i(L)$ wie ein angemessener Wohn-ort oder eine Paarbeziehung und Kinder, stellt ein „Zwischenziel" oder „instrumentelles Ziel" zur Produktion wirtschaftlich-materieller oder psycho-sozialer Wohlfahrt dar. Bestimmte biographische Zustände erweisen sich dabei als Voraussetzung für die Herstellung anderer Zustände, die wiederum die Realisierung weiterer Zustände ermöglichen, welche die grundlegenden Wohlfahrtsziele befriedigen (Lindenberg 2001; Esser 1999). Zwischenziele niedrigerer Ordnung dienen dazu, Zwischenziele höherer Ordnung zu realisieren. Die grundlegenden Wohlfahrtsziele UG_n sind dann die Ziele höchster Ordnung. Unter Bezug auf die grundlegenden Wohlfahrtsziele UG_n kann man für die verschiedenen biographischen Zustandsaspekte eine allgemeine Anreizstruktur $AS(G_n(z_i(L)): i=1,..., I_L; L=1,...\Lambda; n=1,...N)$ ableiten (vgl. zum Folgenden auch Abbildung 2).

Abbildung 2: Der Bedingungszusammenhang individuellen Handelns als Produktion individueller Wohlfahrt im Lebenslauf

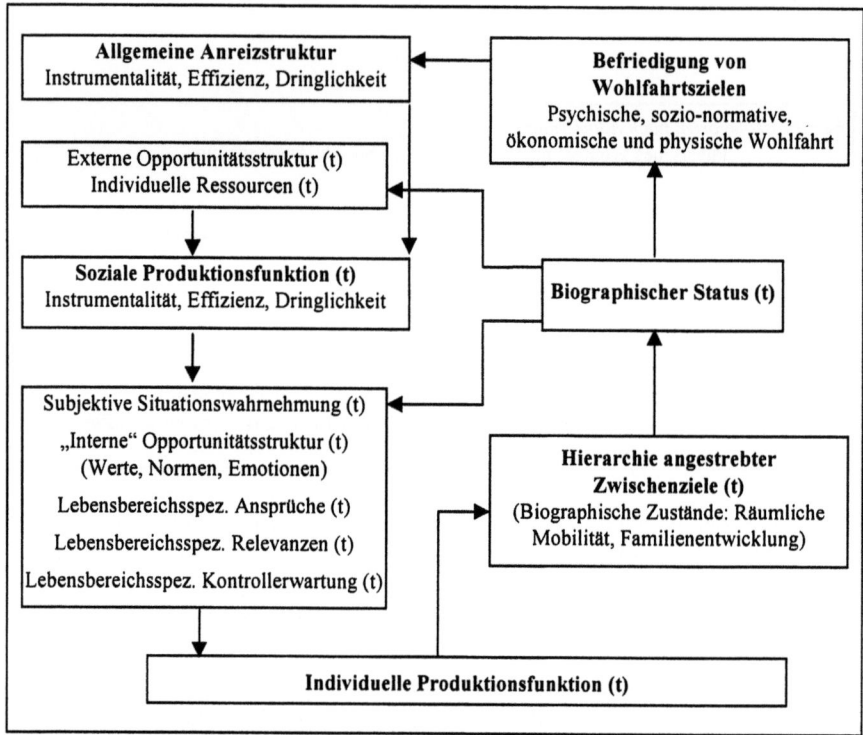

$G_n(z_i(L))$ steht für die Bilanz von Vor- und Nachteilen, die man dem Zustand $z_i(L)$ des Zustandsaspekts $Z_i(L)$ im Hinblick darauf zurechnen kann, in wie weit damit das Wohlfahrtsziel UG_n, n=1,..., N, befriedigt wird.[3] In $G_n(z_i(L))$ gehen vier Komponenten ein, eine Vorteilsdimension und drei Nachteils- oder Kostendimensionen.

---

[3] Die Beurteilung der Vor- und Nachteile wird in der Formalisierung nur der Einfachheit halber direkt auf die grundlegenden Bedürfnisse UG_n bezogen. Faktisch ist es notwendig in einem hierarchisch abgestuften Prozess dieses bezogen auf jeweils höher geordnete Zwischenziele zu tun, an dessen Ende erst die Vor- und Nachteile bezogen auf UG_n, welche die Ziele höchster Ordnung definieren, bestimmt werden kann.

Die Vorteilsdimension ist durch den Grad der Instrumentalität $I_n(z_i(L))$ von $z_i(L)$ für UG_n bestimmt. Er weist den Zustand $z_i(L)$ als mehr oder weniger vorteilhaft oder geeignet für die Befriedigung des Wohlfahrtsziels UG_n bzw. dafür instrumentelle Zwischenziele höherer Ordnung aus. Aufgrund der Interdependenz biographischer Zustände in verschiedenen Lebensbereichen kann ein Zustand $z_i(L)$ in der Regel nicht nur Vorteile für eine bestimmte Wohlfahrtsdimension UG_n, sondern als Nebenprodukt auch vorteilhafte Zusatzeffekte auf andere Dimensionen $UG_{n'}$ haben (mehrdimensionale Wohlfahrtseffekte).

Die erste Kostendimension beinhaltet die Aufwendungen $IC(z_i(L))$, die aufgebracht werden müssen, um einen gewünschten Zustand $z_i(L)$ zu erreichen und zu erhalten (Investitionskosten). Der Bau eines Eigenheims etwa geht mit hohen Herstellungs- oder Investitionskosten einher. Die Unterhaltskosten eines Hauses sind ein weiteres Beispiel. Die Herstellungs- und Erhaltungskosten sind vom Zustand $z_i(L)$ abhängig.

Die zweite Kostendimension $EC_n(z_i(L))$ machen negative Nebenfolgen des Zustands $z_i(L)$ für die Wohlfahrt eines Akteurs aus. Eine enge Paarbeziehung geht zum Beispiel mit dem Risiko einer, besonders stark negativen Externalitäten seitens des Partnerhandelns ausgesetzt zu sein. Diesen kann man sich nicht ohne weiteres entziehen. Auch die Wohnumwelt kann mehr oder weniger gesundheitsschädlich sein und damit die physische Wohlfahrt beeinträchtigen. $EC_n(z_i(L))$ ist dann nicht nur abhängig vom Zustand $z_i(L)$, sondern auch von dem jeweiligen grundlegenden Wohlfahrtsziel UG_n oder dafür instrumentelle Zwischenziele höherer Ordnung. Die beiden Kostendimensionen IC_n und EC_n lassen sich zu den direkten Kosten zusammenfassen.

Die dritte Kostendimension sind die Opportunitätskosten $OC_n(z_i(L), z_{i'}(L'))$. Sie entstehen, weil man aufgrund der Tatsache, dass man $z_i(L)$ einnimmt, auf die Realisierung anderer Zustände $z_{i'}(L')$ und deren Wohlfahrtseffekte verzichten muss. Dabei sind nicht nur aktuelle Einschränkungen zu beachten, sondern auch Einschränkungen für die zukünftigen, individuellen Handlungsmöglichkeiten in demselben oder in anderen Lebensbereichen einzubeziehen.[4] Ein Beispiel sind die Opportunitätskosten einer Mutterschaft bezogen auf die Berufstätigkeit bzw. das Einkommen. $OC_n(z_i(L), z_{i'}(L'))$ ist von dem konkreten alternativen Zuständen $z_{i'}(L')$ und dessen Instrumentalität für UG_n, also $I_n(z_{i'}(L'))$ abhängig. Man kann aber die Opportunitätskosten von $z_i(L)$ über alle Zustände des biographischen Zustandsraums $z_{i'}(L')$ integrieren und erhält dann die vom Alternativzustand unabhängigen Opportunitätskosten $OC_n(z_i(L),*)$ von $z_i(L)$. Umgekehrt

---

[4] Vgl. hierzu zum Beispiel den Begriff der „biographischen Opportunitätskosten" von Birg, Flöthman und Reiter (1991), der auf die unterschiedlich restriktive Wirkung von biographischen Entscheidungen für den zukünftigen Lebenslauf abhebt.

kann man die integrierten Opportunitätskosten bezogen auf den Zustand $z_{i'}(L')$, die mit $OC_n(*, z_{i'}(L'))$ bezeichnet werden, bestimmen. Diese Größe gibt an, was es kostet, den Zustand $z_{i'}(L')$ nicht einzunehmen.

Die Bilanz oder der Gewinn $G_n(z_i(L))$ eines biographischen Zustands bezogen auf die individuelle Wohlfahrt bzgl. UG_n ist eine Funktion vom Grad der Instrumentalität und den verschiedenen Kostendimensionen des Zustands (bzw. Zwischenziels) $z_i(L)$. Die drei genannten Kostendimensionen seien formal zu $C_n(z_i(L))$ zusammengefasst. Es ergibt sich der folgende formale Zusammenhang:

$$G_n(z_i(L)) = g(\ I_n(z_i(L)),\ IC(z_i(L)),\ EC_n(z_i(L)),\ OC_n(z_i(L),*)) \qquad (1)$$

$$\frac{\partial G_n(z_i(L))}{\partial I_n(z_i(L))} > 0 \text{ und } \frac{\partial G_n(z_i(L))}{\partial IC(z_i(L))} < 0 \text{ und } \frac{\partial G_n(z_i(L))}{\partial EC_n(z_i(L))} < 0 \text{ und } \frac{\partial G_n(z_i(L))}{\partial OC_n(z_i(L),*)} < 0 .^5$$

Die Bilanz oder der Gewinn $G(z_i(L))$ bezogen auf die individuelle Wohlfahrt insgesamt ergibt sich als Summe über alle UG_n für n=1, ..., N. Theoretisch kann man postulieren, dass ein rationaler Akteur auf der Grundlage dieser Anreizstruktur immer diejenigen biographischen Zustände ansteuert oder beibehält, welche maximale Wohlfahrt bieten. Das ist aber eine faktisch nicht lösbare Optimierungsaufgabe.

Die Kostenseite muss noch ergänzt werden. Die Herstellung eines neuen Zustands $z_{i'}(L)$ im Zustandsaspekts Z_i im Lebensbereich L geht in der Regel mit der Ablösung das alten Zustands $z_i(L)$ einher. Aus Sicht eines dynamischen, lebenslauftheoretischen Ansatzes wird es sich daher als sinnvoll erweisen, eine vierte Kostendimension einzuführen. Dabei handelt es sich um so genannten Wechselkosten $CC(z_i \rightarrow z_{i'}(L))$. Der Abbruch oder die Veränderung von Routinen in einem Zustand ist eine Ursache für solche Kosten. Sie enthalten auch Entwertungen von im alten Zustand akkumulierten, nicht transferierbaren Kapitalien, welche von der Höhe der Investitionskosten in das alte Ziel abhängen. Die formale Einbindung der Wechselkosten erfolgt im nächsten Abschnitt.

---

[5] Dieses ist eine vereinfachte Darstellung, da die Instrumentalität eines Zustands $z_i(L)$ für UG_n sich nur über die Bilanzierung der Gewinne von $z_i(L)$ für Zwischenziele höherer Ordnung bestimmen lässt, die ihrerseits wieder mehr oder weniger hohe Gewinne für andere Zwischenziele sind, welche dann letztendlich direkt die grundlegenden Wohlfahrtsziele mehr oder weniger gut bedienen mögen.

Trennungskosten bei einer Paarbeziehung sind ein typisches Beispiel dafür. Eine Migration stellt ebenfalls einen Zustandswechsel dar, der mit solchen Wechselkosten eingeht. Er erweist sich als sinnvoll, um etwa einen bestimmten Ausbildungsgang verfolgen zu können oder bessere Lebensbedingungen für eine Familie zu realisieren. Man verändert seinen Wohnort aber nur dann, wenn der Wohlfahrtsertrag eines neuen Wohnorts größer ist als der Ertrag des alten Wohnortes zuzüglich der Kosten, die ein Wechsel mit sich bringt. Die Kosten für den Umzug werden noch als Herstellungskosten für den neuen Zustand (Wohnort) abgerechnet. Ein neuer Wohnort geht in der Regel aber auch mit einem Verlust an sozialem, oft auch nicht ersetzbarem materiellen Kapital einher. Für den Fall der Ausbildung heißt das, man migriert, wenn es vor Ort keine Möglichkeiten gibt, den gewünschten Ausbildungsgang zu machen. Man migriert so lange nicht, wie es vor Ort Möglichkeiten gibt, vielleicht einen ähnlichen Ausbildungsplatz unter Kosten (Zeitkosten für Pendeln etwa) anzutreten, welche den Verlust an sozialem Kapital, den eine Migration mit sich bringt, nicht aufwiegen. Umgekehrt kann eine Migration ermöglichen, sozialen Beziehungen an dem alten Wohnort, welche die individuelle Wohlfahrt beeinträchtigen, zu entfliehen. Dann wären die Wechselkosten negativ und würden einen Wohnortwechsel beschleunigen.

Ich führe noch den Begriff der Effizienz ein, der die folgende Argumentation ergänzt. Zustandsmerkmale sollten nicht nur möglichst instrumentell für UG_n sein (Vorteilsseite), sondern auch möglichst effizient zu erreichen sein. Wenn zwei biographische Zustände im Lebensbereich L, $z_{i'}(L')$ und $z_i(L)$, bzgl. UG_n instrumentell äquivalent sind, $z_i(L)$ aber mit geringeren Kosten einhergeht, dann wird man $z_i(L)$ vorziehen: er ist effizienter. Neben der Instrumentalität ist damit ein wichtiges Selektionskriterium auf der Zielebene begründet. Je geringer die Kosten $C(z_i(L))$ der Produktion eines Zustands $z_i(L)$ mit einer bestimmten Instrumentalität für ein übergeordnetes Ziel UG_n sind, desto höher ist seine Effizienz $E_n(z_i(L))$.[6] Eine Effizienz von 0 gibt an, dass alle anderen Zustände höchstens so kostenträchtig sind wie $z_i(L)$. Eine Effizienz von 1 weist $z_i(L)$ als den effizientesten Zustand aus. Die Effizienz sei formal definiert als:

---

[6] Die Kosten $C(Z_i(L))$ hängen von der eingesetzten Produktionstechnologie, das heißt, von der gewählten oder möglichen Handlungsweise zur Erreichung eines bestimmten Zwischenziels ab. Damit ist auch die Effizienz davon abhängig. In der obigen Definition wird davon abstrahiert.

$$E_n(z_i(L)) = 1 - \frac{C(z_i(L)) - \min_{i:\, I_n(z_{i'}(L)) = \text{const}} C(z_{i'}(L))}{C(z_i(L))}$$

$$\Rightarrow \frac{\partial E_n(z_i(L))}{\partial C(z_i(L))} < 0 \text{ und } \frac{\partial G_n(z_i(L))}{\partial E_n(z_i(L))} < 0$$

und es gilt : $0 \leq E_n(z_i(L)) \leq 1$.

Die allgemeine Anreizstruktur AS lässt sich, bezogen auf eine Zustandsdimension beziehungsweise einen Zustand als Matrix spezifizieren. Die Matrixzeilen entsprechen den verschiedenen Wohlfahrtsdimensionen und in den Spalten sind die Vorteile und die Kostentypen abgetragen. In Abbildung 3 ist eine Matrix für den Bereich der Lebensformen bzw. Familienentwicklung der Fall des Lebens in einer nichtehelichen Lebensgemeinschaft (etwa im Vergleich zum Alleinleben) mit Beispielangaben ausgefüllt worden. Zu jeder Zelle ließen sich mehr als eine und differenziertere Angaben machen.

Abbildung 3: Raster einer allgemeinen Anreizstruktur für einen biographischen Zustand am Beispiel des Lebens in einer nichtehelichen Lebensgemeinschaft

	Instrumentalität	Investitionskosten	Begleitkosten	Opportunitätskosten	Wechselkosten
Psychisch-affektuell	Emotionale „Nähe"	Aufmerksamkeit	Ärger	Folgen sozialer Kontrolle	Liebeskummer
Sozionormativ	Anerkennung durch Gleichaltrige	Aufgabe sozialer Kontakte	Missbilligung des Partnerhandels	Eingeschränkte soziale Kontaktmöglichkeiten	Soziale Missbilligung der Trennung
Ökonomisch	Schwacher Versicherungsnutzen	Kosten des Hausstandes	Ökonomische Haftung	Zeitverlust	Nichtabgesicherter Verlust an Gütern
Physisch-körperlich	Körperliche Nähe	Physische „Energie"	Physische Auseinandersetzungen	Potenzielle Gewalterfahrung	Krankheit

In ähnlicher Weise ließen sich auch die Anreizstrukturen für Zustände und Handlungen (Zustandsveränderungen) in anderen Lebensbereichen, so auch zu Migrationsentscheidungen ausbuchstabieren.

2.2 Die soziale Produktionsfunktion

Die allgemeine Anreizstruktur ist nur qualitativ beschreibbar und nicht direkt messbar. Sie wird zudem für den Akteur nicht ohne weiteres handlungsrelevant. Die Handlungssituation ist durch objektive Handlungsbedingungen bestimmt, die durch Lebensbedingungen auf unterschiedlichen Ebenen der gesellschaftlichen Realität und die sozialen Beziehungen geprägt sind, in welchen der Akteur lebt oder – im Fall einer Migration zukünftig – leben könnte („äußeren" oder gesellschaftlichen Opportunitätsstrukturen OS). Sie haben einen Einfluss auf die Instrumentalität und Effizienz von Zwischenzielen bzw. biographischen Zuständen für die Wohlfahrtsproduktion. Man kann sie zum einen in funktionale Bereiche unterteilen Dazu rechnet man die natürlichen, infra-strukturellen, ökonomischen, politischen, sozialen und kulturellen Gegebenheiten von Gesellschaften. Wir unterscheiden zum anderen verschiedene Aggregationsniveaus. Ausgehend von der Gesamtgesellschaft betrachten wir Regionen und kleinräumige Strukturen, soziale Organisationen, familiäre und soziale Netzwerke bis hin zu den intimen Beziehungen der Akteure.

Wohnorte stellen in vielerlei Hinsicht Opportunitätsstrukturen im Sinne von Gelegenheiten und Restriktionen bereit. Die Lebenshaltungskosten an den unterschiedlichen Orten können aber unterschiedlich hoch sein. Zudem können die Orte mit unterschiedlich starken Einschränkungen bezogen auf verschiedene Wohlfahrtsaspekte, etwa solche, die mit einer Familien- oder die berufliche Entwicklung verbunden sind, einhergehen. Sie können mit unterschiedlich vorteilhaften Partnermärkten aufwarten oder ein unterschiedlich reichhaltiges kulturelles Programm anbieten. Auch kann man annehmen, dass verschiedene Orte es unterschiedlich gut erlauben, geschätzte soziale Kontakte am Herkunftsort weiter zu pflegen. Die individuellen Ressourcen R bestimmen die individuellen Möglichkeiten einen Zustand herzustellen oder aufrechtzuerhalten.

Opportunitätsstrukturen und Ressourcen modifizieren damit die allgemeine Anreizstruktur zu dem, was Lindenberg „soziale Produktionsfunktion" nennt (Lindenberg 1990). Bedenkt man, dass die Rahmenbedingungen von der Zeit abhängen, so ist der Wohlfahrtsgewinn eines biographischen Zustands $z_i(L,t)$ für ein übergeordnetes Wohlfahrtsziel UG_n zu einem Zeitpunkt t wie folgt bestimmt. Wir modifizieren:[7]

$$I_n(z_i(L),t) = I_n(z_i(L,t), OS(t), R(t))$$
$$C_n(z_i(L),t) = C_n(z_i(L,t), OS(t), R(t))$$
$$CC(z_i \rightarrow z_{i'}(L),t) = CC(z_i \rightarrow z_{i'}(L,t), OS(t), R(t))$$
$$E_n(z_i(L),t) = E_n(z_i(L,t), OS(t), R(t))$$
$$G_n(z_i(L),t) = G_n(z_i(L,t), OS(t), R(t))$$

Für alle einzelnen Kostendimensionen in C_n gilt analoges. Nunmehr soll für den Zustand $z_i(L)$ zum Zeitpunkt t gelten:

$$G_n(z_i(L), t) = g((I_n(z_i(L), t), C_n(z_i(L), t))$$

Die Formel drückt aus, dass die Art und Weise der Wohlfahrtsproduktion (Instrumentalität, Effizienz) durch die strukturellen und soziokulturellen Bedingungen der Handlungs- bzw. Lebenssituation der Akteure OS(t) sowie durch ihre Ressourcen und Kompetenzen R(t) bestimmt wird (Lindenberg 1990: 272). Ressourcen sind Mittel und Kompetenzen, aber auch das Wissen um die Instrumentalität und die Effizienz Ziel-bezogener Handlungen gehört dazu. Die soziale Produktionsfunktion gibt an, welche instrumentellen (Zwischen-)Ziele, also welche biographischen Zustände, jemand unter gegebenen Verhältnissen zu einem Zeitpunkt t einnehmen kann und sollte, um seine Wohlfahrtsbedürfnisse effizient zu befriedigen. Sie drückt aus, mit welchem Ressourceneinsatz (Input) die Akteure welche Zustände (Output) mit welchem Wohlfahrtseffekt realisieren können und wie teuer es ist, bestimmte Zustände (noch) nicht realisiert zu haben.

Der Zeitbezug t verweist auf die zeitliche Lagerung im Lebenslauf oder den biographischen Status BS(t).[8] Die Einführung der Zeit hat Konsequenzen. Wir haben zwischen kurz- und langfristigen Kosten und Vorteilen zu unterscheiden. Damit unterscheiden wir zwischen dem aktuell gegebenen Gewinn $G_n(z_i(L),t)$

---

[7] Im Weiteren werde ich statt $z_i(L,t)$ wieder nur $z_i(L)$ schreiben.

[8] Die Zeit t lässt sich als mehrdimensionaler Vektor denken, in dem nicht nur die Kalenderzeit, sondern auch das biologische Alter und Aufenthaltsdauern in biographischen Zuständen, wie die Ehedauer, berücksichtigt sind (Mayer & Huinink 1990). Wir sehen aus der Lebenslaufperspektive die Wohlfahrtsproduktion als einen dynamischen Prozess des herbeigeführten Wandels von biographischen Zuständen an.

Räumliche Mobilität und Familienentwicklung 71

und dem Schatten der Zukunft, den wir formal als das Integral über die zukünftigen Gewinne der Aufrechterhaltung des Zustands $z_i(L)$ definieren:

$$SFG_n(z_i(L),t) = \int_t^\infty d_{n,L} \cdot G_n(z_i(L),\tau)d\tau$$

Die Größe $d_{n,L}$ ist ein Diskontierungsfaktor. Dieses Integral soll man annahmegemäß in die Vorteils- und Kostendimensionen zerlegen können.

Darunter kann man dann auch langfristig wirkende Opportunitätskosten betrachten. Das ist von großer Bedeutung, da die Höhe zukünftiger Opportunitätskosten bezogen auf einen noch nicht erreichten Zustand ein Bestimmungsfaktor für die Dringlichkeit, mit der ein Zustand zu erreichen ist, darstellen. Nicht nur die aktuellen, sondern auch die Folgekosten davon, dass man einen Zustand $z_{i'}(L')$ nicht herstellt, sind bedeutsam. Im Lebensverlauf steigt die Dringlichkeit für einen Zustand $z_{i'}(L')$ an, wenn seine Instrumentalität für die (zukünftige) individuelle Wohlfahrt hoch ist und die Wahrscheinlichkeit ihn nach einer Zeit des Aufschiebens möglicherweise nicht mehr einnehmen zu können, steigt. Ein Beispiel ist die Geburt eines Kindes, die von Frauen nur bis zu einem bestimmten Alter realisiert werden kann. Die über die Zeit integrierten Opportunitätskosten $\int OC_n(*, z_{i'}(L'))$ bezogen auf den nicht erreichten Zustand $z_{i'}(L')$ ist also eine Determinante für die Dringlichkeit $D_n(z_i(L),t)$, mit der dieser Zustand zu realisieren ist.

Aufgrund der Veränderung von $OS(t)$ und $R(t)$ oder Aspekten der biographischen Entwicklungsdynamik kann sich die Instrumentalität und die Effizienz eines Zustands $z_i(L)$ bezogen auf UG_n und damit der Gewinn von $z_i(L)$ verändern. Daher kann sich zum Aspekt $Z_i(L)$ im Lebensbereich L ein alternativer biographischer Zustand $z_{i'}(L)$ als „besser" erweisen, da er einen höheren Wohlfahrtsgewinn $G_n(z_{i'}(L), t)$ abwirft und einen günstigeren Schatten der Zukunft $SFG_n(z_i(L),t)$ aufweist. $z_{i'}(L)$ hätte dann eine höhere Instrumentalität oder Effizienz gewonnen. Dieses kann wiederum dadurch bedingt sein, dass bei Berücksichtigung des Schattens der Zukunft, der Zustand $z_i(L)$ die Realisierung eines dringlicher werdenden Zustandes $z_{i'}(L')$ in einem anderen Lebensbereich behindert, was für $z_{i'}(L)$ nicht gilt. Daher wäre eine Veränderung des Zustandes $z_i(L)$ geboten. Ein geläufiges Beispiel ist die Frage der Vereinbarkeit von Elternschaft und Berufsstatus oder auch von Elternschaft und Wohnumwelt. In Bezug auf Letzteres kann die Gründung einer Familie ($z_{i'}(L')$) eine Veränderung des Zustandes im Hinblick auf die Wohnsituation erfordern ($z_{i'}(L)$).

Die Veränderung des Verhältnisses der Bilanz zwischen $z_i(L)$ und $z_{i'}(L)$ muss aber nicht unmittelbar einen Wechsel von $z_i(L)$ zu $z_{i'}(L)$ zum Zeitpunkt t zur Folge haben. Dafür lassen sich zwei Gründe angeben. Erstens sind die Kosten $C(z_{i'}(L), t)$ beim und kurz nach dem Wechsel zu $z_{i'}(L)$, also kurzfristig, höher, da Anfangsinvestitionen zu leisten sind. Die notwendigen Ressourcen und die Gelegenheiten dafür können fehlen. Zweitens kommen die Wechselkosten $CC(z_i \rightarrow z_{i'}(L), t)$ ins Spiel. Solange diese Wechselkosten höher sind als der Gewinnzuwachs, der wegen einer besseren Instrumentalität oder Effizienz von $z_{i'}(L)$ erreicht werden kann, wechselt man nicht. Wenn diese Kosten geringer sind, wird gewechselt. Daraus ergibt sich ein mehr oder weniger hohes Beharrungsmotiv.

Auf der Basis dieser Überlegungen können wir die Gleichung (1), welche den Wohlfahrtseffekt des Verharrens in $z_i(L)$ bestimmt, durch die Gleichung (2) für die Bilanz eines Wechsels ergänzen, welche die Dynamik von Lebensverläufen auf Grundlage der sozialen Produktionsfunktion beschreibt:

$$G_n(z_i \rightarrow z_{i'}L), t) = w(SFG_n(z_{i'}L), t), SFG_n(z_i(L), t), CC(z_i \rightarrow z_{i'}L), t)) \quad (2)$$

$$\frac{\partial G_n(z_i \rightarrow z_{i'}(L), t)}{\partial SFG_n(z_{i'}(L), t)} > 0 \text{ und } \frac{\partial G_n(z_i \rightarrow z_{i'}(L), t)}{\partial SFG_n(z_i(L), t)} < 0 \text{ und } \frac{\partial G_n(z_i \rightarrow z_{i'}(L), t)}{\partial CC(z_i \rightarrow z_{i'}(L), t)} < 0$$

2.3 Die individuelle Produktionsfunktion

Die soziale Produktionsfunktion ist wiederum nur eher qualitativ, in Grenzen quantitativ bestimmbar und schwierig zu messen. Angesichts der Mehrdimensionalität der Zielstruktur individueller Wohlfahrt im Lebensverlauf, der Vielfalt möglicher biographischer Zustände in verschiedenen Lebensbereichen ist eine einfache Orientierung am Prinzip der Maximierung von Wohlfahrtsgewinnen bei der Lebensplanung auf der Grundlage der sozialen Produktionsfunktion ausgeschlossen. Menschen können sie nicht vollständig kennen. Darüber hinaus ist zumindest unklar, ob durch die soziale Produktionsfunktion eine vollständige Ordnung auf alle möglichen Gewinne in einer biographischen Situation definiert ist, so dass man keine objektiv optimale Lösung finden kann.[9] Und doch finden

---

[9] Damit ist das Problem der *Kommensurabilität* unterschiedlicher Wohlfahrtsdimensionen angesprochen. Soll man sich eher auf den Gewinn physischen Wohlbefindens, sozialen Status

handlungsfähige Individuen auf der praktischen Ebene immer eine „Lösung". Sie entscheiden nach dem subjektiv wahrgenommen Nutzen $U(z_i(L), t)$ eines Zustandes. Wie kommt dieser Nutzen zustande?

Menschen haben auf Grund ihrer psycho-sozialen Dispositionen PSD(t) ein inneres Navigationssystem, das ihnen erlaubt, komplexe Entscheidungssituationen zu lösen. Die „objektiven" Handlungsbedingungen werden für sie als solche nicht unmittelbar handlungsrelevant. Es ist die subjektive Wahrnehmung oder, wie Esser es ausdrückt, die „Definition der Situation", die die Auswahl von Handlungsalternativen und das individuelle Verhalten bestimmt (Esser 1999: 161ff.). Die psycho-sozialen Dispositionen kann man als inneren biographischen Zustandraum verstehen[10,] der neben den Persönlichkeitsmerkmalen handlungsrelevante Dimensionen individueller Überzeugungen und Festlegungen beinhaltet, die einen wesentlichen Aspekt der individuellen „Identität" und kultureller Prägungen der Akteure darstellen. Sie beinhalten mehr oder weniger stabile, durch Sozialisations- und andere Lernerfahrungen („Lebenserfahrung") geprägte Bewertungen und Typifizierungen der Handlungsbedingungen (Ressourcen, Opportunitätsstrukturen) und biographischen Zuständen im Hinblick auf ihre Wohlfahrt generierenden Effekte. Wir unterscheiden (a) eine kognitive „map", die erlauben soll, Handlungssituationen schnell und unaufwendig als typische Konstellationen zu begreifen, in denen man weiß, was zu tun ist; (b) eine „innere" Gelegenheitsstruktur, die dem Akteur durch Überzeugungen und Wertorientierungen vorschreibt, was er tun darf oder soll; (c) Ansprüche in Bezug auf Wohlfahrtsdimensionen bzw. die dafür instrumentellen Zustände; (d) die subjektive Relevanz von Wohlfahrtsdimensionen bzw. der dafür instrumentellen Zustände; (e) die Selbstwirksamkeitsüberzeugungen bzw. eine zielspezifisch perzipierte Handlungskontrolle der Menschen.[11]

All dem liegen psychologische und physiologische Dispositionen (Persönlichkeitseigenschaften, Emotionen) zugrunde, welche die grundlegenden Mechanismen des Umgangs von Menschen mit Handlungssituationen beinhalten

---

oder finanziellen Erfolgs verlegen und dafür etwa auf anderes, etwa eine saubere Wohnumwelt verzichten? Oder rückt man solche Aspekte der Wohnumgebung in den Vordergrund und verringert im Gegenzug das berufliche Engagement?

[10] Esser (1999: 56; 163f.) spricht hier von den „internen" oder den „inneren Bedingungen" des Handelns. Veränderungen dieser Zustände kann man als inneres Handeln begreifen.

[11] Die kognitve „map", die individuellen Überzeugungen, Relevanzen und Ansprüche sind nicht konstant in der Zeit. Sie werden aufgrund biographischer Erfahrungen verändert oder angepasst. Die Dynamik der Anpassungen kann man mit unterschiedlichen Varianten von psychologischen Theorien der Entwicklungsregulation beschreiben und erklären (Heckhausen 1999).

und bestimmen, wie sich die psycho-sozialen Dispositionen selbst über Zeit verändern (inneres Handeln).

Aus diesen Anmerkungen können wir folgende Elemente einer individuellen Produktionsfunktion ableiten:

1. Die subjektive Einschätzung der Instrumentalität $IS_n(z_i(L),t)$ und der Kosten $CS_n(z_i(L), t)$ oder Effizienz $ES_n(z_i(L), t)$ eines gegebenen oder möglichen Zustands $z_i(L)$ für UG_n in einer Handlungssituation sowie die subjektiven Wechselkosten $CCS(z_i \rightarrow z_{i'},t)$ hängen von (a), (b) und (c) ab. Je eindeutiger Handlungssituationen in der kognitiven ‚map' repräsentiert sind, desto weniger wird auf eine explizite Analyse der ‚objektiven' Bedingungen zurückgegriffen. Damit wird der Grad der Selbstverständlichkeit der Instrumentalitätsannahme eines biographischen Zustands oder Zustandswechsels in einer Situation bestimmt.[12]

2. Individuelle Werte und Normen bestimmen das Spektrum „erlaubter" und „unerlaubter" biographischer Zustände.

3. Ansprüche haben einen Einfluss auf die Instrumentalitätswahrnehmung, da biographische Zustände $z_i(L)$ nur dann als Wohlfahrt generierend angesehen werden, wenn sie dazu beitragen, die subjektiven Ansprüche zu UG_n (oder bezogen auf dafür instrumentelle Ziele höherer Ordnung) zu befriedigen (Schröder 2002). Die Ansprüche können von Individuum zu Individuum sehr unterschiedlich sein. Die Ansprüche bzw. Anspruchsniveaus bezüglich UG_n wollen wir als $A_n(*, t)$ bezeichnen. Der Stern verweist darauf, dass man differenzierter auch Ansprüche $A_n(z_i(L),t)$ betrachten kann, die sich speziell auf Zustände $z_i(L)$ beziehen.

4. Die subjektive Relevanz $Rv_n(*, t)$ der Wohlfahrtproduktion in der Dimension UG_n, $n=1,...,N$ (oder dafür instrumenteller Ziele höherer Ordnung) gibt eine subjektive Ordnung über die aktuell zu verfolgenden Ziele an, die sich auf das Erstellen und Erhalten von Zuständen in den Lebensbereichen beziehen kann. Sie ist eine Funktion des empfundenen Wohlfahrtsdefizits, also der Differenz zwischen den individuellen Ansprüchen $A_n(*, t)$ und des wahrgenommenen Wohlfahrtsniveaus $W_n(t)$ bezüglich UG_n (oder bezogen auf dafür instrumentelle Ziele höherer Ordnung) (vgl. Schröder 2002).

---

[12] Diese Situationswahrnehmung lässt sich als stabilisierender Handlungsrahmen – hier im Sinne des „*frame*"-Konzepts von Lindenberg (1990) oder Esser (2002) – verstehen, an der in der Lebensgestaltung bis auf weiteres festgehalten wird.

Der Stern verweist darauf, dass man auch im Einzelnen die Relevanz $Rv_n(z_i(L), t)$ des Erhalts oder die Relevanz $Rv_n(\rightarrow z_{i'}(L), t)$ des Erreichens eines Zustands $z_{i'}(L)$ in einem Lebensbereich L betrachten kann. Im Fall des Erhalts eines Zustands $z_i(L)$ hängt die Relevanz $Rv_n(z_i(L), t)$ von $Rv_n(*, t)$ und von der Höhe der subjektiven Opportunitätskosten $OCS_n(*, z_i(L))$ für die Wohlfahrtsdimension UG_n bei Aufgabe von $z_i(L)$ ab. Die Gesamtrelevanz wird durch die Summation über n erhalten. Die Relevanz $Rv_n(\rightarrow z_{i'}(L), t)$ der Herstellung eines Zustandes $z_{i'}(L)$ ist neben $Rv_n(*, t)$ auch eine Funktion der empfundenen Dringlichkeit $D_n(z_{i'}(L), t)$, den Zustand $z_{i'}(L)$ zu erreichen. Ein Bestimmungsfaktor der Dringlichkeit sind über die Zeit integrierten Opportunitätskosten $\int OCS_n(*, z_{i'}(L))$, die mit der Zeit zunehmen können. Des Weiteren wird sie umso größer, je stärker die erwartete Realisierungswahrscheinlichkeit für die Zukunft zurückgeht.

5. Die zielspezifisch perzipierte Handlungskontrolle oder Selbstwirksamkeit gibt an, was man wie gut zu können meint. Sie beeinflusst die Einschätzung der Wahrscheinlichkeit $Pr(z_i(L), t)$, mit welcher der beabsichtigte biographische Zustand $z_i(L)$ den Ansprüchen gemäß erhalten werden kann. Entsprechend sei $Pr(\rightarrow z_{i'}(L), t)$ die Wahrscheinlichkeit, mit welcher der biographische Zustand $z_{i'}(L)$ den Ansprüchen gemäß erreicht werden kann. Beide subjektiven Wahrscheinlichkeitseinschätzungen stehen in einem wechselseitigen Zusammenhang mit den Anspruchsniveaus, der in psychologischen Theorien der Entwicklungsregulation und des Coping genauer begründet wird (Heckhausen 1999).

Wir erhalten eine situations- und dispositionsgebundene, individuelle Produktionsfunktion, die dem Individuum situationsspezifisch nahe legt, biographische Zustände beizubehalten oder zu verändern. Dieses geschieht nach dem subjektiv perzipierten Wohlfahrtsgewinn, den wir im Folgenden als Wohlfahrtnutzen $U_n(z_i(L), t)$ bezeichnen. Die individuelle Produktionsfunktion ist dann allgemein durch die folgenden Beziehungen bestimmt, wobei der Verweis auf den Lebensbereich der Einfachheit halber nicht explizit gemacht ist:

$$D_n(z_i,t)) = h_1(\int OC^S_n(*,z_i(L)), 1/Pr(\rightarrow z_i(L),t))$$
$$Rv_n(z_i,t) = h_2(A_n(*,t)-W_n(t), OC^S_n(*,z_i))$$
$$Rv_n(\rightarrow z_{i'},t) = h_3(A_n(*,t)-W_n(t), D_n(z_i,t))$$
$$Pr(z_i(L),t) = h_4(A_n(z_i(L),t)); Pr(\rightarrow z_i(L),t) = h_4(A_n(z_i(L),t))$$

$$SFU_n(z_i,t) = \int_t^\infty U_n(z_i,\tau)d\tau$$

$$U_n(z_i,t) = f_1(I^S_n(z_i,t), C^S_n(z_i,t), A_n(\cdot,t), Rv_n(z_i,t), Pr(z_i,t))$$
$$U_n(z_i \rightarrow z_{i'},t) = f_2(SFU_n(z_{i'},t), SFU_n(z_i,t), CC^S(z_i \rightarrow z_{i'},t), Rv_n(\rightarrow z_{i'},t) Pr(\rightarrow z_{i'},t))$$

Akteure erhalten oder verändern, so die Annahme, biographische Zustände nach der Maßgabe den Wohlfahrtsnutzen in den verschiedenen Dimensionen zu verbessern und Wohlfahrtsverluste zu vermeiden. Daraus leitet sich eine Beharrungs- bzw. Veränderungsmotivation ab. Da Zustandsveränderungen mit Wechselkosten verbunden sind und der Schatten der Zukunft beachtet wird, gibt es aber kein permanentes Schwimmen zu den aktuell subjektiv optimalen Zuständen sondern ein Trägheitsmoment ist begründet.[13]

3 Zum Zusammenhang von Familienentwicklung und räumlicher Mobilität

Migration und Familienentwicklung sind Teilprozesse im Lebensverlauf und der individuellen Wohlfahrtsproduktion. Sie sind miteinander verbunden, da sie gegenseitig die Wohlfahrtsnutzen der jeweiligen Zustände (Wohnsituation und Lebensform) beeinflussen und möglicherweise Veränderungsmotivationen bewirken. Migration und Familiengründung stellen Zustandswechsel dar, die beide vergleichsweise teuer und mit nachhaltigen Folgen für den Lebenslauf verbunden sind. Ihnen liegen daher in der Regel keine Routinehandlungen zugrunde, da typischerweise die kognitive „map" zur Einschätzung der damit verbundenen Konsequenzen zu wenig bietet und die langfristige Bilanz schwer abzuschätzen ist.

Es würde an dieser Stelle zu weit führen, alle Konstellationen, die diese Schritte erstrebenswert erscheinen lassen, umfassend darzulegen. Dazu gibt es eine Vielzahl von theoretischen Vorschlägen, die zu einem großen Teil der Tradition rationaler Wahlhandlungstheorien entstammen (Kalter 1997). Kon-

---

[13] Hier können subjektive Faktoren in Form von *Lebensskripten*, als Entwürfen oder Planungen zum Ablauf von Zustandssequenzen bzw. der Verfolgung lebensbereichsspezifischer Ziele eine Rolle spielen, von denen man nicht ohne weiteres abweicht, weil man von ihrer Zweckmäßigkeit überzeugt ist. Man kann Effekte subjektiver Vorentscheidungen in Bezug auf die wahrgenommene Instrumentalität und Effizienz von Übergängen $z_i(L) \rightarrow z_{i'}(L)$ einführen.

zentrieren wir uns also auf einige Aspekte der Frage, wie räumliche Mobilität und Familienentwicklung einander gegenseitig beeinflussen können, mit denen sich auch Bernhard Nauck in zahlreichen Arbeiten beschäftigt hat. Der gegenseitige Einfluss kann auf den Ebenen der Opportunitätsstrukturen, der Ressourcen und der psycho-sozialen Dispositionen begründet sein.

3.1 Typen der Beziehungen biographischer Zustände

Eine allgemeine Systematik typischer Konstellationen, in denen Beziehungen von biographischen Zuständen oder ihrer Veränderung stehen können, soll die weitere Argumentation dazu stützen. Zwei Zustände stehen $z_i(L)$ und $z_{i'}(L')$ stehen in Konkurrenz zueinander, wenn sie nicht gleichzeitig eingenommen werden können (Unvereinbarkeit) oder ihre Wohlfahrtsnutzen bei gleichzeitigem Auftreten beeinträchtigt werden. Die Opportunitätskosten $OCS_n(z_i(L), z_{i'}(L'))$ bzw. $OCS_n(z_{i'}(L'), z_i(L))$ sind positiv. Sind die Opportunitätskosten gleich 0, spreche ich von Vereinbarkeit der Zustände. Das Verhältnis von Zuständen $z_i(L)$ und $z_{i'}(L')$ wird komplementär genannt, wenn sie sich in ihrer Wohlfahrt generierenden Wirkung gegenseitig fördern. Die Opportunitätskosten $OCS_n(z_i(L), z_{i'}(L'))$ sind in diesem Fall negativ. Im Konkurrenzfall erhebt sich die Frage, ob die Zustände $z_i(L)$ und $z_{i'}(L')$ in ihrer Wohlfahrtswirkung auf UG_n substitutiv sind, so dass die Opportunitätskosten bezogen auf einen Zustand durch den anderen ausgeglichen werden können: $U_n(z_i(L),t) = U_n(z_{i'}(L'),t)$. Gleicht ein Zustand $z_i(L)$ den Wohlfahrtsverlust in $UG_{n'}$, der dadurch entsteht, dass $z_{i'}(L')$ nicht eingenommen werden kann, durch einen Gewinn in einer anderen Dimension UG_n aus, sprechen wir von Kompensation: $U_n(z_i(L), t) = U_{n'}(z_{i'}(L'), t)$. Kompensatorische Beziehungen sind oft schwer zu beurteilen, da man die Kommensurabilität der Vorteile in unterschiedlichen Wohlfahrtsdimensionen voraussetzen muss. Das ist aber nicht immer gegeben (Huinink 2001).

Zustände können in einem Verhältnis der Verursachung zueinander stehen. Ein Zustandswechsel in einem Aspekt $Z_i(L)$ kann den Wohlfahrtsnutzen des Zustands in einem anderen Aspekt $Z_{i'}(L')$ verändern und die Wahrscheinlichkeit eines Wechsels dieses Zustands kurzfristig (Ereigniseffekt von $\rightarrow z_i(L,t)$ auf $Z_{i'}(L')$) oder langfristig (Statuseffekt von $z_i(L,t)$ auf $Z_{i'}(L')$) vergrößern oder verringern.

3.2 Wohnort und Lebensform

Die Beziehung zwischen dem Typ des Wohnortes, in dem man lebt, und der Lebensform lassen sich als Konkurrenzverhältnis, vielleicht als kompensatorisches oder substitutives Verhältnis, aber auch als Komplementaritätsverhältnis ausmachen. Ersteres heißt, dass die Wohnortwahl mit der Lebensform oder dem Familienstatus schlecht übereingeht. Dazu zählen viele Kombinationen wie „Leben in einer Großstadt" und „Leben mit Kindern" oder das „Leben auf dem Lande" und das „Alleinleben". Substitution oder Kompensation würde bedeuten, dass das Großstadtleben für einen Akteur Wohlfahrt generiert und dass die Beeinträchtigungen für das Familienleben oder die Opportunitätskosten wegen deren Nichtrealisierbarkeit ausgeglichen werden.

Im Fall der Nichtvereinbarkeit von Wohnsituation und familialer Lebensform wird der Akteur einen Abwägungsprozess vornehmen, der in der jeweiligen Lebenssituation eine Entscheidung zugunsten eines der beiden alternativen Zustände erbringen muss. Dabei wird die lebensphasenbezogene Relevanz der biographischen Zustände bzw. der damit verbundenen Wohlfahrtseffekte eine große Rolle spielen. Diese hängt wiederum von den Realitäts-Anspruchs-Diskrepanzen und Dringlichkeitswahrnehmungen ab. Die Entscheidung kann daher im Verlauf des Lebenslaufs sehr unterschiedlich ausfallen. Ein typisches Muster ist zum Beispiel, die Opportunitäten einer Großstadt in Phasen zu nutzen, in denen sie für die kurz- und langfristige Wohlfahrtsproduktion wichtig sind: Ausbildung, Erwerbseinstieg und Partnersuche. Die Entscheidung für eine Familie wird derweil aufgeschoben. In der Folge könnten die Vorteile des Lebens in der Großstadt an Relevanz verlieren und die Familiengründung schiebt sich in den Vordergrund. Die Ansprüche an die Wohnumgebung können verändert werden. Man verlässt die Kernbereiche der Großstadt oder es werden Konstellationen gesucht, in denen die Opportunitätskosten bzgl. beider Zustände („Leben in der Großstadt" und „Leben mit Kindern") minimiert werden. Dieses Verhalten könnte einer Vereinbarkeitsmotivation entspringen.

Komplementarität heißt, dass die Kombination von Wohnumgebung und Lebensform nicht nur miteinander vereinbar ist, sondern die Wohlfahrtsgewinne der Einzelzustände steigert. In der Tat lassen sich typischen Kombinationen, wie etwa „Leben in einer Großstadt" und „Alleinleben" oder „Leben in einer Kleinstadt" und „Leben mit kleinen Kindern" in dieser Weise begründen.

Die Tatsache, dass es Passungen und Nicht-Passungen zwischen Wohnort und Familienform gibt, begründet im Wesentlichen die Interdependenz zwischen den beiden Zustandsaspekten Wohnort und Lebensform und die Tatsache, dass die Beziehung zwischen räumlicher Mobilität und Familienentwicklung als ein Verursachungsverhältnis zu betrachten ist. Das bedeutet zu schauen, wie eine Zustandsveränderung in einem Aspekt die Instrumentalitäts- und Kostenverhältnisse bezüglich des anderen Aspekts verändert bzw. dort eine Veränderung provoziert.

3.3 Räumliche Mobilität und Familienentwicklung

Die Effekte räumlicher Mobilität auf die Lebens- oder Familienformen und ihre Gestaltung hängen von den Umständen der Migration (Binnenmigration vs. Außenmigration, Typ der Herkunfts- und Zielregion) und davon ab, in welcher Lebensform migriert wird. Eine Migration bedeutet einen mehr oder minder starken Wechsel von Opportunitätsstrukturen, der die Bedingungen der Familienentwicklung nachhaltig verändert. Auch die Wohlfahrtseffekte von Partnerschaft und Familie dürften sich objektiv anders gestalten. Weiterhin kann sich durch eine Anpassung an die sozio-normativen Erwartungen der Zielregion auch die subjektive Bewertung der Wohlfahrtseffekte etwa durch eine Verschiebung der individuellen Ansprüche wandeln. Bernhard Nauck hat das für internationale Migrationsprozesse ebenso gezeigt, wie den Umstand belegt, dass Migrationen einen Behinderungs- oder Verzögerungseffekt auf Übergänge der Familienentwicklung haben. Sie tragen somit auf verschiedene Weise zu deren Veränderung bei, wobei weitere Merkmale, wie das Alter und das Bildungsniveau, eine wichtige Rolle spielen (Nauck 1992, 2002).

Für Familien und für die Beziehungen zwischen den Generationen verändern Migrationen von Familienmitgliedern oder ganzer Familien die innerfamilialen Interaktionsstrukturen einzelner Familienmitglieder ohne sich notwendigerweise aufzulösen. Allerdings wird der Migration ein destabilisierender Effekt attestiert (Mincer 1978). Anders verhält es sich beispielsweise bei einer wie auch immer begründeten Binnenmigration junger Menschen aus dem ländlichen Raum in die Stadt. Sie eröffnet für Singles einen größeren Partnermarkt als auf dem Lande. Der Abbau der alten sozialen Netzwerke ist leicht kompensierbar durch den Aufbau neuer sozialer Beziehungen. Die Migration kann hier positive Effekte für die Etablierung von befriedigenden Paarbeziehungen haben.

Das Verursachungsverhältnis von der Familienentwicklung zur Migration und Wohnortwahl ist weniger untersucht. Auch dieses hängt stark von der Phase im Familienzyklus und davon ab, wie stabil sich die Familienbeziehungen erweisen. Auf der einen Seite ist aus den oben diskutierten Gründen zu erwarten, dass in den frühen Phasen der Paar- und Familienbildung sowie bei jungen Familien kleinräumige Mobilität eher häufig vorkommt (Wagner 1989; Huinink & Wager 1989). Die Heirat bzw. die Gründung einer Lebensgemeinschaft ist sehr häufig mit Migration, speziell mit dem Auszug aus dem Elternhaus, verbunden, was man als Folge eines Ereigniseffektes begründen kann. Die Ursachen für eine höhere Mobilität in der frühen Phase der Familienentwicklung (Familiengründung) liegen ebenfalls auf der Hand. Oft ist eine optimale Passung von Wohnort und Familienform mit Kindern nicht gegeben, die Steigerung der individuellen und familienbezogenen Wohlfahrt ist leicht zu erreichen und die Wechselkosten sind noch vergleichsweise gering. Das ist dann nicht mehr gegeben, wenn die Investition in die Wohnsituation, etwa in Form eines eigenen Hauses hoch sind (Wagner 1989). Eine kleinräumige Mobilität – vor allem von der Stadt in umliegende Randgemeinden – geht ansonsten mit vergleichsweise geringen Opportunitätskosten in anderen Lebensbereichen, wie dem beruflichen Engagement der Eltern und den sozialen Kontakten zu Freunden und Verwandten, einher.

Bei großräumigen Migrationen sind, vor allem bei „etablierten" Familien mit älteren Kindern die Wechselkosten erheblich höher. Allgemein wird davon ausgegangen und es ist empirisch belegt, dass sich der Familienstatus hemmend auf großräumige räumliche Mobilität der Erwachsenen auswirkt (Mincer 1978; Wagner 1989). Die Bindungswirkungen einer Paarbeziehung oder Familie sowie des gemeinsamen ökonomischen und sozialen Kapitals sind stark. Die Wechselkosten sind hoch. Der Wohlfahrtsgehalt der aktuellen Wohnsituation ist ebenfalls hoch und wird in der Regel nur durch Situationen ausgehebelt, in denen die Migration eine existenz-sichernde Funktion gewinnt. Anders wiederum im Fall einer ehelichen Instabilität. Sie stimuliert Migrationsprozesse zwangsläufig, da eine soziale Trennung auch mit räumlicher Trennung einhergeht (Mincer 1978).

Mit den hier skizzierten Aspekten ist die Beziehung zwischen Migration und Familienentwicklung natürlich bei weitem nicht erschöpfend behandelt. Sie können aber zeigen, wie aufgrund der starken Interdependenz zwischen den Lebensbereichen Wohnen und Familie Zustände und Veränderungen in einem Bereich sich auf die Wohlfahrtsnutzen der Zustände in einem anderen Bereich auswirken und umgekehrt. Menschen reagieren auf diese Veränderung mit Anpassungen ihres biographischen Status, wenn die Wechselkosten nicht zu hoch sind.

Literatur

Birg, Herwig/Flöthman, E. Jürgen & Reiter, Iris (1991): Biographische Theorie der demographischen Reproduktion. Frankfurt/M., New York: Campus.

Esser, Hartmut (1999): Soziologie. Spezielle Grundlagen. Band 1. Frankfurt/M.: Campus.

Esser, Hartmut (2002): In guten wie in schlechten Tagen? Das Framing der Ehe und das Risiko zur Scheidung. Eine Anwendung und ein Test des Modells der Frame-Selektion. In: Kölner Zeitschrift für Soziologie und Sozialpsychologie 54: 27-63.

Heckhausen, Jutta (1999): Developmental Regulation in Adulthood: Age-Normative and Sociostructural Constraints as Adaptive Challenges. New York, NY: Cambridge University Press.

Huinink, Johannes (2001): Familienentwicklung im Lebensverlauf. Entscheidungs- und Vereinbarkeitsprobleme moderner Lebensgestaltung. In: Huinink, Johannes/Strohmeier, Klaus P. & Wagner, Michael (Hrsg.): Solidarität in Partnerschaft und Familie. Zum Stand familiensoziologischer Theorie-bildung. Würzburg: Ergon: 145-165.

Huinink, Johannes & Wagner, Michael (1989): Regionale Lebensbedingungen, Migration und Familienbildung. In: Kölner Zeitschrift für Soziologie und Sozialpsychologie 41: 669-689.

Kalter, Frank (1997): Wohnortwechsel in Deutschland. Ein Beitrag zur Migrationstheorie und zur empirischen Anwendung von Rational-Choice-Modellen. Opladen: Leske + Budrich.

Lindenberg, Siegwart (1990): Rationalität und Kultur. Die verhaltenstheoretische Basis des Einflusses von Kultur auf Transaktionen. In: Haferkamp, Hans (Hrsg.): Sozialstruktur und Kultur. Frankfurt/M.: Suhrkamp: 249-287.

Lindenberg, Siegwart (2001): Intrinsic Motivation in a New Light. In: Kyklos 54: 317-342.

Mayer, Karl U. & Huinink, Johannes (1990): Alters-, Perioden- und Kohorteneffekte in der Analyse von Lebensverläufen oder: Lexis ade? In: Mayer, Karl Ulrich (Hrsg.): Lebensverläufe und sozialer Wandel. Kölner Zeitschrift für Soziologie und Sozialpsychologie, Sonderheft 31. Opladen: Westdeutscher Verlag: 442-459.

Mincer, Jacob (1978): Family Migration Decisions. In: Journal of Political Economy 86: 749-773.

Nauck, Bernhard (1992): Bildung, Migration und generatives Verhalten bei türkischen Frauen. In: Diekmann, Andreas & Weick, Stefan (Hrsg.): Der Familienzyklus als sozialer Prozess. Berlin: Duncker & Humbloth: 308-346.

Nauck, Bernhard (2001): Der Wert von Kindern für ihre Eltern. 'Value of Children' als spezielle Handlungstheorie des generativen Verhaltens und von Generationenbeziehungen im interkulturellen Vergleich. In: Kölner Zeitschrift für Soziologie und Sozialpsychologie 53: 407-435.

Nauck, Bernhard (2002): Dreißig Jahre Migrantenfamilien in der Bundesrepublik. Familialer Wandel zwischen Situationsanpassung, Akkulturation, Segregation und Remigration. In: Nave-Herz, Rosemaie (Hrsg.): Kontinuität und Wandel der Familie in Deutschland. Stuttgart: Lucius & Lucius: 315-339.

Opp, Karl-Dieter & Friedrichs, Jürgen (1996): Brückenannahmen, Produktionsfunktionen und die Messung von Präferenzen. In: Kölner Zeitschrift für Soziologie und Sozialpsychologie 48: 546-559.

Schröder, Torsten (2002): Erklärungsstrategien in den Wirtschafts- und Sozialwissenschaften. Dissertation. Universität Rostock.

Wagner, Michael (1989): Räumliche Mobilität im Lebensverlauf. Stuttgart: Enke.

II. Generatives Verhalten

Der Wert von Kindern und sein langer Schatten. Eine kritische Würdigung der VOC-Forschung

Daniela Klaus & Jana Suckow

1 Die Anfänge

Das Konzept des Wertes von Kindern wurde von B. Nauck zunächst im Rahmen der Migrationsforschung angewandt (Nauck 1987; 1989; 1993; Nauck & Özel 1986). Erklärungsbedürftig war in diesem Zusammenhang das im Vergleich zum Herkunftskontext abweichende Geburtenverhalten von türkischen Frauen, die nach Deutschland gewandert waren. Das in der Türkei vorherrschende hohe Geburtenniveau wurde nicht in den Aufnahmekontext übernommen – die Fertilität passte sich vielmehr dem deutschen Geburtenverhalten an. Die Idee des Wertes von Kindern galt in diesem Zusammenhang als Alternative zu den bis dahin gängigen Erklärungsversuchen im Rahmen der Wertekonformismustheorie (Vaskovics 1983), wonach die Werte der Aufnahmegesellschaft internalisiert und die ‚neuen' Fertilitätsnormen somit verhaltensrelevant werden. Die eigentlich hohe Fertilität der türkischen Familien stand in kultureller Distanz zur deutschen Aufnahmegesellschaft, in der die Fertilität vergleichsweise niedrig ist. Migration erschien als „exogenous factor which forces an acculturative conformity shift from one fertility norm to the other" (Nauck 1987: 336). Veränderungen im generativen Verhalten wurden allein auf die sekundäre Sozialisation der Eltern in der Aufnahmegesellschaft und daraus resultierende Einstellungsänderungen zurückgeführt – vernachlässigt wurden dabei sowohl Selektionsprozesse[1] als auch Veränderungen in den kontextuellen Opportunitätenstrukturen. Gerade regionale Mobilität aber verändert die Handlungsmöglichkeiten – und diese wiederum sind maßgeblich für die wahrgenommenen erwarteten Nutzen und Kosten von Kindern.

---

[1] So kann angenommen werden, dass Migranten bezüglich verschiedener sozio-struktureller Merkmale und Mobilitätsaspirationen von vornherein eine sehr selektive Gruppe darstellen (vgl. dazu Nauck 1987; Nauck & Özel 1986).

Einen geeigneten Ansatz, um diese Unzulänglichkeiten zu beheben, bot nun der klassische Value-of-Children-Ansatz (VOC), der explizit situationale Faktoren und deren Veränderungen berücksichtigte (Arnold et al. 1975; Hoffman & Hoffman 1973). Der Wert von Kindern wurde als vermittelnde Variable betrachtet, die auf der einen Seite vom sozio-kulturellen und sozio-strukturellen Kontext beeinflusst wird und andererseits die individuelle Fertilitätsentscheidung determiniert. Neben dem Wert von Kindern wurden weitere Variablen berücksichtigt: Kosten von Kindern, Barrieren, Anreize und Alternativen, um den angestrebten Nutzen von Kindern zu verwirklichen. Es wurde also angenommen, dass die subjektiven Nutzenerwartungen der Eltern davon abhängen, wie die familiären Lebensbedingungen die Auftretenswahrscheinlichkeit des angestrebten Wertes von Kindern beeinflussen. Die Migrationssituation nun verändert in starkem Ausmaß die sozialstrukturellen Kontextbedingungen der Familie und wirkt sich dementsprechend auf die Nutzen- und Kostenerwartungen der Eltern aus. Damit die fertile Entscheidung positiv ausfällt, muss der Wert von Kindern, konzeptualisiert als die Differenz von wahrgenommenen Kosten- und Nutzenerwartungen, positiv sein. Kosten- und Nutzenerwartungen können unabhängig voneinander unter veränderten Rahmenbedingungen variieren.

Resultierend aus der Durchsicht diverser empirischer Arbeiten zu den Werten von Kindern stellten Hoffman & Hoffman (1973) eine Liste von neun Werten von Kindern auf, zu denen „primary group ties, affiliation" ebenso zählt wie „stimulation, novelty, fun" und „economic utility" (Hoffman & Hoffman 1973: 46f.). Die Werte von Kindern wurden dabei instrumentalisiert als „functions they serve or the needs they fulfil for parents" (Hoffman & Hoffman 1973: 20). Die daran angelehnte VOC-Studie wurde in den 1970er Jahren in den USA, der Türkei, Deutschland und einigen asiatischen Ländern durchgeführt. Auswertungen für die Türkei (Kagitcibasi 1982; Kagitcibasi & Esmer 1980; Nauck & Özel 1986) ergaben zunächst drei größere Wertebereiche von Kindern: einen ökonomisch-utilitaristischen (Beitrag zum Haushaltseinkommen, Alterssicherung), einen psychologischen (Affekt) und einen sozial-normativen (Statuserhöhung). Die Wichtigkeit dieser Wertedimensionen unterschied sich bei den Türken vor allem nach Geschlecht – während Frauen stärker als Männer einen Nutzen von Kindern darin sahen, den Partner an sich zu binden und aufgrund höherer Lebenserwartung praktische und finanzielle Hilfe im Alter zu erhalten, war für Männer die Fortführung des Familiennamens von größerer Bedeutung (Kagitcibasi 1982; Kagitcibasi & Esmer 1980; Nauck & Özel 1986).

Die Wertedimensionen von Kindern werden, wie bereits deutlich wurde, hauptsächlich von der Opportunitätenstruktur der Familie beeinflusst. Nach Nauck hängen vor allem die ökonomischen Kosten in hohem Maße davon ab, ob das Aufziehen von Kindern im jeweiligen Kontext teuer oder billig ist. Die psychologischen Kosten müssten dann steigen, wenn im unmittelbaren Wohnumfeld die Infrastruktur für die Entwicklung der Kinder fehlt (Schule, Kinderbetreuung, Freizeit). Die ökonomischen Erwartungen an Kinder werden hoch sein, wenn der Kontext die Investitionen in Kinder reduziert (bspw. durch kostenlosen Schulbesuch) und Möglichkeiten für ökonomische Beiträge von Kindern zum Haushaltseinkommen bestehen (Kinderarbeit). Die ökonomischen Kosten-Nutzen-Kalkulationen sind also vorwiegend von großräumigen Randbedingungen abhängig, die psychologischen eher von kleinräumlichen (Nauck 1992). Zudem hängen sowohl ökonomische als auch psychologische Nutzen- und Kosten-Abwägungen von den individuellen Ressourcen der Eltern ab. Wendet man diese Zusammenhänge auf die Wanderung türkischer Familien nach Deutschland an, wird deutlich, dass entsprechende Veränderungen in den Nutzen- und Kostenerwartungen der Eltern stattfinden müssen. Nicht nur in Bezug auf den ökonomischen Beitrag von Kindern stellt die Türkei andere Möglichkeiten zur Verfügung als der deutsche Aufnahmekontext. Auch die Ausstattung der Eltern mit individuellen Ressourcen unterscheidet sich stark zwischen beiden Kontexten.

Unterstellt man einen rationalen Akteur, der die Kosten- und Nutzenerwartungen sowohl in ihrem Wert als auch in ihrer Auftretenswahrscheinlichkeit abwägt und danach die fertile Entscheidung trifft, fällt diese positiv aus, wenn der Nutzen-Kosten-Saldo positiv ist. Es ist des Weiteren rational sich für eine hohe Anzahl von Kindern zu entscheiden, wenn der ökonomischen Dimension eine starke Bedeutung zukommt, da zum einen der daraus erzielte Nutzen mit jedem Kind zunimmt, die Einheitskosten pro Kind jedoch sinken. Wird hingegen der psychologische Nutzen hoch bewertet, ist es weder rational keine noch viele Kinder zu bekommen, da ein bis zwei Kinder den gleichen psychologischen Nutzen hervorrufen wie drei oder mehr, im Gegenzug aber sowohl ökonomische als auch zeitliche Kosten verursachen. Zudem kann der Value-of-Children-Ansatz auch auf die Erklärung von Geschlechtspräferenzen angewandt werden: Steht der psychologische Nutzen von Kindern im Vordergrund, kann angenommen werden, dass sowohl Jungen als auch Mädchen in gleichem Maße diesen an ihre Eltern geben. Bei hohen ökonomischen Nutzenerwartungen ist es jedoch rational, eine Differenzierung hinsichtlich des Geschlechts vorzunehmen, da Jungen längerfristig eine sicherere Quelle ökonomischen Nutzens darstellen

– vor allem wenn sie, wie in der Türkei aufgrund der patrilinearen Verwandtschaftsorganisation, lebenslang ihrer Familie verpflichtet bleiben. Mit der Auswertung der Studie ‚Sozialisation und Interaktion in Familien türkischer Arbeitsmigranten' versucht Nauck (1987) nun nachzuweisen, dass die letztendliche Geburtenzahl der migrierten Frauen sehr stark vom Zeitpunkt der Migration – und damit dem Wechsel der Opportunitätenstrukturen – abhängig ist. Je früher die Migration im Lebensverlauf stattfindet, umso weniger wahrscheinlich sind hohe Paritäten, was gegen die Wertekonformitätstheorie im Zuge des Akkulturationsprozesses spricht. Hingegen scheinen situationale Faktoren stärker determinierend zu sein, da sich die Familien sehr schnell an die neuen Bedingungen, auch der Kinderaufzucht, anpassen müssen und diese Anpassungsleistung relativ kurz nach der Wanderung erbracht werden muss. Mit den veränderten Lebensbedingungen sind veränderte Opportunitäten verbunden, die den Wert von Kindern und auch deren Kosten in starkem Maße beeinflussen. Je länger die potentiellen Eltern den neuen Opportunitätenstrukturen im Aufnahmekontext ausgesetzt sind, aus denen höhere ökonomische Kosten ebenso resultieren wie geringerer ökonomischer Nutzen, umso mehr verschieben sich ihre Kosten- und Nutzenerwartungen hin zu den Kosten und implizieren somit eine geringere Kinderzahl. Auch in anderen Studien (Nauck 1989; 1992; Nauck & Özel 1986), in denen deutsche und türkische Familien miteinander verglichen wurden, bestand die Erklärung der unterschiedlichen Fertilitätsniveaus und der damit in Verbindung stehenden divergierenden Kosten- und Nutzenerwartungen in den unterschiedlichen Kontextbedingungen und daraus resultierenden individuellen Wahlmöglichkeiten.

2 VOC-Neukonzeptualisierung

Der Fokus der klassischen VOC-Studie lag auf der Erklärung interkultureller Fertilitätsunterschiede. Allerdings bildet die individuelle Kinderzahl nur einen Aspekt des generativen Verhaltens ab. Auch wenn der Entscheidung für die Geburt eines Kindes insofern eine Schlüsselposition zukommt, als damit eine Eltern-Kind Beziehung begründet wird, so ist sie lediglich der Ausgangspunkt für eine zumeist lebenslange soziale Beziehung, die verschiedene Phasen durchläuft und deren Ausgestaltung nicht unabhängig von individuellen bzw. elterlichen Interessen zu thematisieren ist. Mit der von Nauck (2001; Kohlmann 2000; 2002; Nauck & Kohlmann 1999) formulierten Neukonzeptualisierung des VOC-Ansatzes wird dem Wert von Kindern nicht nur die bis dahin fehlende theoretische Basis gegeben, sondern der Erklärungsanspruch auf die Ausgestaltung intergenerativer Beziehungen ausgeweitet. Der VOC als subjektive Repräsentation der Handlungssituation des Akteurs spiegelt die situationsspezifische Effektivität von Kindern wider, grundlegende menschliche Bedürfnisse zu befriedigen. Teilweise kann dieses Ziel bereits mit der bloßen Geburt von Kindern bestimmter Anzahl (und ggf. eines bestimmten Geschlechts) realisiert werden, teilweise sind allerdings weitere Aufwendungen der Eltern notwendig, um den antizipierten VOC entsprechend umsetzen zu können. Gemeint sind hiermit zunächst elterliche Investitionen und Erziehungsstile, um die Kinder mit der gewünschten, VOC-konformen Qualität sowie bestimmten Eigenschaften auszustatten.

Somit schafft die Weiterentwicklung der VOC-Idee einen konzeptionellen Bezugsrahmen, innerhalb dessen Fertilität und intergenerative Beziehungen in einen gemeinsamen Erklärungszusammenhang gestellt werden können. Wiederum ausgehend von einer explizit internationalen Perspektive soll dieses Modell vordergründig einen Beitrag zur Erklärung von Länderunterschieden im Geburtenniveau sowie in den intergenerativen Arrangements liefern. In Folge der kontextbezogenen Variabilität des VOC lässt sich dieses Modell zudem problemlos dynamisieren, womit auch historische Veränderungen der relevanten Phänomene erklärt werden können.

2.1 Die Idee: Kinder als potentielle Produktionsfaktoren

Menschliches Handeln ist auf die maximale Produktion von individuellem Nutzen ausgerichtet. Unter Berufung auf Adam Smiths „Theorie der ethischen Gefühle" ergibt sich dieser Nutzen aus der Befriedigung von physischem Wohlbefinden und sozialer Anerkennung (Esser 1999; Lindenberg 1984; 1990; Ormel et al. 1999). Weil sich beide Grundbedürfnisse nicht unmittelbar verwirklichen lassen, bedarf es nachgeordneter Zwischenziele, die ihrerseits wiederum mittels weiterer Produktionsfaktoren zunächst bereitgestellt werden müssen. Die aufeinander aufbauenden Produktionsvorgänge lassen sich in Anlehnung an die ökonomische Theorie als Produktionsfunktionen formulieren, wobei es sich hierbei um *soziale* Produktionsfunktionen handelt, da die Herstellung nicht auf ökonomische Güter beschränkt ist, sondern soziale Produktionsziele integriert werden. Die einzelnen Produktionsschritte sind in eine hierarchische Abfolge eingebunden, und die jeweiligen Produktionsbedingungen resultieren aus der Handlungssituation. Diese ist durch vielfältige Opportunitäten und Restriktionen gekennzeichnet, die wiederum gewisse Handlungsoptionen als sinnvoll, andere als entweder nicht möglich oder ineffizient festlegen. Hierbei sind verschiedene Komponenten von Belang, die unterschiedlichen Aggregationsebenen entstammen: Insbesondere für den Ländervergleich ist der gesamtgesellschaftliche Rahmen – festgelegt etwa durch institutionelle Vorgaben, gesetzliche Regelungen, soziale sowie ökonomische Bedingungen – zentrales Erklärungsmoment für Handlungsvariationen. Daneben werden kleinräumliche Kontextbedingungen relevant, soziale Beziehungsstrukturen sowie die individuelle Ressourcenlage des Akteurs selbst. Aus der spezifischen Kombination dieser Faktoren lassen sich Aussagen darüber ableiten, welche Handlungsmöglichkeiten, unter Verwendung welcher Produktionsfaktoren die Befriedigung der Zwischenziele bzw. der beiden Endziele optimieren. Der Mehr-Ebenen-Bezug, der durch die Heuristik der Theorie sozialer Produktionsfunktionen ermöglicht wird, erklärt einerseits die Variabilität der Effizienz möglicher Produktionsgüter sowie andererseits, dass aufgrund der Einbettung des Akteurs in dessen soziales Umfeld die Produktionsfunktionen nicht vollkommen idiosynkratisch sind.

Kindbezogenes Verhalten kann nun insofern im Rahmen dieses allgemeinen Konzeptes thematisiert werden, als Kinder in Form von Produktionsfaktoren fungieren können: Ihnen wird das Potenzial unterstellt, zur Produktion der Zwischenziele beitragen zu können, von denen Ormel et al. (1999: 72) fünf benennen und ihnen analog zu den beiden Endzielen einen universalen Charakter zuweisen: Komfort, Status, Verhaltensbestätigung, Affekt und Stimulation. Hierbei ist es keineswegs erforderlich, dass Kinder für alle Zwischenziele gleichzeitig und in gleichem Umfang relevant sind. Zudem legt die Übertragung dieser allgemeinen Typologie auf den Produktionsfaktor Kind eine Zusammenfassung nahe, aus der sich drei zentrale Wertebereiche von Kindern ergeben (Klaus, Suckow & Nauck 2005; Nauck 2004): (1) Komfort als „a somatic and psychological state based on absence of thirst, hunger, pain, fatigue, fear, extreme unpredictability, and the like" (Ormel et al. 1999: 68), (2) Wertschätzung als Statuserhöhung oder positive Verhaltenssanktionierung durch relevante Andere und (3) Affekt und Stimulation als dritte Nutzenkomponente, die sich direkt in der Beziehung zum eigenen Kind verwirklichen lässt. Diese Dreiteilung weist zunächst Parallelen zu den auf Basis der VOC-Daten aus den 1970ern herausgearbeiteten Dimensionen des Wertes von Kindern auf. Andererseits werden Ähnlichkeiten zu ökonomischen Erklärungsversuchen (Becker 1960: 210; Leibenstein 1957: 161) sowie austauschtheoretische Ideen (Nye 1979: 11) deutlich.

Über die Formulierung von Brückenhypothesen lassen sich sodann systematische Zusammenhänge zwischen dem Handlungskontext und der Effektivität von Kindern herstellen: Kinder tragen nicht universell zur Produktion der (Zwischen- und damit End-) Ziele bei. Es müssen alternative Produktionsfaktoren in Rechnung gestellt werden, die in Abhängigkeit von der Ausgestaltung des Handlungskontextes möglicherweise effektiver zur Zielrealisierung führen. Die diesbezügliche Nützlichkeit von Kindern bzw. der Eltern-Kind-Beziehung soll nun in dem Wert zum Ausdruck kommen, den potentielle Eltern Kindern zuschreiben. Um diesen Wert von Kindern realisieren zu können, müssen darauf abgestimmte Verhaltensstrategien ausgewählt und umgesetzt werden. Damit lässt sich die Erklärung im Sinne des methodologischen Individualismus weiter vervollständigen[2]: Aus dem VOC lassen sich konkrete Vorhersagen zu den kindbezogenen Verhaltensweisen treffen. Überblicksartig werden im Folgenden die entsprechenden Mechanismen vorgestellt, um für diese im weiteren Verlauf erste Indizien beizubringen. Hierzu wird auf die Daten der VOC-Replikationsstudie[3] zurückgegriffen, beispielhaft werden aus dieser internationalen Erhebung Deutschland und die Türkei ausgewählt, zwei Kontexte, die sowohl bezüglich der Rahmenbedingungen als auch der im Interesse stehenden Phänomene stark variieren und zudem Ausgangspunkt für die Migrationsstudien waren, in denen B. Nauck erstmals die VOC-Idee explizit eingesetzt hat, um das veränderte Fertilitätsverhalten der türkischen Arbeitsmigranten in Deutschland zu erklären.

2.2 Das zentrale Erklärungskonstrukt: Der Wert von Kindern

Als grundsätzlicher Zusammenhang lässt sich festhalten, dass der Wert von Kindern mit zunehmender Ressourcenausstattung des Entscheidungsträgers abnimmt, weil die alternativen Realisierungsmöglichkeiten von Komfort, Wertschätzung und Affekt sowie Stimulation steigen. Entscheidende Rollen nehmen

---

[2] Der dritte und letzte Schritt der Gesamterklärung (Coleman 1990; Esser 1993), der Rückschluss auf die gesamtgesellschaftliche Ebene, ergibt sich hier recht einfach aus der Summe der Einzelhandlungen.

[3] Die Daten wurden 2002 im Rahmen des Forschungsprojekt ‚Value of Children in Six Cultures. Eine Replikation und Erweiterung des 'Value-of-Children-Studies' bezüglich generativen Verhaltens und der Ausgestaltung von Eltern-Kind Beziehungen' erhoben. Finanziert wird die Studie durch die Deutsche Forschungsgemeinschaft (Na 164/9-1 bis -3; Tr 169/9-1 bis -3; Hauptantragsteller: Bernhard Nauck, Chemnitz und Gisela Trommsdorff, Konstanz).

hier insbesondere das Bildungsniveau, die Erwerbssituation sowie das individuelle Wohlfahrtsniveau ein – drei Variablen, die typischerweise kovariieren: Je höher der Bildungsabschluss, desto besser die Erwerbschancen, verbunden mit steigendem Einkommenspotential. Damit lässt sich der individuelle Komfort effektiv erhöhen – insbesondere die eigene Vorsorge für Fälle temporärer (Arbeitslosigkeit, Krankheit) oder dauerhafter Erwerbsunfähigkeit (Behinderung, Rentenalter): Ein hohes Einkommen ermöglicht die Kapital-Investition in Wohneigentum, Aktien oder private Versicherungen. Über Bildungs- und Berufserfolge lassen sich zudem soziale Wertschätzung und Statuserhöhung realisieren: Durch die Bewegung im öffentlichen Raum aufgrund eigener Erwerbstätigkeit vergrößert sich das außerfamiliale Netzwerk (insbesondere um Freunde und Kollegen), welches wiederum ein großes Potenzial nicht nur für soziale Wertschätzung, sondern auch positive Affekte und Stimulation bereitstellt.

Neben den individuell verfügbaren Ressourcen legen institutionelle Regelungen auf verschiedenen Aggregationsstufen einen allgemeinen Rahmen für die Effizienz von Kindern fest. Um nur einige wichtige Beispiele zu nennen: Ein stark religiös geprägter Kontext lässt Kinder für die Produktion von Wertschätzung relevant werden, da in der Regel entsprechend pro-natalistische Normen existieren, deren Befolgung durch ein enges Netzwerk kontrolliert wird. Dem Verwandtschaftssystem kommt insofern eine bestimmende Position zu, als das Deszendenzsystem im Gegensatz zum Affinalsystem die intergenerative Beziehung stark hervorhebt: An Kinder werden verbindliche, insbesondere finanzielle und praktische Erwartungen gerichtet, sowohl in kurz- (Einkommens- und Arbeitsnutzen) als auch langfristiger Perspektive (Versicherungsnutzen). Diese stärken den Beitrag und die Effizienz von Kindern für den Komfortaspekt, nicht zuletzt weil durch die institutionalisierten Deszendenzregelungen dessen Realisierungswahrscheinlichkeit erhöht wird. Damit verbunden ist der Statusgewinn durch Kinder, der in affinal-organisierten Gesellschaften nicht zur Wirkung kommt, wohl aber im deszendenten Kontext. Neben gesetzlichen Regelungen zur Legalität von Kinderarbeit sowie zur Schulpflicht, wonach die Kosten von Kindern erhöht und zugleich ihr möglicher Arbeitsnutzen herabsetzt wird, sind vor allem die Möglichkeiten der sozialen Sicherung in Betracht zu ziehen: In Ländern, in denen die Absicherung über ein staatlich organisiertes Wohlfahrtsnetz oder auch private Versicherungsgesellschaften bereitgestellt wird, reduziert sich der traditionelle Komfortnutzen von Kindern erheblich. Schließlich sei noch auf die Strukturierung des Arbeitsmarktes verwiesen: Undifferenzierte, agrarisch-dominierte Arbeitsmärkte erfordern eine geringe Qualifikation und bieten somit bereits Kindern Erwerbsmöglichkeiten. Ausdifferenzierte, konkurrenzbetonte Märkte hingegen verlangen umfassende Ausbildung, nicht zuletzt um im Wettbewerb um einen Arbeitsplatz erfolgreich zu sein. Das wiederum erfordert zunächst erhöhte Bildungsinvestitionen (und damit Kosten) in Kinder und senkt zugleich den kurzfristigen Komfortnutzen, weil es an ‚Erwerbsmöglichkeiten' für Kinder mangelt.

Diese Darlegung verdeutlicht die Abhängigkeit des Wertes von Kindern von den gegebenen Rahmenbedingungen: Die individuelle VOC-Konstellation stellt damit in Bezug auf die situationsspezifische Relevanz von Kindern ein in gebündelter Form vorliegendes Abbild der Handlungssituation des Entscheidungsträgers dar. Insbesondere bezüglich der angesprochenen Kriterien variieren Deutschland und die Türkei erheblich, was sich in unterschiedlichen VOC-Arrangements niederschlagen sollte. Aus den VOCs wiederum ergeben sich Implikationen für die nachfolgenden Handlungen, die explizit auf das Produktionsgut Kind ausgerichtet sind und im Folgenden kurz vorgestellt werden.

2.3 Generatives Verhalten basierend auf dem Wert von Kindern

Fertilität. Die zentralen handlungstheoretischen Hypothesen bezüglich der Fertilitätsentscheidung wurden in mehreren Arbeiten zusammengestellt (Kohlmann 2000: 109; Nauck 1989; 1997; 2001; Nauck & Kohlmann 1999: 65) und unter Verwendung der VOC-Primärdaten bestätigt. Erweisen sich eigene Nachkommen in allen Bezügen als unproduktiv bzw. stehen effektivere Produktionsgüter zur Verfügung, wird bereits die generative Entscheidung zu Ungunsten der Geburt von Kindern ausfallen. Können Kinder ausschließlich zur Affekt- bzw. Stimulationsproduktion beitragen, so genügt eine geringe Kinderzahl, um diesen Nutzenaspekt zu optimieren: Bereits ein Kind (bzw. maximal ein zweites Kind mit dem möglichst jeweils anderen Geschlecht) kann die emotionalen Bedürfnisse der Eltern befriedigen. Welche Kinderzahl den Status der Eltern sowie die positive Verhaltenssanktionierung maximiert, hängt sehr stark von den jeweils kindbezogenen Normen im sozialen Umfeld ab. Wird der Komfortaspekt hoch bewertet, impliziert das eine hohe Kinderzahl, da sich dieser Nutzen mit jedem weiteren Kind kumuliert.

Sozialisationsstrategien. Sofern sich Statuserhöhung bereits mit der Geburt eines Nachkommens realisieren lässt, sind diesbezüglich keine weiteren Aktivitäten sowie Investitionen nötig. Auch kurzfristige Affekt- und Stimulationswerte sollten zeitnah mit der Geburt erfüllt werden. Jedoch erfordert insbesondere die Komfortkomponente zunächst weiteren elterlichen Einsatz, bevor der erwartete

Nutzen eintritt: Während der Arbeits- und Einkommensnutzen von jüngeren Kindern insbesondere aufgrund ihrer Abhängigkeit einfach zu verwirklichen ist, bedürfen entsprechende Erwartungen, die sich auf spätere Familienphasen beziehen, in denen die Kinder erwachsen sind, entsprechender Vorbereitung in Form von angemessenen Erziehungsstrategien, die sicherstellen, dass die erwachsenen Kinder den an sie gestellten Verpflichtungen gegenüber ihren Eltern nachkommen. Demnach sollte sich der elterliche VOC im praktizierten Erziehungsstil sowie in den damit verfolgten Zielen ebenso wiederfinden, wie in der damit direkt verbundenen Ausgestaltung der intergenerativen Beziehung zu verschiedenen Zeiten im Familienzyklus. Insbesondere solche VOCs, deren Verwirklichung erst in weiter Zukunft erwartet wird, bedürfen Mechanismen, die die Eintritts- bzw. Realisierungswahrscheinlichkeit erhöhen. Einen effektiven Mechanismus können die Sozialisationsstrategien abgeben. Dieser Aspekt generativen Verhaltens wurde bereits in verschiedenen Arbeiten mit dem VOC in Verbindung gebracht (Hoffman 1987; 1988; Kagitcibasi 1996; Nauck 1989): Damit die (erwachsenen) Kinder den Komforterwartungen ihrer Eltern, zumeist in Form von instrumenteller und materieller Unterstützungsleistung nachkommen, ist es rational sie zu lebenslanger Loyalität und Verpflichtung gegenüber ihren Eltern zu erziehen. Ein autoritärer Erziehungsstil soll Gehorsam und Abhängigkeit realisieren. Sofern utilitaristische und materielle Hilfe nur in geringem Ausmaß oder gar nicht erwartet wird, erscheint ein solcher Erziehungsstil nicht angebracht, insbesondere weil dann typischerweise emotionale Gründe zur Geburt von (zumindest) einem Kind veranlasst haben: Zu erwarten sind Erziehung zu Autonomie, Selbstbestimmung, Selbstvertrauen und Unabhängigkeit in Verbindung mit einem gefühlsbetonten und nachgiebigen Erziehungsstil – nicht zuletzt, um diesen VOC bereits in den ersten Jahren der Eltern-Kind-Beziehung zu maximieren. Es wird deutlich, welche zentrale Rolle der Sozialisation zum Verständnis intergenerativer Beziehungen zukommt.

Intergenerative Beziehungen in späten Familienphasen. Die Generationenbeziehungen zwischen erwachsenen Kindern und ihren Eltern lassen sich ebenfalls aus ihrer Relevanz für die Befriedigung der Grundbedürfnisse modellieren. Zumindest vom elterlichen Standpunkt aus schlagen sich hier die langfristigen Erwartungen an die Kinder nieder, womit dem langen Schatten der Werte von Kindern Ausdruck verliehen wird. Als Konsequenz rational gewählter Sozialisationspraktiken sollten sich die entsprechenden Erwartungen der Eltern, vor deren Hintergrund sie sich einst für die Geburt einer entsprechenden Anzahl von Kindern entschieden haben, nun in konkreten Interaktionen wiederfinden lassen: Die Erziehung zu lebenslanger Loyalität und Verpflichtung erhöht die Realisierungswahrscheinlichkeit von Komforterwartungen. Demnach sollten sich derartige Eltern-Kind-Beziehungen dadurch auszeichnen, dass die Elterngeneration im Alter tatsächlich Unterstützung finanzieller/materieller und/oder praktischer Art erfährt. Hingegen lassen Affekt- und Stimulationswerte, die ausschlaggebend für die Geburt des Kindes gewesen sind, eine erhöhte emotionale Qualität der späteren Eltern-Kind-Beziehung erwarten, möglicherweise in Verbindung mit einer höheren Kontakthäufigkeit.

Die neuerliche Aufnahme von Generationenbeziehungen in das VOC-Erklärungsprogramm ermöglicht es nicht nur Fertilität und intergenerative Beziehungen in einen umfassenden Erklärungszusammenhang zu stellen, sondern bietet gleichzeitig einen wertvollen Beitrag für einen Forschungsbereich, dem es bisher an erklärungskräftigen Konzepten mangelt: Zwar finden sich hierzu, insbesondere für Deutschland und die Türkei, vor dem Hintergrund jeweils öffentlicher Diskussionen, eine Fülle von empirischen Studien[4], aber Versuche einer theoretischen Einbettung bzw. einer Fundierung intergenerativer Beziehungen sind eher rar bzw. unvollständig. Ein prominentes Modell, dass sich in systematischer Weise der Betrachtung intergenerativer Beziehungen widmet, stellt das Konzept der ‚Intergenerationalen Solidarität' dar, das von der Forschergruppe um Bengtson (Bengtson 2001; Bengtson & Mangen 1988; Bengtson, Olander & Haddad 1976) entwickelt wurde. Basierend auf umfassenden Auswertungen der 1971 gestarteten ‚Longitudinal Study of Generations' wird eine fruchtbare Typologie von Aspekten erstellt, hinsichtlich derer sich Generationenbeziehungen beschreiben lassen: strukturell, konsensuell, affektiv, assoziativ, funktionell und normativ. Jede dieser Dimensionen repräsentiert eine Dialektik, wonach das Solidaritätskonzept entgegen seiner Bezeichnung auch negative Aspekte intergenerativer Beziehungen einbeziehen kann. Auch wenn das Modell später um die Behauptung von Kausalbeziehungen zwischen den Dimensionen ergänzt wird, fehlt weiterhin eine erklärungskräftige Verknüpfung mit beziehungsexternen Variablen. Parallelen werden jedoch zwischen der Typologie und den Wertedimensionen von Kindern (VOC) sichtbar. Die Verbindung beider Konzepte

---

[4] In Deutschland werden Generationenbeziehungen vornehmlich in der gerontologischen Forschung thematisiert: Aus dem Zusammenspiel steigender Lebenserwartung, sinkender Kinderzahlen sowie rückläufiger staatlicher Sozialleistungen ergeben sich veränderte Anforderungen an zu erbringende Pflege-, Betreuungs- und Unterstützungsleistungen der Alten (u. a. Grünendahl 2001; Kohli 1997; Kohli & Künemund 2001; Lauterbach 1995; Lauterbach & Klein 1997; Marbach 1997; Szydlik 2000; 2003; Szydlik & Schupp 1998; Vaskovics et al. 1992). Türkische Studien hingegen diskutieren hauptsächlich die Auswirkungen der Modernisierung sowie der hohen Binnenmigration auf familiale sowie insbesondere intergenerative Beziehungsstrukturen (u. a. Duben 1982; Günes-Ayata 1996; Kongar 1972; 1976; Kuyas 1982).

ermöglicht das, was Connidis & McMullin (2002) als noch mangelhaft herausstellen – eine detaillierte Darstellung der Prozesse, die zu einer entsprechenden Organisation der Beziehung zwischen Eltern und Kindern führen.

Die Integration der intergenerativen Beziehung zu verschiedenen Lebensphasen in das VOC-Erklärungsprogramm erscheint als konsequent und notwendig, gerade weil die Realisierung der VOCs und damit der Beitrag von Kindern für die Befriedigung der menschlichen Grundbedürfnisse, typischerweise nicht mit der Geburt eines Kindes stattfindet: Ebenso wie die fertile Entscheidung werden auch alle weiteren, auf die Nachkommen bezogenen Entscheidungen und Verhaltensweisen als rationale Strategien zur optimalen Verwirklichung der VOCs konzeptualisiert. In Verbindung mit der Einbettung der Erklärungen in ein Mehr-Ebenen-Modell ergibt sich zudem die Möglichkeit, das Modell explizit dynamisch anzulegen: Die getroffenen individuellen Handlungsentscheidungen sowie die Umsetzung nehmen über verschiedene Pfade Einfluss auf künftige Handlungsentscheidungen: Einerseits ist anzunehmen, dass die individuellen, intergenerativen Erfahrungen der Kinder Einfluss auf deren Wert von Kindern nehmen – sei es direkt über intergenerative Transmission oder indirekt in Form von subjektiv antizipierten Eintrittswahrscheinlichkeiten des VOCs. Auf der anderen Seite tragen die kindbezogenen Einzelhandlungen in unbeabsichtigter Weise zu Veränderungen auf der Aggregatebene bei (z. B. der Institutionalisierung von Generationenbeziehungen), was dann wiederum die Handlungssituation nachfolgender Generationen beeinflusst. Es wird deutlich, dass sich sowohl Wandel als auch Persistenz von Gesellschaften im Rahmen dieses Erklärungsansatzes modellieren lassen. Allerdings steckt die Modellierung und insbesondere die empirische Prüfung der vermuteten Verbindung zwischen VOC und den Eltern-Kind-Beziehungen noch in den Kinderschuhen, wird aber im Verlauf des derzeitigen VOC-Projektes umfassend bearbeitet und soll zudem mit expliziter Anwendung auf Deutschland im Rahmen des aktuellen Schwerpunktsprogramms der DFG ‚Familien- und Partnerschaftsentwicklungspanel' weiterentwickelt und verfeinert werden.

3 Empirische Befunde aus dem Kulturvergleich: Deutschland und Türkei

Im Rahmen der neukonzeptualisierten und theoretisch fundierten VOC-Studie, die 2002 in insgesamt sechs Kernländern (Deutschland, Türkei, Israel/Palästina,

China, Indonesien und Korea)[5] durchgeführt wurde, konnten Daten zur Auswertung der theoretisch angenommenen Zusammenhänge gewonnen werden. Erhoben wurden insgesamt vier Generationen: Mütter, deren ältestes Kind im Vorschulalter ist, Mütter von Jugendlichen im Alter von 14 bis 17 Jahren, die entsprechenden Jugendlichen und in einigen Fällen die Großmütter der Jugendlichen mütterlicherseits. In die folgenden empirischen Analysen gehen beide Müttergruppen aus Deutschland und der Türkei ein. Untersucht werden die Werte von Kindern ebenso wie die damit in Zusammenhang stehenden Erziehungsstrategien und Beziehungen zu den eigenen Eltern.

Zunächst jedoch werden einige Rahmenbedingungen beider Gesellschaften dargestellt, die entsprechend der Theorie mit dem Wert von Kindern und der Erklärung von Fertilitätsunterschieden relevant sind. Deutschland verfügt – im Gegensatz zur Türkei – über ein relativ gut ausgebautes staatliches Sicherungssystem. Im Falle von Arbeitslosigkeit und Krankheit bietet es finanzielle Transfers ebenso wie im Rentenalter. Die vergleichsweise gute Versorgung im Lebensalter führt dazu, dass die individuellen intergenerativen Finanztransfers in Deutschland vorwiegend von der älteren zur jüngeren Generation fließen, wohingegen in der Türkei die Kinder für die Absicherung des Lebensabends ihrer Eltern verantwortlich sind. Eng damit in Zusammenhang steht das Verwandtschaftssystem, das sowohl Normen in Bezug auf das fertile Verhalten als auch bezüglich der Ausgestaltung von Generationenbeziehungen beinhaltet. Das bilinear-affinalverwandtschaftliche Regime in Deutschland ist verbunden mit einem relativ geringen Statuszuwachs durch Elternschaft – das patrilineardeszendenzverwandtschaftliche in der Türkei jedoch mit einem hohen Statusgewinn, vor allem bei der Geburt männlicher Nachkommen. Zudem unterscheiden sich beide Länder hinsichtlich zentraler sozialstruktureller Merkmale stark voneinander: Die Analphabetenrate türkischer Frauen ist mit 22% (2002; Statistisches Bundesamt 2003) vergleichsweise hoch. In der amtlichen Statistik findet dies seinen Niederschlag in einer deutlich niedrigeren Arbeitsmarktbeteiligung von Frauen im Vergleich zu Deutschland: Sind in Deutschland nahezu 50% der Frauen erwerbstätig (2002; Statistisches Bundesamt 2003), liegt die offizielle Frauenerwerbsquote in der Türkei bei lediglich 26% (2001; Statistisches Bundesamt 2003). Beachtet werden muss hier allerdings, dass der Anteil mithelfender Familienangehöriger unter den Frauen in der Türkei sehr hoch ist, ebenso wie der Anteil der Beschäftigten im informellen Sektor.

---

[5] Neben den sechs Kernländern haben sich mittlerweile weitere Satelliten-Länder an dem Projekt beteiligt, dazu zählen unter anderem Indien, Frankreich, Ghana, Südafrika.

Wie Tabelle 1 zeigt, finden sich die Unterschiede zwischen der Türkei und Deutschland auf der Aggregatebene auch in der Stichprobe wieder. Türkische Mütter weisen deutlich höhere Anteile in den unteren Bildungsgruppen auf und waren zum Zeitpunkt der Heirat wesentlich schwächer in den Arbeitsmarkt integriert.

Tabelle 1: Stichprobenbeschreibung, VOC-Studie 2002, Mütter

	Deutschland	Türkei
N	613	622
Alter (Mittelwert)	38,3	35,2
Bildung (%)		
Kein Schulabschluss	-	9,1
Grundschulabschluss	6,2	42,6
Abschluss Sekundarstufe	65,6	29,4
Tertiäre Schulbildung	28,2	18,8
Arbeitsmarktbeteiligung zum Zeitpunkt der Heirat (%)	78,8	35,1

Datenbasis: VOC-Studie 2002

Im Folgenden sollen zunächst die unterschiedlichen Werte von Kindern in beiden Kontexten verdeutlicht werden, bevor in einem weiteren Schritt die Erziehungsstrategien und intergenerativen Beziehungen beleuchtet werden. Entsprechend den theoretischen Annahmen müssten sich – bedingt durch die Abhängigkeit der Wertedimensionen von den institutionellen Rahmenbedingungen und Opportunitätenstrukturen – die Werte, die Eltern Kindern zuschreiben, in beiden Kontexten unterscheiden.

Die Werte von Kindern wurden über eine Liste von möglichen Antworten auf folgende Frage erhoben: ‚Ich habe hier eine Liste von Gründen, warum Menschen im Allgemeinen Kinder haben wollen. Denken Sie an Ihre eigene Erfahrung mit *Ihren eigenen Kindern/Ihrem eigenen Kind* und teilen Sie mir bitte mit, wie wichtig diese Gründe für den Kinderwunsch für Sie persönlich sind.' Mögliche Gründe waren unter anderem: ‚weil ein Kind im Haushalt hilft', ‚weil es Spaß macht, kleine Kinder im Haus zu haben' und ‚weil Elternschaft die Stellung und den Ruf in der Verwandtschaft verbessert'. Faktorenanalytische Auswertungen der insgesamt 27 Gründe für Kinder ergaben drei Wertedimensionen: Affekt/Stimulation, Komfort und Wertschätzung.

Abbildung 1 verdeutlicht zunächst drei Befunde: 1) Auf allen drei Wertedimensionen weisen die türkischen Mütter höhere Mittelwerte auf als die deutschen. 2) Affekt/Stimulation kommt sowohl bei den Deutschen als auch bei den Türken die höchste Bedeutung zu. 3) Die Unterschiede zwischen türkischen und deutschen Müttern sind bezüglich der Komfort-Dimension am höchsten. Bedenkt man, dass gerade die ökonomischen Erwartungen an Kinder stark von den Opportunitäten, die der soziale Kontext zur Verfügung stellt, abhängig sind, ist es plausibel, dass diesen Erwartungen in der Türkei höhere Bedeutung zukommt.

Abbildung 1: Werte von Kindern in Deutschland und der Türkei

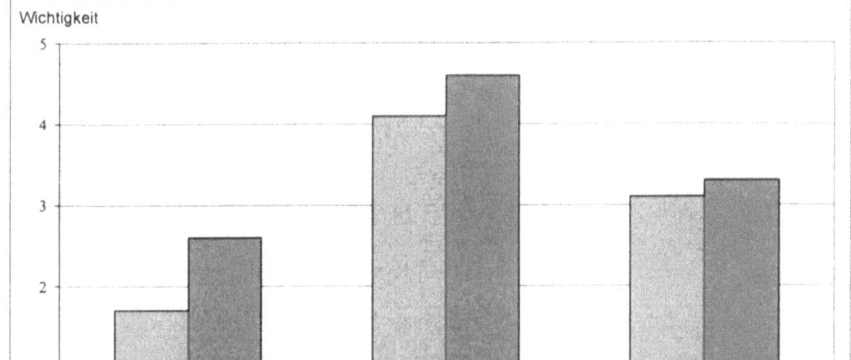

Datenbasis: VOC-Studie 2002
** p<=0.01

Dem theoretischen Modell entsprechend schlagen sich diese höheren ökonomischen Erwartungen der türkischen Mütter zum einem in fertilem Verhalten nieder, das Geburten auch höherer Paritäten hervorbringt. Aggregiert schlägt sich dies in einer höheren Total Fertility Rate (TFR) in der Türkei wieder, die 2000 bei 2,5 lag (State Institute of Statistics 2003). Im Vergleich dazu ist die TFR in Deutschland mit 1,4 deutlich niedriger (Council of Europe 2002). Zum anderen gehen aus ihnen Erziehungsstrategien hervor, die die Verwirklichung dieser Erwartungen in späteren Lebensabschnitten sicherstellen sollen (Abbildung 2).

Abbildung 2: Erziehungsstrategien in Deutschland und der Türkei

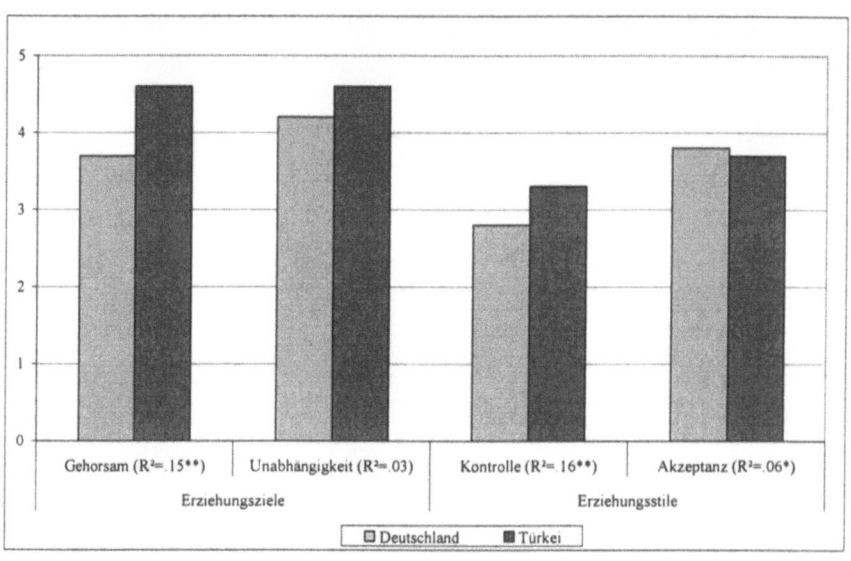

Datenbasis: VOC-Studie 2002
Anmerkung: Die Erziehungsstile wurden – im Gegensatz zu den Erziehungszielen – lediglich mit einer vierstufigen Skala erhoben
** $p<=0.01$, * $p<=0.05$

Damit sich die stärkeren ökonomischen Erwartungen tatsächlich in späteren Lebensphasen erfüllen, werden die türkischen Kinder stärker als die deutschen zu Gehorsam erzogen (R^2=.15). Entsprechend der Tatsache, dass auch dem emotionalen Wert von Kindern bei den Türken ein höherer Wert als bei den deutschen zukommt, weisen die türkischen Mütter auch in Bezug auf Unabhängigkeit als Erziehungsziel höhere Werte auf, dieser Unterschied ist aber im Vergleich zum Gehorsam nicht signifikant (R^2=.03). Um die Erziehungsziele zu erreichen, werden von den Eltern entsprechende Erziehungsstile gewählt, die sich erwartungskonform zwischen Türken und Deutschen unterscheiden. Am deutlichsten wird dieser Unterschied beim kontrollierenden Erziehungsstil[6] – dieser wird stärker von den Türkinnen angewandt ($R^2=.16$). Einen akzeptierenden Erziehungsstil praktizieren die deutschen Mütter deutlich häufiger als einen kontrollierenden, und auch die türkischen Mütter weisen – aufgrund des höheren emotionalen VOCs – vergleichsweise hohe Akzeptanzwerte auf.

Um zu verdeutlichen, dass sich die den Kindern zugeschriebenen Werte in den Generationenbeziehungen wiederfinden, werden zum Abschluss die Hilfeleistungen Erwachsener an die eigenen Eltern herangezogen. In Kontexten, in denen der ökonomische Wert von Kindern hoch bewertet wird, wie bspw. in der Türkei, sollten auch die ökonomischen und praktischen Transfers an die eigenen Eltern höher ausfallen (Abbildung 3).

Abbildung 3:   *Hilfeleistungen von erwachsenen Kindern an ihre Eltern in Deutschland und der Türkei*

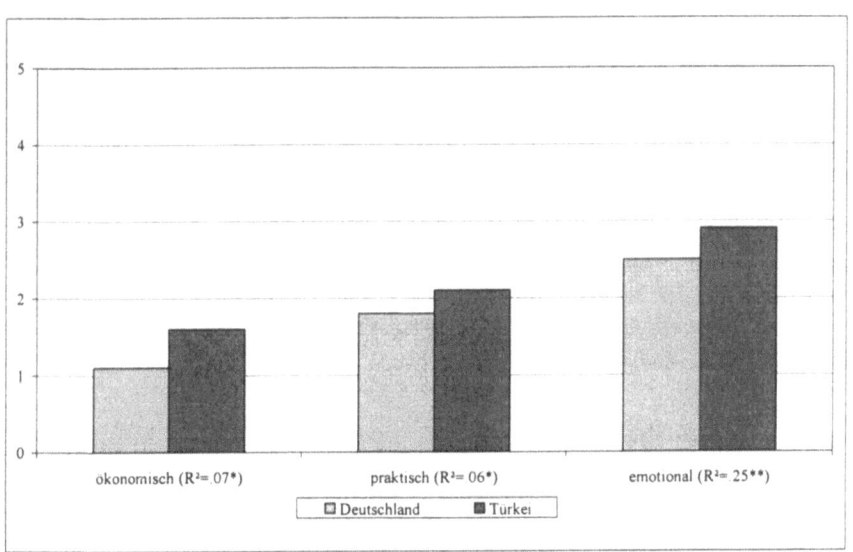

Datenbasis: *VOC-Studie 2002*
** $p<=0.01$

---

[6] Kontrolle und Akzeptanz sind Skalen, die aus verschiedenen Items zum Erziehungsstil gebildet wurden. Beispielhaft für Kontrolle ist das Item „want control whatever child does". Akzeptanz wird bspw. abgebildet durch „interested in things child does".

Natürlich hängen die tatsächlichen Hilfeleistungen zum Befragungszeitpunkt stark von der jeweiligen Bedürftigkeit der Eltern ab. Deutlich wird jedoch, dass auf allen drei Dimensionen die Hilfetransfers der türkischen Mütter an ihre Eltern höher ausfallen als die der deutschen. Am stärksten ist dieser Unterschied wiederum bezüglich ökonomischer Unterstützung, obwohl diese im Vergleich zur praktischen und emotionalen Unterstützung eher gering ausfällt. Zurückzuführen ist dies unter anderem darauf, dass entsprechend den geschlechtsspezifischen Erwartungen in der Türkei weibliche Nachkommen eher für praktische und emotionale Belange zuständig sind, wohingegen von männlichen Nachkommen sehr viel stärker ökonomische Unterstützung erwartet wird.

Zusammenfassend lässt sich also feststellen, dass sowohl die Werte von Kindern als auch die Erziehungsstrategien und intergenerativen Beziehungen den theoretischen Annahmen entsprechen. Aufgrund der im Vergleich zu Deutschland geringeren sozialen Absicherung durch institutionelle Regelungen und stärkere normative Verpflichtungen, die aus dem deszendenten Verwandtschaftssystem resultieren, zeigen die türkischen Mütter höhere ökonomische Erwartungen an ihre Kinder. Diese sollten sich in höheren Kinderzahlen niederschlagen, wofür die höhere TFR in der Türkei nur ein erstes, aggregiertes Indiz darstellt. Zudem resultieren aus den höheren ökonomischen Erwartungen Erziehungsstrategien, die eine Erfüllung der Erwartungen im Alter sicherstellen bzw. wahrscheinlicher machen sollen. Der Wert, der Kindern zugeschrieben wird, die Erziehungsstrategien und die tatsächlichen Eltern-Kind-Beziehungen sind also auf den ersten Blick offenbar aufeinander abgestimmt. Ob sich diese Zusammenhänge auf Individualebene ebenso zeigen, ist noch zu prüfen. Erste diesbezügliche Auswertungen deuten aber darauf hin, dass auch sie konform zu den theoretischen Annahmen verlaufen.

4 Kritische Diskussion

Mit der Idee des Wertes von Kindern wurde ein Konzept geschaffen, das ähnlich wie bereits zuvor in der ökonomischen Theorie (insbesondere Leibenstein 1957) verschiedene Kosten- und Nutzenaspekte von Kindern unterscheidet und aus deren jeweiligem Zusammenspiel Vorhersagen zur Fertilität trifft. Stärker als bis dahin geschehen, betont es allerdings den Nutzen von Kindern und ist somit auch geeignet zu erklären, warum selbst in modernen Industrieländern, trotz der gestiegenen (Opportunitäten-)Kosten nach wie vor Kinder geboren werden. Allerdings basiert das ursprüngliche VOC-Konzept auf einem rein explorativen Vorgehen, was mehrfach kritisiert (Cromm 1988; Herter-Eschweiler 1998; Loy 1981; Nauck 2001; Nauck & Kohlmann 1999) und von Hoffman & Hoffman (1973) selbst zugestanden wurde. Sie selbst formulieren „that the framework might serve as a guide from which more specific theories are developed" (Hoffman & Hoffman 1973: 67). Genau das kann mit der Neukonzeptualisierung geleistet werden: Mit der Adaption der Heuristik der sozialen Produktionsfunktionen wird der VOC-Idee ein theoretischer Status gegeben, auf dessen Basis es möglich wird, den Wert von Kindern sowohl in systematischer Weise mit den Bedingungen zu verbinden, die die individuelle Handlungssituation strukturieren, als auch aus dessen jeweiliger individueller Komposition Aussagen zu entsprechenden kindbezogenen Handlungsstrategien zu formulieren. Das im Sinne einer strukturell-individualistischen Erklärung formulierte Modell birgt trotz der theoretischen Verfeinerungen einerseits, die das Aufstellen präziser Wirkungszusammenhänge ermöglichen sowie der Unterstützung durch empirische Befunde (Kagitcibasi 1982; Kagitcibasi & Esmer 1980; Kohlmann 2000; 2002; Nauck & Özel 1986) andererseits, nach wie vor konzeptuelle Unzulänglichkeiten in sich, woraus Bedarf für Weiterentwicklung entsteht.

Zunächst einmal ist davon auszugehen, dass die individuelle Ausgestaltung des Wertes von Kindern eine Motivation für ein entsprechendes Handeln bzw. ein entsprechendes Handlungsergebnis bewirkt. Bekannt sind jedoch die zahlreichen empirischen Belege, wonach die Zusammenhänge zwischen Einstellung und Verhalten oft sehr gering ausfallen, was die amerikanische Forschung in Bezug auf die gewünschte und realisierte Kinderzahl belegen konnte (für einen Überblick siehe Ajzen & Fishbein 1980). Ajzen (1991; 2002) thematisiert in diesem Zusammenhang die Verhaltenskontrolle über die präferierte Handlung – eine mögliche Handlungsrestriktion, die gerade bezüglich der Erklärung von fertilem Verhalten unbedingt Berücksichtigung finden muss. In diesem Erklärungszusammenhang rücken insbesondere partnerbezogene Aspekte ins Blickfeld, ferner sind Empfängnis- und Zeugungsfähigkeit der (potentiellen) Eltern sowie Kenntnis und Verfügbarkeit (effektiver) Verhütungsmethoden die offensichtlichsten Faktoren, die es zu kontrollieren gilt. Hiermit kann mittels einer recht unkomplizierten Erweiterung des Modells dessen Erklärungskraft erhöht werden.

Weniger einfach zu erbringen ist die Präzisierung einer Kosten-Nutzen-Funktion: Hier geht es vor allem um die Frage, wie die einzelnen Wertedimensionen gegeneinander zu verrechnen sind. Die derzeitige Verfahrensweise besteht darin, dass die drei Aspekte Affekt/Stimulation, Komfort und Wertschätzung als gleich gewichtet in den Prozess der individuellen Kalkulation eingehen. Möglicherweise kommt aber den Kinderkosten eine höhere Bedeutung zu als dem erwarteten Nutzen oder materielle und finanzielle Aspekte sind für die letztliche Entscheidung wichtiger als affektive Erwartungen.

Ein weiterer Kritikpunkt, der allerdings nicht explizit nur den VOC-Ansatz betrifft sondern viele mikrotheoretische Erklärungsansätze, bezieht sich auf die Ausblendung von Interaktionen bzw. Verhandlungen: Prinzipiell bedarf zumindest die Geburt eines Kindes der Übereinstimmung beider (potentiellen) Elternteile bzw. muss bei Divergenzen bezüglich der Verhaltenskomponente ein Kompromiss gefunden werden. Auch die Ausgestaltung der Eltern-Kind-Beziehung in verschiedenen Familienphasen wird von den Intentionen mindestens zweier Parteien beeinflusst. Für die Modellierung entsprechender Aushandlungsprozesse stehen grundsätzlich verschiedene theoretische Instrumentarien zur Verfügung, wie austauschtheoretische Ideen oder neuere Bargaining-Modelle. Diese gehen zudem mit der zentralen Grundprämisse des VOC-Ansatzes, nämlich dem rationalen Akteur, konform: Bezüglich der Fertilitätsentscheidung könnten zunächst bereits bestehende Paarinteraktionsansätze (unter anderem Bagozzi & van Loo 1978; Hass 1974) bezüglich ihrer Brauchbarkeit und Integrationsfähigkeit geprüft werden. Mit Blick auf die intergenerative Beziehung ist zumindest die Reziprozitätsnorm (Gouldner 1960) als ein generelles Merkmal familialer Beziehungen (Nye 1979) zu thematisieren: Familien und somit Eltern-Kind-Beziehungen können prinzipiell als Tauschbeziehungen aufgefasst werden, die langfristig angelegt sind und sich zudem durch ein hohes Maß an Vertrauen auszeichnen. Das ist förderlich dafür, dass die Rückzahlung von erbrachten Leistungen auch zeitversetzt erfolgen kann. Typischerweise sind Kinder in ihren ersten Lebensjahren von ihren Eltern abhängig. Die in dieser Zeit geleisteten elterlichen Investitionen könnten somit in späteren Phasen der Eltern-Kind-Beziehung zurückgezahlt werden. Zusätzliche Verhandlungsmodelle zur Integration der Handlungspräferenzen der Kindergeneration, die nicht notwendigerweise mit den Erwartungen ihrer Eltern übereinstimmen müssen, erscheinen nicht prinzipiell unvereinbar mit den VOC-Hypothesen sowie der Reziprozitätsnorm.

Einen letzten Ansatzpunkt für eine kritische Äußerung bietet die Rationalitätsannahme. Burkhard (1994) äußert diesbezüglich Zweifel bei der Anwendung auf familiale und insbesondere generative Entscheidungen. Diese Prämisse soll an dieser Stelle nicht in ihrer Grundsätzlichkeit diskutiert werden, allerdings zeichnen sich besonders fertile Entscheidungen durch hohe Irreversibilität und Dauerhaftigkeit, in Verbindung mit hoher Unsicherheit bezüglich der Handlungskonsequenzen aus. Gleichzeitig ist davon auszugehen, dass eine einigermaßen effiziente Kosten-Nutzen-Kalkulation, insbesondere mit Blick auf die (Nicht-)Geburt von Kindern, eine höchst aufwändige Prozedur darstellt, die zumindest Kosten der Informationsbeschaffung verursacht. Das zielt einerseits auf die Problematik der *bounded rationality* ab. Andererseits wird Frage aufgeworfen, ob dieser kostenintensive Weg der Entscheidungsfindung – unter rationalen Überlegungen – stets optimal ist.

Zunächst einmal mag es effizient sein, tradierte und im sozialen Umfeld allgemein praktizierte Handlungsroutinen anzuwenden. Diese stehen hier für historisch bewährte Verhaltensweisen, die möglicherweise bezogen auf die individuelle Handlungssituation nicht notwendigerweise die beste Handlungsalternative darstellen, dafür aber eine höhere Sicherheit bezüglich der Handlungskonsequenzen bei gleichzeitig geringem Entscheidungsaufwand bieten. Das soll nicht implizieren, dass Akteure blind existierenden Verhaltensnormierungen folgen, jenseits vernünftiger und nutzenmaximierender Abwägungsprozesse. Vielmehr wird hier ein zweiter Pfad eröffnet, an dessen Ende ein entsprechendes Verhalten steht, ebenfalls unter der Maßgabe einer individuellen Nutzenoptimierung. Hier werden Parallelen zur Idee des Framing (vgl. u. a. Esser 2001; Kahneman & Tversky 1986; Lindenberg 1993) deutlich, wonach die Situationsdefinition zur Vereinfachung vor dem Hintergrund eines bestimmten mentalen Modells erfolgt. Allerdings geht es bei der vorliegenden Anwendung, insbesondere aufgrund der Seltenheit der Fertilitätsentscheidung im individuellen Lebenslauf, nicht um die Aktivierung individueller Handlungsroutinen, sondern um kulturell-geformte Routinen. Wann und unter welchen Bedingungen welcher Weg das bessere Resultat verspricht, wäre noch auszuarbeiten. Möglicherweise ist hierbei die Differenzierung zwischen ‚high-cost' und ‚low-cost' Situationen hilfreich (Diekmann 1992): In den Kontexten, in denen die Fertilitätsentscheidung mit hohen Kosten im Falle einer Fehlentscheidung verbunden ist, lohnt sich eine individuell angepasste Kosten-Nutzen-Kalkulation. Sofern es sich um eine Entscheidung mit geringen Kosten handelt, genügt die Übernahme einer kulturellen Handlungsroutine. Mit dieser Ergänzung wird keineswegs die Prämisse des rational-handelnden Akteurs in Frage gestellt. Im Gegenteil: Während der Situationsdefinition (framing) wird zunächst festgelegt, ob sich eine aufwändige Kosten-Nutzen-Abwägung überhaupt lohnt. Ob eine solche Erweiterung notwendig ist, ist letztlich auf Basis umfassender empirischer Analysen zur Erklärungskraft des bisherigen Grundmodells zu entscheiden, nicht zuletzt, weil jede Aufnahme weiterer Faktoren das Modell zwar im besten Fall realitätsnaher, aber in auch komplizierter macht.

Literatur

Ajzen, Icek (1991): The Theory of Planned Behavior. In: Organizational Behavior and Human Decision Processes 50: 179-211.
Ajzen, Icek (2000): Perceived Behavioral Control, Self-Efficacy, Locus of Control, and Theory of Planned Behavior. In: Journal of Applied Social Psychology 32: 665-683.
Ajzen, Icek & Fishbein, Martin (1980): Understanding Attitudes and Predicting Social Behavior. New Jersey: Prentice-Hall, Inc.
Bagozzi, Richard P. & van Loo, M. Frances (1978): Toward a General Theory of Fertility: A Causal Modeling Approach. In: Demography 15: 301-320.
Arnold, Fred/Bulatao, Rodolfo A./Buripakdi, Chalio/Chung, Betty Jamie/Fawcett, James T./Iritani, Toshio/Lee, Sung Jin & Wu, Tsong-Shien (1975): The Value of Children. A Cross-National Study. Introduction and Comparative Analysis. Honolulu: East-West Center.
Becker, Gary S. (1960): An Economic Analysis of Fertility. In: National Bureau of Economic Research (Ed.): Demographic and Economic Change in Developed Countries. Princeton: 209-231.
Bengtson, Vern L. (2001): Beyond the Nuclear Family: The Increasing Importance of Multigenerational Bonds. In: Journal of Marriage and the Family 63: 1-16.
Bengtson, Vern L. & Mangen, David J. (1988): Family Intergenerational Solidarity Revisited. In: Mangen, David J., Bengtson, Vern L. & Landry, Pierre H. (Eds.): Measurement of Intergenerational Relations. London: Sage: 222-238.
Bengtson, Vern L./Olander, Edward B. & Haddad, Anees A. (1976): The 'Generation Gap' and Aging Family Members. Toward a Conceptual Model. In: Gubrium, Jaber F. (Ed.): Time, Roles and Self in Old Age. New York: Human Sciences: 237-263.
Burkhard, Günter (1994): Die Entscheidung zur Elternschaft. Eine empirische Kritik von Individualisierungs- und Rational-Choice-Theorien. Stuttgart: Enke.
Coleman, James S. (1990): Foundations of Social Theory. Cambridge/Mass.: Belknap Press.
Connidis, Ingrid Arnet & McMullin, Julie Ann (2002): Sociological Ambivalence and Family Ties: A Critical Perspective. In: Journal of Marriage and the Family 64: 558-567.
Council of Europe (2002): Recent Demographic Developments of Europe. Strasbourg.
Cromm, Jürgen (1988): Bevölkerung - Individuum - Gesellschaft. Theorien und soziale Dimensionen der Fortpflanzung. Opladen: Westdeutscher Verlag.
Diekmann, Andreas (1992): Persönliches Umweltverhalten. Diskrepanzen zwischen Anspruch und Wirklichkeit. In: Kölner Zeitschrift für Soziologie und Sozialpsychologie 44: 226-251.
Duben, Alan (1982): The Significance of Family and Kinship in Urban Turkey. In: Kagitcibasi, Cigdem (Ed.): Sex Roles, Family, and Community in Turkey. Bloomington: Indiana University: 73-100.
Esser, Hartmut (1993): Soziologie. Allgemeine Grundlagen. Frankfurt/M., New York: Campus.
Esser, Hartmut (1999): Soziologie. Spezielle Grundlagen. Band 1. Frankfurt/M., New York: Campus.
Esser, Hartmut (2001): Soziologie. Spezielle Grundlagen. Band 6. Frankfurt/M., New York: Campus.
Gouldner, Alvin W. (1960): The Norm of Reciprocity: A Preliminary Statement. In: American Sociological Review 25: 161-178.
Grünendahl, Martin (2001): Generationenbeziehungen im Wandel? Untersuchungen zum Einfluss von Alter, Religion und Kohorte auf familiäre Generationenbeziehungen in mittleren und höheren Erwachsenenalter. Frankfurt/M.: Peter Lang.
Günes-Ayata, Ayse (1996): Solidarity in Urban Turkish Family. In: Rasuly-Paleczek, Gabriele (Ed.): Turkish Families in Transition. Frankfurt/M.: Peter Lang: 98-109.

Hass, Paula H. (1974): Wanted and Unwanted Pregnancies: A Fertility Decision-Making Model. In: Journal of Social Issues. 30: 125-165.
Herter-Eschweiler, Robert (1998): Die langfristige Geburtenentwicklung in Deutschland. Der Versuch einer Integration bestehender Erklärungsansätze zum generativen Verhalten. Opladen: Leske + Budrich.
Hoffman, Lois Wladis (1987): The Value of Children to Parents and Child Rearing Patterns. In: Kagitcibasi, Cigdem (Ed.): Growth and Progress in Cross-Cultural Psychology, Berwyn/ Lisse: Swets and Zeitlinger: 159-170.
Hoffman, Lois Wladis (1988): Cross-Cultural Differences in Childrearing Goals. In: Robert A. LeVine/Miller, Patrice M. & West, Mary Maxwell (Eds.): Parental Behavior in Diverse Societies. New Directions for Child Development. San Francisco: Jossey-Bass: 99-122.
Hoffman, Lois Wladis & Hoffman, Martin L. (1973): The Value of Children to Parents. In: Fawcett, James T. (Ed.): Psychological Perspectives on Population. New York: Basic Books: 19-76.
Kagitcibasi, Cigdem (1982): Sex Roles, Value of Children and Fertility. In: Kagitcibasi, Cigdem (Ed.): Sex Roles, Family and Community in Turkey. Bloomington: Indiana University Press: 151-180.
Kagitcibasi, Cigdem (1996). Family and Human Development Across Cultures: A View From the Other Side. Mahwah, NJ: Erlbaum.
Kagitcibasi, Cigdem & Esmer, Yilmaz (1980): Development, Value of Children, and Fertility. A Multiple Indicator Approach. Istanbul: Bogazici University.
Kahneman, Daniel & Tversky, Amos (1986): The Framing of Decisions and the Psychology of Choice. In: Elster, John (Ed.): Rational Choice. Oxford: Blackwell: 123-141.
Klaus, Daniela, Suckow, Jana & Nauck, Bernhard (2005): The Value of Children in Palestine and Turkey – Differences and its Consequences for Fertility. Unpublished manuscript.
Kohli, Martin (1997): Beziehungen und Transfers zwischen den Generationen: Vom Staat zurück zur Familie? In: Vascovics, Lazlo A. (Hrsg.): Familienleitbilder und Familienrealitäten. Opladen: Leske + Budrich: 278-289.
Kohli, Martin & Künemund, Harald (Hrsg.) (2000): Die zweite Lebenshälfte: Gesellschaftliche Lage und Partizipation im Spiegel des Alters-Surveys. Opladen: Leske + Budrich.
Kohli, Martin & Künemund, Harald (2001): Geben und Nehmen. Die Älteren im Generationenverhältnis. In: Zeitschrift für Erziehungswissenschaft 4: 513-528.
Kohlmann, Annette (2000): Value of Children Revisited: Ökonomische, soziale und psychologische Einflussfaktoren auf Fertilitätsentscheidungen in der BRD, Japan und der Türkei. Chemnitz: Unveröffentlichte Dissertation.
Kohlmann, Annette (2002): Fertility Intentions in a Cross-Cultural View: The Value of Children Reconsidered. Working Paper: WP-2002-002. Rostock: Max-Planck-Institute for Demographic Research.
Kongar, Emre (1972): Izmir' de Kentsel Aile (The Urban Family in Izmir). In: Turkish Association for the Social Sciences (Ed.): Türk Sosyal Bilimler Dernegi. Ankara. 43- 62.
Kongar, Emre (1976): A Survey of Familial Change in Two Turkish Gecekondu Areas. In: Peristiany, John G. (Ed.): Mediterranean Family Structures. London: Cambridge University Press: 205- 218.
Kuyas, Nilüfer (1982): Female Labor Power Relations in Urban Turkish Family. In: Kagitcibasi, Cigdem (Ed.): Sex Roles, Family and Community in Turkey. Bloomington: Indiana University Press: 53-68.
Lauterbach, Wolfgang (1995): Die gemeinsame Lebenszeit von Familiengenerationen. In: Zeitschrift für Soziologie 24: 22-43.
Lauterbach, Wolfgang & Klein, Thomas (1997): Altern im Generationenzusammenhang: Die gemeinsame Lebenszeit von Eltern, Großeltern und Enkel unter Berücksichtigung des Alters bei Familiengründung. In: Mansel, Jürgen/Rosenthal, Gabriele & Tölke, Angelika (Hrsg.): Generationenbeziehungen und Generationenverhältnisse. Opladen: Leske + Budrich: 109-120.

Leibenstein, Harvey (1957): Economic Backwardness and Economic Growth. New York: Wiley & Sons, Inc.: 147-175 & 217-252.
Lindenberg, Siegwart M. (1984): Normen und die Allokation sozialer Wertschätzung. In: Todt, Heinz (Hrsg.): Normengeleitetes Verhalten in den Sozialwissenschaften. Berlin: Duncker & Humblodt: 169-191.
Lindenberg, Siegwart M. (1990): Rationalität und Kultur. Die verhaltenstheoretische Basis des Einflusses von Kultur auf Transaktion. In: Haferkamp, Hans (Hrsg.): Sozialstruktur und Kultur. Frankfurt/M.: Suhrkamp. 249-287.
Lindenberg, Siegwart M. (1993): Framing, Empirical Evidence, and Applications. In: Jahrbuch für Neue Politische Ökonomie. Tübingen: Mohr: 11-38.
Loy, Gabriele (1981): Theoretische Ansätze zur Erklärung des veränderten generativen Verhaltens in der Bundesrepublik Deutschland. Materialien zur Bevölkerungswissenschaft 25
Marbach, Jan H. (1997): Sozialer Tausch unter drei familiär verbundenen Generationen. In: Mansel, Jürgen (Hrsg.): Generationen-Beziehungen, Austausch und Tradierung. Opladen: Westdeutscher Verlag.
Nauck, Bernhard & Özel, Sule (1986): Erziehungsvorstellungen und Sozialisationspraktiken in türkischen Migrantenfamilien. In: Zeitschrift für Sozialisationsforschung und Erziehungssoziologie 6: 285-312
Nauck, Bernhard (1987): Migration and Reproductive Behavior in Turkish Migrant Families: A Situational Approach. In: Kagitcibasi, Cigdem (Ed.): Growth and Progress in Cross-Cultural Psychology. Lisse: Swets & Zeitlinger: 336-345.
Nauck, Bernhard (1989): Die normative Struktur intergenerativer Beziehungen im interkulturellen Vergleich. Erziehungseinstellungen in deutschen, türkischen und Migrantenfamilien. In: Bertram, Hans (Hrsg.): Blickpunkt Jugend und Familie. Internationale Beiträge zum Wandel der Generationen. München: DJI Verlag: 276-299.
Nauck, Bernhard (1992): Fruchtbarkeitsunterschiede in der Bundesrepublik Deutschland und in der Türkei. Ein interkultureller und interkontextueller Vergleich. In: Voland, Eckart (Hrsg.): Natur und Kultur im Wechselspiel. Versuch eines Dialogs zwischen Biologen und Sozialwissenschaftlern. Frankfurt/M.: Suhrkamp: 239-270.
Nauck, Bernhard (1993): Bildung, Migration und generatives Verhalten bei türkischen Frauen. In: Diekmann, Andreas & Weick, Stefan (Hrsg.): Der Familienzyklus als sozialer Prozeß. Bevölkerungssoziologische Untersuchungen mit den Methoden der Ereignisanalyse. Berlin: Duncker & Humblodt: 308-347.
Nauck, Bernhard (1997): Sozialer Wandel, Migration und Familienbildung bei türkischen Frauen. In: Nauck, Bernhard & Schönpflug, Ute (Hrsg.): Familien in verschiedenen Kulturen. Stuttgart: Enke: 162-199.
Nauck, Bernhard (2001): Value of Children - eine spezielle Handlungstheorie des generativen Verhaltens und von Generationenbeziehungen im interkulturellen Vergleich. In: Kölner Zeitschrift für Soziologie und Sozialpsychologie 53: 407-435.
Nauck, Bernhard (2004): The Changing Value of Children for Their Parents. Results from a Cross-Cultural Comparative Survey. Paper presented at the conference on 'Ideational Perspectives on International Family Change' at the University of Michigan, Ann Arbor, June 03 - 06.
Nauck, Bernhard & Kohlmann, Annette (1999): Values of Children. Ein Forschungsprogramm zur Erklärung von generativem Verhalten und intergenerativen Beziehungen. In: Busch, Friedrich W./Nauck, Bernhard & Nave-Herz, Rosemarie (Hrsg.): Aktuelle Forschungsfelder der Familienwissenschaft. Würzburg: Ergon: 53-73.
Nye, Ivan F. (1979): Choice, Exchange and the Family. In: Burr, Wesley R./Hill, Reuben/Nye, Ivan F. & Reiss, Ira L. (Eds.): Contemporary Theories about the Family. Volume 2. New York: The Free Press: 1- 41.
Ormel, Johan/Lindenberg, Siegwart M./Steverink, Nardi & Verbrugge, Lois M. (1999): Subjective Well-Being and Social Production Functions. In: Social Indicators Research 46: 61-90.

State Institute of Statistics (2003): 2000 Census of Population. Social and Economic Characteristics of Population. Ankara, Turkey.
Statistisches Bundesamt (2003): Statistisches Jahrbuch Ausland. Wiesbaden.
Szydlik, Marc (2000): Lebenslange Solidarität? Generationenbeziehungen zwischen erwachsenen Kindern und Eltern. Opladen: VS Verlag.
Szydlik, Marc (2003): Soziale Sicherheit durch Familiensolidarität? In: Feldhaus, Michael/Logeman, Nils & Schlegel, Monika (Hrsg.): Blickrichtung Familie. Vielfalt eines Forschungsgegenstandes. Würzburg: Ergon: 33-49.
Szydlik, Marc & Schupp, Jürgen (1998): Stabilität und Wandel von Generationenbeziehungen. In: Zeitschrift für Soziologie 4: 291-315.
Vaskovics, Lazlo A. (1983): Generatives Verhalten von Ausländern und seine sozialen Folgen. München: Materialien Bayerisches Staatsministerium für Landesentwicklung und Umweltfolgen.
Vaskovics, Laszlo A./Buba, Hans Peter & Früchtel, Frank (1992): Postadoleszenz und intergenerative Beziehungen in der Familie. In: Jugendwerk der Deutschen Shell (Hrsg.): Jugend 92: Lebenslagen, Orientierungen und Entwicklungsperspektiven im vereinigten Deutschland. Band 2. Opladen: Leske + Budrich: 395-408.

Die Rationalität von Kinderwünschen und reproduktivem Verhalten. Einige Anmerkungen zur konzeptionellen Weiterentwicklung des „value-of-children"-Modells

Heike Diefenbach

1   Einleitung

Angesichts der Dominanz (mikro-)ökonomischer Erklärungen für reproduktives Verhalten (Becker 1993; Easterlin 1966) wird über die wissenschaftlichen Disziplinen hinweg eine „psychologische Wende" gefordert (Burkart 1994; de Bruijn 1999; Hobcraft 2000): Nach wie vor sei die Berücksichtigung psychologischer Variablen in der Forschung über reproduktives Verhalten die Ausnahme, obwohl bereits in den 1960er-Jahren Theorien oder Modelle vorgeschlagen und diskutiert wurden, nach denen reproduktives Verhalten als Ergebnis von Einstellungen, Motiven oder Zielen aufgefasst wird (Davis & Blake 1956; Turchi 1975). Diese seien jedoch gegenüber den mikroökonomischen Theorien zur Erklärung reproduktiven Verhaltens immer mehr in den Hintergrund getreten (van de Kaa 1997).

Die Dichotomie von ökonomischen und psychologischen Erklärungen reproduktiven Verhaltens ist jedoch insofern irreführend als beide Erklärungsvarianten letztlich auf der Annahme beruhen, reproduktives Verhalten sei rationales Verhalten: Während reproduktives Verhalten in der mikroökonomischen Theorie als Ergebnis eines ökonomischen Kosten-Nutzen-Kalküls gesehen wird, also als zweckrational im Weberschen Sinn zu bezeichnen ist, ist es aus psychologischer Sicht Resultat einer Wertrationalität. Weil es m.E. keinen plausiblen Grund gibt anzunehmen, dass reproduktives Verhalten allein als Ergebnis *eines* Typs von Rationalität aufzufassen sei, liegt es nahe, ein Modell zur Erklärung reproduktiven Verhaltens zu entwerfen, in das Aspekte verschiedener Rationalitätstypen integriert werden können.

In der Tat wurde ein solches Modell bereits in den 1970er Jahren geschaffen. Es handelt sich um den von Hoffman & Hoffman (1973) entwickelten „value-of-children" (VOC)-Ansatz, der in Deutschland von Bernhard Nauck aufgegriffen und weiterentwickelt wurde (Nauck 1997; 2001 sowie Nauck & Kohlmann 1999). Im VOC-Modell werden verschiedene Nutzen-Dimensionen, nämlich der ökonomisch-utilitaristische Nutzen, der psychologisch-affektive Nutzen sowie der sozialnormative Nutzen von Kindern unterschieden (Arnold et al. 1975; Hoffman & Hoffman 1973; Kagitcibasi 1982).[1] Damit ist „die größtmögliche theoretische Geschlossenheit erreicht, da zwei unterschiedliche Werte von Kindern im theoretischen Modell enthalten sind, die sich zugleich aus den grundlegenden Unterscheidungen von Werten und aus der zwischen Produktion und Konsumtion in der ökonomischen Theorie ergeben" (Nauck & Kohlmann 1999: 64/65).[2] Allerdings – so bemerken Nauck & Kohlmann (1999) korrekt – bleiben die jeweiligen Werte von Kindern zunächst ohne systematischen Bezug zu den Kontexten, in denen reproduktives Verhalten gezeigt wird, d. h. es bleiben Brückenhypothesen darüber zu formulieren, unter welchen Bedingungen sich welche Werte von Kindern erzielen oder maximieren lassen.

Hiervon ausgehend ist es das Ziel dieses Beitrags zu zeigen, dass einerseits der VOC-Ansatz nur eingeschränkt geeignet ist, eine Erklärung für aggregiertes reproduktives Verhalten, also die (Entwicklung von) Geburtenziffern zu geben, und dass andererseits die Möglichkeiten des VOC-Ansatzes trotz der Verdienste des originären Modells von Hoffman & Hoffman (1973) und insbesondere der Weiterentwicklung des VOC-Modells durch Nauck (1997; 2001) und Nauck & Kohlmann (1999) bislang nicht ausgeschöpft wurden. Dies ist hauptsächlich auf die Wirkung verschiedener impliziter Prämissen zurückzuführen, die notwendig zur Ausblendung verschiedener Aspekte der Rationalität reproduktiven Verhaltens führen. Als Folge hiervon entsteht bei der Erklärung reproduktiven Verhaltens möglicherweise (und wahrscheinlich) eine Kluft zwischen der durch den Forscher konstruierten Rationalität des reproduktiven Verhaltens und der Rationalität, der das reproduktive Verhalten der Akteure tatsächlich unterliegt.

---

[1] Die Terminologie im Hinblick auf die Nutzen von Kindern variiert auch unter Vertretern des VOC-Modells beträchtlich: So finden sich im Bericht von Arnold et al. (1975: 1-14) über die erste international vergleichende VOC-Studie allein im einführenden Kapitel neben dem Begriff „value", der dem Erklärungsmodell den Namen gegeben hat, u. a. die folgenden terminologischen Varianten für die Nutzen von Kindern: „reasons for wanting children", „satisfactions", „motivations for childbearing", „the way children are valued". Dass es gerechtfertigt ist, die Werte von Kindern als Nutzen aufzufassen, zeigen u. a. die Formulierungen „childbearing is to a significant extent a purposive behavior" (Arnold et al. 1975: 3) sowie „It is surely true that children serve different functions in different kinds of societies ..." (Fawcett 1970:110). Im Folgenden werden in Bezug auf das VOC-Modell die Begriffe „Werte (von Kindern)" und „Nutzen (von Kindern)" synonym verwendet.

[2] Nauck & Kohlmann (1999) sprechen hier von nur zweien statt der drei genannten unterschiedlichen Werten, weil sie aufgrund der Durchsicht bislang vorliegender Untersuchungen zu dem Schluss kommen, dass sich nur der ökonomisch-utilitaristische Nutzen und der psychologisch-affektive Nutzen als erklärungskräftig im Hinblick auf generatives Verhalten erweisen.

Im folgenden Absatz wird zunächst kurz dargestellt, wie eine Erklärung reproduktiven Verhaltens durch das von Nauck (1997; 2001) und Nauck & Kohlmann (1999) weiterentwickelte VOC-Modell funktioniert. Aufbauend auf dieser Darstellung werden anschließend einige Prämissen, die der Modellierung zugrunde liegen, herausgearbeitet und vor dem Hintergrund vorliegender empirischer Befunde diskutiert. Auf dieser Basis ist es möglich, einige Überlegungen zur konzeptionellen Weiterentwicklung des VOC-Modells anzustellen.

2 Die Erklärung reproduktiven Verhaltens anhand des weiterentwickelten VOC-Modells

Wie bereits erwähnt, wurde der VOC-Ansatz von Hoffman & Hoffman (1973) mit dem Ziel formuliert, diejenigen Zwecke zu benennen, für die Kinder von ihren Eltern als Mittel der Zielerreichung angesehen werden können. Diese Zwecke werden als Werte von Kindern (für ihre Eltern) bezeichnet, und Hoffman & Hoffman (1973) haben insgesamt neun solcher Werte von Kindern aus empirischen Studien extrahiert. Angenommen wird, dass der Wert von Kindern für ihre Eltern in verschiedenen Gesellschaften insofern unterschiedlich ist als in verschiedenen Gesellschaften unterschiedliche Kosten von Kindern entstehen, unterschiedliche alternative Mittel bereitstehen, die angestrebten Zwecke zu erreichen, unterschiedliche Barrieren der Zweckerreichung durch das Mittel „Kind" entgegenstehen und unterschiedliche Anreize bestehen, die Zweckerreichung durch das Mittel „Kind" anzustreben (vgl. hierzu die Darstellung bei Nauck 2001). Die in verschiedenen Gesellschaften unterschiedlichen Werte von Kindern sollen dann ihrerseits das reproduktive Verhalten der in den verschiedenen Gesellschaften lebenden Menschen erklären: „Die Werte von Kindern werden also als Moderatorvariable, d.h. sowohl als abhängige als auch als unabhängige Variable konzeptualisiert: Sie wirken direkt auf die Fertilität und die Familienplanung und sind selbst durch soziodemographische und kontextuelle Faktoren beeinflusst" (Nauck & Kohlmann 1999: 61).[3]

---

[3] Vor diesem Hintergrund stellt sich die Frage, wie es dazu kommen kann, dass die tatsächliche Anzahl der eigenen Kinder von der gewünschten Anzahl abweicht: Der Wert von Kindern variiert mit der Antizipation von Kinderkosten, alternativen Möglichkeiten der Zweckerreichung, Barrieren und Alternativen. Wenn der Wert von Kindern einmal bestimmt ist, dann wird ein rationaler Akteur versuchen, die gewünschte Anzahl von Kindern zu verwirklichen; Abweichungen wären nur aufgrund biologischer Hindernisse oder in Ermangelung eines Partners möglich. Damit der VOC-Ansatz eine Erklärung nicht nur für die gewünschte Kinderzahl, sondern auch für die verwirklichte Kinderzahl bieten kann, müssen also zusätzlich zur Moderatorvariable „Wert von Kindern" weitere Faktoren einbezogen werden, die ihrerseits als Randbedingungen dafür anzusehen sind, dass der perzipierte Wert von Kindern in reproduktives Verhalten umgesetzt werden kann.

Kagitcibasi & Esmer (1980) haben die Werte von Kindern in einer empirischen Studie über türkische Familien auf drei Dimensionen reduziert, nämlich die bereits erwähnten ökonomisch-utilitaristischen, psychologisch-affektiven und sozialnormativen Werte von Kindern für ihre Eltern, wobei allerdings nur die ersten beiden Dimensionen einen Zusammenhang mit der Kinderzahl aufwiesen. Daher kann „der Erklärungsversuch weiter vereinfacht und auf psychologisch-affektive und ökonomisch-utilitaristische Kosten und Nutzen und deren Erwartungswahrscheinlichkeiten reduziert werden" (Nauck & Kohlmann 1999: 64).[4] Nauck (1997; 2001) hat in Anlehnung an Hoffman & Manis (1979) zwischen diesen beiden Dimensionen von Werten von Kindern und der Anzahl der gewünschten Kinder sowie bestimmten Erziehungsstilen Zusammenhänge hergestellt: Werden z. B. die ökonomisch-utilitaristischen Werte von Kindern hoch veranschlagt, so wird man sich mehr Kinder wünschen als in dem Fall, in dem psychologisch-affektive Werte von Kindern hoch veranschlagt werden, weil „emotionaler Nutzen nicht in gleicher Weise kumuliert werden kann wie der Arbeits- und Versicherungsnutzen" (Nauck 2001: 418), und „wenn der emotionale Nutzen von Kindern hoch bewertet wird, dann besteht eine effiziente elterliche Strategie der Nutzensteigerung darin, dem Kind so früh wie möglich größtmögliche Entscheidungs- und Handlungsautonomie zu gewähren, da der Wert der emotionalen Gratifikation umso höher ist, je stärker die Unabhängigkeit der Personalität des Kindes ist" (Nauck 2001: 421). Auch Geschlechtspräferenzen lassen sich nach Nauck durch die Werte von Kindern für ihre Eltern plausibilisieren: „In patrilinearen Gesellschaften gehören nur die männlichen Nachkommen, in matrilinearen Gesellschaften nur weibliche Nachkommen lebenslang der Abstammungsgemeinschaft an, während die jeweils andersgeschlechtlichen Nachkommen zumindest langfristig keine Beiträge zur Absicherung der Risiken des Lebens der Eltern leisten werden, da sie aus der Abstammungsgemeinschaft ausscheiden" (Nauck 2001: 427).[5] Diese Thesen werden von den bislang vorliegenden empirischen Befunden tendenziell bestätigt (Kagitcibasi 1982; Nauck 1997).

---

[4] Diese Schlussfolgerung ist m. E. gerade vor dem Hintergrund, dass der VOC-Ansatz Anspruch auf Tauglichkeit im interkulturellen Vergleich beansprucht, ungerechtfertigt. Ob sozial-normative Werte von Kindern für ihre Eltern relevant sind oder nicht, bleibt immer eine Frage, die im jeweiligen Kontext und zum jeweiligen Zeitpunkt empirisch zu beantworten ist.

[5] Der Bezug auf die Verweildauer von Nachkommen unterschiedlichen Geschlechts in der „Abstammungsgemeinschaft" ist missverständlich: Patrilineare Gesellschaften sind dadurch definiert, dass Personen in der väterlichen Linie miteinander verbunden (u. a. erbberechtigt) sind, jedoch nicht in der matrilinearen. D. h. sowohl Söhne als auch Töchter gehören (lebenslänglich) zur Lineage ihres Vaters, aber nicht zu der ihrer Mutter. Dessen ungeachtet bestehen in der Regel Erwartungen auf Seiten der Eltern bezüglicher (späterer) Unterstützungsleistungen an ihre Kinder. Nauck bezieht sich in seinem Argument auf die Tatsache, dass Töchter gemäß dem ehelichen Ideal der Sharia reine Konsumenten sind, die nicht über die Mittel verfügen, ihre Eltern oder Geschwister zu unterstützen.

Neben diesen empirischen Bestätigungen und der Fähigkeit, bislang bestehende Erklärungslücken in Bezug auf das reproduktive Verhalten – zumindest theoretisch – zu füllen (auf die im Rahmen dieses Beitrags nicht eingegangen werden kann; vgl. hierzu Nauck & Kohlmann 1999: 54-59), besteht die Attraktivität des VOC-Ansatzes vor allem darin, dass er zu einem vollständigen individualistisch-strukturtheoretischen Forschungsprogramm ausgebaut werden kann, dessen Erklärungskraft sich aufgrund der Möglichkeit, gänzlich unterschiedliche Randbedingungen in Rechnung zu stellen, nicht auf bestimmte Gesellschaften beschränkt. Damit dies möglich wird, ist jedoch die Klärung verschiedener konzeptioneller Fragen notwendig, insbesondere derjenigen danach, was genau durch das VOC-Modell erklärt wird bzw. werden kann und wie die Werte von Kindern zu spezifizieren und zu operationalisieren sind, damit sie die im jeweiligen gesellschaftlichen oder biographischen Kontext denkbaren Determinanten von Kinderwünschen oder reproduktivem Verhalten möglichst vollständig erfassen. Dies sind die beiden Punkte, an denen die im folgenden Abschnitt angestellten Überlegungen anknüpfen.

3 Die Prämissen der Erklärung reproduktiven Verhaltens durch Kinderwünsche bzw. die Werte von Kindern

3.1 Von der Einstellung zum Handeln: Erklärt der Kinderwunsch das reproduktive Verhalten?

Das VOC-Modell ist dazu gedacht, „to predict a person's desire for children, or the desires of a group" (Hoffman 1972: 29, zitiert nach Arnold et al. 1975: 6), also den Kinderwunsch vorherzusagen bzw. ex-post-facto zu erklären. Der Kinderwunsch ist demnach als das Ergebnis eines (mehr oder weniger bewussten) Entscheidungsprozesses aufzufassen, während dessen die Werte von Kindern mit den materiellen Kosten und den Opportunitätskosten, die sie verursachen, sowie den Kosten alternativer Wege zur Erreichung bestimmter Ziele abgewogen werden. Die Frage ist jedoch, ob überhaupt jeder Mensch einen (positiven oder negativen oder unterschiedlich stark ausgeprägten) Kinderwunsch hat; möglicherweise ist die Annahme, nach der Kinder als solche ein relevantes Einstellungsobjekt seien, ungerechtfertigt: Die Auswertung des Jugendsurvey des Deutschen Jugendinstituts hat ergeben, dass unter 16-29jährigen 53,6% der Männer und 40,3% der Frauen in Westdeutschland

---

Zu welchen Konflikten dies angesichts einer Realität führt, in der Ehefrauen nicht nur erwerbstätig, sondern häufig die Hauptverdiener einer Familie sind, hat Mir-Hosseini (2000) in ihrer Analyse von Scheidungsfällen vor iranischen und marokkanischen Gerichten eindrucksvoll gezeigt.

und 46,5% der Männer und 32,6% der Frauen in Ostdeutschland, die nach ihrem Kinderwunsch gefragt wurden, angaben, (noch) nicht zu wissen, ob bzw. wie viele Kinder sie einmal haben wollen. Zwar werden Kinder mit dem Alter immer mehr zum Einstellungsobjekt, aber auch im Alter von 27 bis 29 Jahren antworten noch 32,9% der Frauen in Westdeutschland und 15,0% der Frauen in Ostdeutschland mit „weiß nicht" (Hoffmann-Lange 1995: 44f.). Will man die Werte von Kindern erfragen, setzt dies aber voraus, dass Kinder für die Befragten überhaupt ein Einstellungsobjekt darstellen oder anders gesagt: Werte von Kindern kann man sinnvoll nur von denjenigen erheben, für die Kinder bereits ein Einstellungsobjekt sind. Dann ist aber die Frage, wann und wie bzw. unter welchen Umständen Kinder für die entsprechenden Personen zum Einstellungsobjekt geworden sind, weil die Werte, die mit Kindern verbunden werden, von diesem Prozess der Einstellungsformung vermutlich nicht unabhängig zu sehen sind.

Dies verweist auf die Frage danach, inwieweit Kinderwünsche als Ergebnis eines Kalküls aufzufassen sind, in dessen Rahmen eine Bestandsaufnahme der Werte von Kindern bzw. ihrer Nutzen und Kosten erfolgt. In der Regel wird die Existenz eines Kosten-Nutzen-Kalküls im Rahmen einer *Handlungs*entscheidung postuliert, und bereits in diesem Zusammenhang heftig diskutiert.[6] Inwieweit es darüber hinaus zur Erklärung der *Einstellungs*formung geeignet ist, bleibt eine offene Frage. Zwar wurde bereits im Rahmen der ersten umfassenden international vergleichenden Studie zur Prüfung des VOC-Modells, die in den 1970er-Jahren durchgeführt wurde, sowohl die gewünschte als auch die verwirklichte Kinderzahl erfragt, um die Effekte der Werte von Kindern auf beide abhängige Variablen sowie den Effekt der gewünschten auf die verwirklichte Kinderzahl untersuchen zu können (Arnold et al. 1975: 8), die Feststellung solcher Zusammenhänge ersetzt jedoch keine theoretische Integration der Werte von Kindern, dem Kinderwunsch und dem reproduktiven Verhalten.

Will man der Annahme folgen, nach der Einstellungen (wie Handlungsentscheidungen) zweckrational gebildet werden, so dass die Einstellung im Idealfall direkt in Handeln umgesetzt wird – so bleibt dennoch festzustellen, dass sich die „Verlängerung" des ggf. gebildeten Kinderwunsches in reproduktives Verhalten als empirisch problematisch erweist: Im Rahmen einer Studie der Bundeszentrale für gesundheitliche Aufklärung (BzgA 2001) wurde festgestellt, dass 61,7% der befragten Frauen im Alter von 20 bis 44 Jahren ihre erste (nicht abgebrochene) Schwangerschaft ebenso wie den Zeitpunkt, zu dem sie eintrat, als gewollt bezeichneten,

---

[6] Zur Kritik der rational-choice-Theorie in Bezug auf den Übergang in die Elternschaft vgl. Burkhart 1994 sowie Leibenstein 1981. Beide gehen davon aus, dass ein großer Anteil der Geburten durch Entscheidungen, nicht zu entscheiden, zustande kommt.

aber immerhin 23,6% angaben, die Schwangerschaft sei nicht gewollt (14,4%) oder zwiespältig gewollt bzw. weder gewollt noch ungewollt. In 11,5% der Fälle lag überhaupt kein Kinderwunsch seitens der Frau vor (BzgA 2001: 191, Abb. 70). Für die USA berichtet Henshaw (1998), dass 30,7% der Schwangerschaften von Verheirateten und über 70% der Schwangerschaften Unverheirateter unintendiert („unintended') sind. Entsprechend dieser Angaben stellen sich Schwangerschaften also in relevanter Anzahl in Abwesenheit eines Kinderwunsches oder bei Vorliegen eines nur schwach ausgeprägten Kinderwunsches ein. Der Zusammenhang zwischen dem Kinderwunsch und der Planung sowie dem Eintritt einer Schwangerschaft ist also nicht so eng wie es wünschenswert wäre, wenn die Werte von Kindern bzw. der daraus resultierende Kinderwunsch das reproduktive Verhalten erklären sollen.

3.2 Geteilte, individuelle oder geschlechtsspezifische Kinderwünsche?

Dies wirft die Frage danach auf, welche Rolle der Partner bei der Formung oder ggf. bei der Umsetzung eines Kinderwunsches spielt. Sowohl in der demographischen als auch in der (ökonomisch informierten) soziologischen Forschung zum reproduktiven Verhalten blieben Männer aber bis in die jüngste Zeit unberücksichtigt: „The predominant approach assumes that men might be interesting to study but are not inherently important for understanding reproductive behavior" (Greene & Biddlecom 2000: 81). Goldscheider & Kaufman (1996) vermuten (in Anlehnung an Parke & Stearns 1993 sowie Watkins 1993), dass hierfür – neben befragungstechnischen Gründen – die gesellschaftliche und kulturelle Entwicklung der westlichen Hemisphäre verantwortlich ist: Mit der dem bürgerlichen Leitbild folgenden Verbreitung der Ernährer-Hausfrauen-Ehe, die einerseits mit einer entsprechenden Vorstellung von der „natürlichen" Arbeitsteilung zwischen den Geschlechtern einherging und andererseits praktisch die Abwesenheit von Männern im kindlichen Alltag mit sich brachte, entwickelte sich die kulturelle Normalitätsvorstellung, nach der Fortpflanzung und Kindererziehung (allein oder vor allem und kraft eines vermuteten Naturgesetzes) Angelegenheit von Frauen sei.[7] Dieser Prämisse folgend

---

[7] Dass diese Konzeption in der deutschen Familienforschung keineswegs als überholt gelten kann, illustriert die folgende Aussage von Lenz (2003: 488): „Dass es möglich ist, von der Mutter-Kind-Dyade als Grundeinheit einer Familie auszugehen, ohne in eine biologistische Argumentation zu verfallen, das hat m. E. überzeugend Hartmann Tyrell (1976) vorgeführt". Die Wortwahl von Kaufmann (2003: 528) ist ebenfalls aufschlussreich: „Sicher ist die Mutter-Kind-Dyade ein bis dato biologisch unentbehrliches Element familialer Zusammenhänge, das aber in dem Maße disponibel wird, als Mutterschaft selbst zum sozialen Tatbestand *mutiert* [Hervorhebung durch H.D.]", die besonders bedauerlich ist, weil Kaufmann in seinem Beitrag die Bedeutung von Mutterschaft im Zusammenhang mit familialen Lebensverhältnissen relativieren möchte.

durfte man davon ausgehen, dass Frauen über sämtliche Fragen reproduktiven Verhaltens eine bessere Kenntnis hätten und daher zuverlässigere Antworten geben könnten (und würden) als Männer oder dass Männer – partnerschaftliche Kommunikation vorausgesetzt – dieselbe Kenntnis über Fragen reproduktiven Verhaltens in der Partnerschaft hätten, weswegen ihre Befragung keine weitergehenden, zusätzlichen oder in irgendeiner Weise relevanten Informationen über Fragen reproduktiven Verhaltens erbringen würde.

Zur Übereinstimmung von Männern und Frauen in Partnerschaften oder Ehen in Fragen zum reproduktiven Verhalten und diesbezüglichen Einstellungen wurden im Verlauf der 1990er Jahre verschiedene empirische Befunde in den USA, in Europa, Afrika und Asien generiert, die von Becker (1996) zusammengestellt wurden. Es zeigt sich, dass die Übereinstimmung lediglich hinsichtlich der Anzahl der Kinder oder der Lebendgeborenen hoch ist. In Bezug auf Schwangerschaftsabbrüche ist sie bereits deutlich geringer, und „all over the world considerable discordance exists between the spouses on the questions of family planning and desired family size. ... Spousal reports of the number of additional children they desire and also of desired family size coincide only about half of the time" (Becker 1996: 294).[8] Amerikanische Studien haben gezeigt, dass die Übereinstimmung zwischen Partnern darin, ob eine Schwangerschaft gewollt war, unter Verheirateten größer ist als unter Nichtverheirateten (Korenmann, Kaestner & Joyce 2002). Auch die Unkenntnis des Kinderwunsches des Partners ist in verschiedenen Typen von Partnerschaften unterschiedlich stark verbreitet: Nicht verheiratete Frauen sind kaum im Stande, über die Präferenzen ihrer Partner bezüglich der Familienplanung Auskunft zu geben oder geben häufig an, diese nicht zu kennen (Bachrach et al. 1992; Williams 1992). Für Paare, die der weißen Mittelschicht in den USA angehören und seit mehreren Jahren verheiratet sind, hat Morgan (1985) eine hohe (aber nicht perfekte) Übereinstimmung bezüglich der Frage danach festgestellt, ob der/die Befragte oder die Partnerin/der Partner (noch) ein Kind haben möchten: „These results also suggest that aggregate intent can be accurately collected from the husband as well as the wife" (Morgan 1985: 126). Von einem geteilten Kinderwunsch in Partnerschaften kann also nicht generell ausgegangen werden. Wenn auch für Deutschland zutreffen sollte, dass besonders Nichtverheiratete die Präferenzen des Partners bezüglich der Reproduktion nicht kennen, dann ist angesichts des inzwischen auch in Deutschland

---

[8] Diesbezüglich bestehen zwar teilweise erhebliche Unterschiede zwischen verschiedenen Ländern oder Regionen, jedoch ergeben diese keine Dichotomie zwischen entwickelten Ländern und Entwicklungsländern: Zum Beispiel beträgt die Übereinstimmung zwischen den Angaben der Partner bezüglich der Frage nach der gewünschten Anzahl weiterer Kinder in Taiwan 69%, in Quebec 59%, in Java 54% und in Nigeria 48% (vgl. Becker 1996: 294, Tabellen 3 und 4).

relativ hohen Anteils nichtehelicher Geburten (nach Kreyenfeld & Konietzka 2004 waren im Jahr 2000 in Ostdeutschland 51% aller Geburten nichteheliche Geburten, in Westdeutschland betrug der Anteil nichtehelicher Geburten an allen Geburten 19%) mit einem erheblichen Ausmaß an Unkenntnis oder Nicht-Übereinstimmung hinsichtlich der Erwünschtheit des Kindes (als solchem oder zu diesem Zeitpunkt) zu rechnen.

Für die Nicht-Übereinstimmung zwischen Partnern gibt es verschiedene Gründe: Sie kann eine Unkenntnis des einen Partners der Pläne oder Aktivitäten des anderen Partners oder bestehende Unterschiede zwischen den Partnern abbilden. In Bezug auf die Erklärung reproduktiven Verhaltens durch den Wunsch nach Kindern verweist dies – sofern Kinder überhaupt ein Einstellungsobjekt darstellen – auf die Möglichkeit, dass die Partner unterschiedliche Kinderwünsche haben. Im Rahmen der Einbettung des VOC-Modells in ein strukturell-individualistisches und außerdem für den internationalen Vergleich geeignetes Erklärungsmodell ist es dann aber besonders wichtig, (neben Hypothesen über die aufgrund unterschiedlicher Randbedingungen zu erwartenden individuellen Variationen der Werte von Kindern) Hypothesen darüber aufzustellen, inwieweit und durch welche Mechanismen die Werte von Kindern, aus denen sich ja der Kinderwunsch ableiten soll, für Männer und für Frauen variieren, d. h. welche Anreize in verschiedenen Gesellschaften für die Produktion von Kindern gesetzt werden und auf welche Weise diese Anreize geschlechtsspezifisch wirken. Die westliche Familienforschung ist aber bislang kaum darüber hinaus gekommen festzustellen, dass „parenthood and a career may be competing social roles for women" (Seccombe 1991: 193), woraus möglicherweise das viel zitierte Vereinbarkeitsproblem entsteht, und dass „men have less to lose and more to gain economically and socially by having children" (Seccombe 1991: 200). Was die gesellschaftlichen Bedingungen betrifft, die hierfür verantwortlich sind, so wird – recht vage – auf die kulturell als normal erachteten Geschlechtsrollen und eine entsprechende Arbeitsteilung und damit allgemein auf soziale Normen verwiesen (Nock 1987). Das VOC-Modell erfordert jedoch eine viel weiter gehende Spezifikation der Aspekte, unter denen Kinder geeignet sind, ökonomische, soziale oder psychologische Bedürfnisse von Frauen oder Männern in bestimmten sozialen Gruppen innerhalb bestimmter Gesellschaften zu befriedigen.

So ist z. B. festzuhalten, dass Frauen aufgrund der Unannehmlichkeiten, die Schwangerschaft, Geburt und die physische Abhängigkeit des Säuglings von der Mutter mit sich bringen, im Zusammenhang mit Kindern größere Kosten entstehen als Männern. Das Ausmaß der diesbezüglich wahrgenommenen Kosten und ebenso das Ausmaß, in dem diese spezifisch weiblichen Kosten kulturell überformt, relativiert oder verstärkt werden, könnte im Rahmen des VOC-Modells festgestellt werden.[9] Ähnlich verhält es sich mit psychologischen Kosten von Kindern, die aus der (differentiellen) institutionellen Einbettung von Mutterschaft und Vaterschaft durch staatliche Reglementierung entstehen: So wurde bislang anscheinend übersehen, dass Kinder für Frauen dahingehend mit Kosten verbunden sind, dass Frauen stärker als Männer ihre Autonomie einbüßen, und zwar nicht nur im Sinne der Aufgabe oder Einschränkung der Erwerbstätigkeit, sondern auch im Sinne der Überantwortung der eigenen Person an den Staat bzw. seine Repräsentanten u. a. durch das „'Kontrollregime' medizinischer und psychologischer Experten" (Meyer 2002: 1; vgl. hierzu auch Maushart 1999: 37-63), das bereits während der Schwangerschaft greift. Inwieweit Frauen diese Kosten bei der Formulierung eines Kinderwunsches als mit Kindern verbundene Kosten antizipieren, ist eine empirische Frage, die jedoch bislang leider nicht aufgegriffen wurde.

Andererseits stellt die Mutterschaft für Frauen weit mehr eine Ressource dar als Vaterschaft für Männer: Aus der Mutterschaft kann eine Frau moralisch und juristisch Ansprüche ableiten, die ein Mann aus der Vaterschaft nicht in derselben Weise ableiten kann (oder: er kann sie zwar ableiten, hat aber eine deutlich geringere Chance auf Akzeptanz seiner Ansprüche). Zum Beispiel erhält eine Mutter verschiedene staatliche Zuwendungen und Vergünstigungen, wenn sie ihr Kind alleine anmeldet und daher als allein erziehende Mutter kategorisiert wird oder indem sie gemeinsam mit dem Vater das Kind anmeldet, aber für Mutter und Vater unterschiedliche Adressen angegeben werden (Haskey 1999: 19).[10] Im Falle einer Scheidung verheirateter Eltern ist es wiederum die Mutter, die einen Vorteil aus der Exis-

---

[9] Solche kulturellen Überformungen nehmen meist die Form von Umwertungen an. Im Bezug auf die Schwangerschaft können diese z. B. dadurch erfolgen, dass auf die durch die hormonelle Umstellung des Körpers bedingte besondere Schönheit von Haut und Haaren während der Schwangerschaft oder auf die nicht näher spezifizierte besondere Erfahrung, ein Kind im eigenen Körper wachsen zu fühlen, verwiesen wird oder darauf, dass die Schwangerschaft ja nur ein vorübergehender Zustand sei und die Frau bald wieder eine Körper hätte, der eher dem herrschenden Schönheitsideal entspreche. Maushart (1999: 7) fasst die Erfahrung von Umwertungen in Bezug auf Schwangerschaft und Mutterschaft wie folgt zusammen: „The gap between image and reality, between what we show and what we feel, has resulted in a peculiar cultural schizophrenia about motherhood".

[10] Dies verweist auf die Möglichkeit, dass eine Frau, die mangels Bildung oder aufgrund entsprechender Präferenzen ihr Leben nicht durch eigene Erwerbstätigkeit finanzieren kann oder finanzieren möchte, Möglichkeiten sieht, durch die Produktion von Kindern zumindest ein Auskommen zu haben, was wiederum ein interessantes Licht auf die Diskussion um die aktuell viel beklagte Kinderarmut in Deutschland wirft: Möglicherweise führen nämlich nicht Kinder zu Armut, sondern bekommen Menschen, die in Armut leben, eher (weil mit größerem finanziellen Gewinn verbunden) Kinder als solche, die nicht in Armut leben, d. h. Kinder werden (ob fälschlich oder nicht, ist in diesem Zusammenhang zweitrangig) als Mittel zur Bekämpfung bereits vorhandener Armut angesehen.

tenz von Kindern zieht, und zwar aus ihrem rechtlich legitimierten Anspruch an den Vater auf Unterhalt für sich und das Kind/die Kinder, der sie de facto von einer eigenen Erwerbstätigkeit entbindet und auch dann noch besteht, wenn sie in einer neuen Beziehung lebt, mit diesem Mann aber nicht verheiratet ist bzw. keine Hausgemeinschaft pflegt, während für den Vater die Unterhaltspflicht auch dann besteht, wenn er wieder heiratet und ggf. für Stiefkinder aufkommen muss (aufschlussreiche Fallbeispiele sind enthalten in Jäckel 2000).[11] Auch hinsichtlich dieser Kosten von Kindern für Männer ist unbekannt, inwieweit sie bei der Formulierung eines Kinderwunsches bedeutsam sind.

Aufgrund der differentiellen institutionellen Einbettung von Mutterschaft und Vaterschaft durch staatliche Reglementierung ist es also plausibel davon auszugehen, dass es unterschiedliche Kosten- oder Nutzenterme sind, die den Kinderwunsch von Frauen und Männern beeinflussen. Wenn nur die Kinderwünsche von Frauen erhoben werden, so kann dies damit begründet werden, dass sich entweder bereits ein zwischen den Partnern übereinstimmender Kinderwunsch auf nicht näher geklärte Weise eingestellt hat (ähnlich der Annahme einer Haushaltsnutzenfunktion in der Mikroökonomie, deren Zustandekommen nicht weiter thematisiert wird; vgl. Becker 1993) oder der Kinderwunsch von Frauen und nicht der von Männern der relevante sei insofern als es der Kinderwunsch von Frauen sei, der in reproduktives Handeln umgesetzt werde. Während im ersten Fall ausgeblendet bleibt, was Soziologen (im Gegensatz zu Demographen oder Sozialpolitikern) bezüglich des reproduktiven Verhaltens möglicherweise besonders interessiert, nämlich der Verhandlungsprozess zwischen den Partnern, ist die zweite Annahme nur vor dem Hintergrund der bereits oben genannten Prämisse plausibel, nach der Reproduktion „von Natur aus" Frauensache sei (vgl. hierzu Greene & Biddlecom 2000).[12]

---

[11] Es gibt auch unterhaltspflichtige Mütter, deren genaue Zahl jedoch unbekannt ist. Sie werden auf 13-15% der Unterhaltspflichtigen geschätzt (vgl. z.B. http://www.paPpa.com). Damit wären sie eine recht seltene Population, was angesichts der realen und durch staatliche Anreize aufrecht erhaltenen geschlechtsspezifischen Verteilung von Arbeit in der Gesellschaft nicht verwundert.

[12] Tatsächlich werden in der Literatur sehr vereinfachende und im jeweiligen Kontext plausibel erscheinende Annahmen darüber gemacht, wie Männer Fragen der Reproduktion gegenüberstehen: In der demographischen Forschung über Entwicklungsländer wurde lange Zeit davon ausgegangen, Männer seien pronatalistisch und stünden den Wünschen von Frauen nach Einschränkung der Geburten entgegen (was sich empirisch als falsch erwiesen hat, vgl. Ezeh, Seroussi & Raggers 1996). Im deutschen Kontext vertritt Schmitt (2004) die These vom Pronatalismus von Männern: Befunde zu Zusammenhängen von Kinderlosigkeit von Männern und ihren soziodemographischen Merkmalen interpretiert er – wo immer es ihm passend erscheint – durch ein Bestreben, zuerst der Ernährerrolle gerecht werden zu wollen, bevor Kinder gezeugt werden. Andere Autoren sehen immerhin die Möglichkeit, dass Männer schlicht kein „genuines" Interesse an Kindern haben (Fichtner 1999).

3.3 Kinderproduktion als Gemeinschaftsarbeit oder als individuelle Strategie?

Konzeptionelle Überlegungen dazu, wie Verhandlungsprozesse zwischen Partnern in der Forschung zum reproduktiven Verhalten berücksichtigt und modelliert werden können, wurden bereits in den 1980er-Jahren formuliert (Beckman 1983; Dwyer & Bruce 1988; Hollerbach 1980; Manser & Brown 1980), sind aber bislang kaum in empirische Forschung umgesetzt worden.[13] Vermutet wurde, dass sich derjenige Partner durchsetzt, der über eine größere Verhandlungs- oder Entscheidungsmacht verfügt, aber die empirische Prüfung dieser Annahme ist deshalb schwierig, weil Entscheidungsmacht als Macht, Entscheidungen zu fällen, nicht identisch ist mit der Macht, bereits gefällte Entscheidungen durchzusetzen. Darüber hinaus hat es sich als schwierig erwiesen, durch Befragung festzustellen, wer für Fertilitätsentscheidungen verantwortlich ist: In einer Studie von Blanc et al. (1996) tendierte jeder der beiden Partner dazu, sich selbst die Verantwortung für eine Fertilitätsentscheidung zuzuschreiben. Surveys in Ägypten (El-Zanaty et al. 1993) und den USA (Grady et al. 1996) zeigen, dass Männer häufiger angeben, sie selbst hätten die Verantwortung für Entscheidungen über Verhütung, als dass sie angeben, ihre Frauen hätten hierfür die Verantwortung. Jedoch ist fraglich, wie zuverlässig solche Befunde sind, denn sie sind abhängig vom Wortlaut der Fragestellung, und haben den Mangel, dass nicht beide Partner befragt wurden. Beach et al. (1982) haben darauf hingewiesen, dass Uneinigkeit zwischen Partnern dazu führen kann, dass keine Einigung erzielt wird, sondern das bislang gezeigte Verhalten fortgesetzt wird (siehe hierzu Fußnote Nr. 6 im vorliegenden Beitrag). Möglicherweise finden Kommunikation und Verhandlungsprozesse in Bezug auf die Kinderwünsche von Partner seltener statt als man vermuten würde: Blanc et al. (1996) haben in ihrer Studie in Uganda festgestellt, dass nur ein Drittel der Befragten die Familiengröße mit dem Partner diskutiert hatte, aber die meisten der Befragten meinten, sie kennten die diesbezüglichen Wünsche des Partners. Kommunikationsgewohnheiten zwischen Partnern mögen kulturell verschieden sein; es ist aber auch möglich, dass sie mit der Dauer einer Beziehung variieren oder selbst von strategischen Erwägungen beeinflusst sind, z. B. wenn eine Uneinigkeit – berechtigt oder unberechtigt – antizipiert wird und daher das Thema gar nicht erst angesprochen wird.

Die m. W. einzige Studie, die Sexualität und Fertilität im Dienste individueller und geschlechtsspezifischer Strategien analysiert, ist die ethnographische Studie

---

[13] Dies hängt sicherlich auch mit den methodischen Schwierigkeiten zusammen, die die gleichzeitige Befragung beider Partner und die Berücksichtigung der Angaben beider Partner in einem statistischen Modell mit sich bringt (Smith & Morgan 1994; Thomson 1997).

von Anderson (1990), in der gezeigt wird, wie junge schwarze Männer Sexualität als Mittel zum Statuserwerb in der peergroup einsetzen und junge schwarze Frauen Sexualität und Fertilität als Mittel dazu einsetzen, eine Position als Mutter und Hausfrau im Rahmen einer Versorgerehe einnehmen zu können (was im untersuchten Kontext selten zu gelingen scheint). Eine Schwangerschaft bringt für diese Frauen jedenfalls die Anerkennung ihres Erwachsenenstatus und größere Einnahmen aus den sozialen Sicherungssystemen mit sich. Wie verbreitet der Einsatz entsprechender Strategien unter Personen anderer sozialer Klassen und in anderen Ländern als den USA ist, ist eine empirische Frage, die zu beantworten voraussetzt, dass sich auch hierzulande Forscher überwinden, den strategischen Einsatz von Sexualität und Fertilität als Handlungsmöglichkeit zu berücksichtigen. Dass sie es bislang nicht tun, muss angesichts des großen Anteils von Hausfrauen unter Müttern in Westdeutschland bei gleichzeitig vergleichsweise hoher Bildung dieser Mütter erstaunen. Hakim (2000; 2002) hat, um dieses Phänomen zu erklären, ihre Präferenztheorie formuliert, nach der Frauen unterschiedliche Präferenzen für bestimmte Lebensentwürfe haben, die sie in die Realität umzusetzen versuchen (wie die schwarzen jungen Frauen in der Studie von Anderson 1990).[14] Für die USA und Großbritannien kommt Hakim zu dem Ergebnis, dass um die 20% der Frauen solche sind, die ein Leben als Hausfrau und Mutter präferieren („home-centered women"), ebenfalls um die 20% der Frauen bevorzugen eine dauerhafte Berufstätigkeit und eine Präsenz im öffentlichen Leben („career-centered women"), und die Mehrheit der Frauen, nämlich um die 60%, bezeichnet Hakim als adaptiv („adaptive women") insofern als sie keine klare Präferenz für einen der beiden genannten Lebensentwurf haben und daher bezüglich ihrer Bildungs-, Erwerbs- und familialen Entscheidungen stark auf gesellschaftliche Randbedingungen reagieren. Zumindest für Frauen, die sich ein Leben als Hausfrau und Mutter wünschen, wäre es rational, wenn sie ihre Sexualität und Fertilität dazu einsetzen würden, einen Mann, der sich als Versorger eignet, an sich zu binden. Im Rahmen einer solchen Strategie wäre es sachdienlich, Kinderwünsche nicht zu kommunizieren, weil in dem Fall, dass der Mann keinen oder keinen akuten Kinderwunsch hat, kaum mehr auf ein „Missverständnis" verwiesen werden könnte, wenn eine Schwangerschaft einträte. Eine „mangelnde" Kommunikation wäre in einem solchen Fall also Bestandteil strategischen Handelns.

Wenn Sexualität und Fertilität strategisch eingesetzt werden können, dann verweist dies darauf, dass bei einer Untersuchung der Werte von Kindern auch ihr

---

[14] Ähnlich hat bereits im Jahr 1987 Nock argumentiert: Frauen begrenzen die Zahl ihrer Kinder seiner Meinung nach aufgrund der weitgehend symbolischen Bedeutung, die eine Mutterschaft für die Frauen und für ihre Lebensentwürfe hat.

möglicher „Partnerschaftswert" berücksichtigt werden muss: Vermutlich will eine Mehrheit von Menschen nicht Kinder im allgemeinen, sondern *Kinder mit einem speziellen Partner* (z. B. weil man durch ein gemeinsames Kind die Bindung an den Partner festigen oder nach außen hin demonstrieren kann) oder eben nicht keine Kinder, sondern *keine Kinder mit diesem speziellen Partner* (z. B. weil er nicht als Ernährer in einer geplanten Versorgerehe taugt, weil er als Vater oder Mutter für ungeeignet gehalten wird oder weil er keine Kinder haben möchte). Auch die Tatsache, dass Kinder für viele Jugendliche oder Erwachsene kein Einstellungsobjekt darstellen (siehe Abschnitt 3.1), verweist auf die Möglichkeit, dass nicht Kinder als solche Werte für potentielle Eltern haben, die die Grundlage eines Kinderwunsches darstellen, sondern nur im Zusammenhang mit Aspekten der konkreten Lebenssituation, insbesondere im Zusammenhang mit der Partnerschaft, innerhalb derer ein Kind gezeugt und geboren werden soll oder auch nicht gezeugt und geboren werden soll. Falls dies zutrifft, treten neben die direkten Nutzen von Kindern, wie die Freude daran, sie aufwachsen zu sehen, und die sozialpolitisch induzierten Nutzen, wie Kindergeld, Kinderfreibeträge u. a. m., über den Partner vermittelte Nutzen. Das kann u. a. bedeuten, dass eine Frau ein Kind bekommt, um einen ökonomisch potenten Mann an sich zu binden, oder dass ein Mann ein Kind mit einer Frau in Kauf nimmt, weil er weiß, dass sich die Frau (aus welchen Gründen auch immer) ein Kind wünscht und eine diesbezügliche Kooperation ihm die Möglichkeit gibt, mit der Frau weiterhin auf anderen Gebieten zu kooperieren oder die Beziehung zu ihr überhaupt aufrecht zu erhalten.[15]

4 Schlussfolgerungen

Die in diesem Beitrag dargestellten Überlegungen führen zu einigen Schlussfolgerungen für die konzeptionelle Weiterentwicklung des VOC-Modells und seine empirische Prüfung. Zunächst ist festzuhalten, dass geklärt werden muss, wo im VOC-Modell die kontextuellen Bedingungen für die Produktion von Kindern anzusiedeln sind: Entweder es wird angenommen, dass sie bei der Formulierung eines Kinderwunsches perzipiert werden; dann sollten die (perzipierten) Werte von Kindern bzw. der aus ihnen resultierende Kinderwunsch hinreichend sein für die Erklärung

---

[15] Eine ähnliche Argumentation hat Hewlett (1997) zur Erklärung des hohen väterlichen Engagements bei der Betreuung von Kleinkindern unter den Aka-Pygmäen vorgebracht: Er hat beobachtet, dass sich Aka-Männer, die nicht über eine große Verwandtschaft verfügen und daher ihrer Frau keine Unterstützung durch Verwandte bieten können, stärker an der Kinderbetreuung beteiligen, als Männer, die eine große Verwandtschaft haben. Hewlett interpretiert dies als Investition des Mannes in den Erhalt seiner Ehe und damit als Variante des Werbungsverhaltens.

reproduktiven Verhaltens. Abweichungen des reproduktiven Verhaltens vom Kinderwunsch sind dann Fehlspezifikationen auf den Dimensionen der Werte von Kindern oder der Dynamik individueller Kinderwünsche zuzuschreiben. Oder es wird angenommen, dass ein Kinderwunsch formuliert wird, der durch die kontextuellen Bedingungen qualifiziert wird. In diesem Fall stellt sich aber die Frage, wie der Kinderwunsch formuliert wird. Wenn die kontextuellen Bedingungen bei der Formulierung des Kinderwunsches keine Rolle spielen, kann ihm jedenfalls nicht mehr der Status eines rationalen Kalküls eingeräumt werden, oder er kann sich angesichts der qualifizierenden Kontextbedingungen für die Produktion von Kindern als unerheblich erweisen.

M. E. ist es für eine Erklärung reproduktiven Verhaltens durch das VOC-Modell sinnvoll davon auszugehen, dass Kontextbedingungen bei der Formulierung eines Kinderwunsches antizipiert werden, d. h. dass die Werte von (spezifischen) Kindern im jeweiligen Kontext antizipiert werden. Dann kann aber auf die Befragung beider Partner (in Ehen oder Partnerschaften) bzw. beider Eltern (bereits gezeugter Kinder) oder von Männern und Frauen nicht verzichtet werden. Erstens lässt sich die Annahme kommunizierter, geteilter oder im Zuge von Verhandlungsprozessen vereinbarter Kinderwünsche empirisch nur für bestimmte Subgruppen aufrechterhalten. Zweitens verstellt die Annahme eines geteilten oder vereinbarten Kinderwunsches gerade den Blick dafür, dass bestimmte Nutzen von Kindern höchst individuell sind und bleiben (müssen), insbesondere die Partnerschaftsnutzen von Kindern. Wie oben beschrieben wurde, kann es für den strategischen Einsatz von Sexualität und Fertilität geradezu eine Voraussetzung sein, dass ein Kinderwunsch nicht kommuniziert wird.

Betrachtet man die Indikatoren für die ökonomischen, sozialen oder psychologischen Werte, die Kinder für Erwachsene haben können, die bislang in den VOC-Studien verwendet wurden, so fällt auf, dass es sich dabei um solche Indikatoren handelt, die als politisch korrekt gelten können insofern als sie die ideologischen Vorstellungen, die in der westlichen Welt darüber herrschen, warum man Kinder bekomme(n sollte), reflektieren. Zum Beispiel wird nach dem Arbeitsnutzen von Kindern gefragt, der in westlichen Gesellschaften bekanntermaßen aufgrund des Verbotes von Kinderarbeit nahe null ist; es wird aber nicht danach gefragt, inwieweit ein Nutzen aus dem Bezug von Kindergeld, aus der Zugehörigkeit zu bestimmten Steuerklassen oder aus Unterhaltszahlungen für ein Kind gesehen wird. Gerade bei international vergleichenden Studien wie den VOC-Studien geht es aber darum, für kultur- oder gesellschaftsspezifische Phänomene funktionale Äquivalente zu finden (Dogan & Pelassy 1990: 37-44). Wenn für bestimmte Dimensionen der Werte von Kindern aber keine funktionalen Äquivalente gefunden oder berücksichtigt werden, die auf dasselbe theoretische Konstrukt verweisen, wie dies der Fall ist, wenn man in Ländern der westlichen Welt und in Entwicklungsländern gleichermaßen (nur) nach dem Arbeitsnutzen von Kindern oder dem Nutzen von Kindern im Hinblick auf die Altersversorgung fragt, um den ökonomischen Wert von Kindern zu erfassen, dann ist es wenig überraschend, dass man im Ergebnis feststellt, dass in der westlichen Welt im Gegensatz zu Entwicklungsländern kaum ein ökonomischer Nutzen mit Kindern verbunden ist. Würde man statt dessen den ökonomischen Nutzen von Kindern allein durch die Vielzahl von Vergünstigungen messen, (angefangen beim Kindergeld und der Bevorteilung von Eltern durch die verschiedenen Steuerklassen sowie durch die Familienmitversicherung in der gesetzlichen Krankenversicherung über die Finanzierung Alleinerziehender aus Unterhaltszahlungen und staatlichen Mitteln bis hin zu verbilligten Bahnfahrkarten und Urlaubsreisen für Familien), die in der westlichen Welt für Familien bzw. Eltern herrschen, so käme man empirisch zu dem Ergebnis, dass ökonomische Nutzen von Kindern hauptsächlich in den entwickelten Ländern bestehen. Dies ebenso wie der bislang ausgeblendete Partnerschaftsnutzen, den Kinder für ein Individuum haben können, wirft die Frage auf, ob nicht an einem unrealistisch harmonischen Bild von Partnerschaft und Ehe, in dem Kinder reflektiert und in gegenseitiger Übereinstimmung (oder wenigstens: in gegenseitiger Kenntnis) gezeugt werden, festgehalten wird bzw. an einem Bild von Elternschaft als identisch mit Altruismus, das die Vorstellung, man könne Kinder – auch in der westlichen Welt – als Mittel zur Stabilisierung einer Partnerschaft oder zur Finanzierung der eigenen Existenz einsetzen, von vornherein verbietet. Wenn es richtig ist, dass die Rekonstruktion der Rationalität anderer Personen – gemäß des Thomas-Theorems – möglichst realitätsnah sein muss, um erklärungskräftig zu sein, dann führt aber der Ausschluss bestimmter Möglichkeiten im Vorfeld zu empirischen Ergebnissen, die ein Erklärungsmodell als mangelhaft erscheinen lassen, obwohl es möglicherweise erhebliche Erklärungskraft hat.

Der wesentliche Verdienst des VOC-Modells beruht auf seiner Grundannahme, nach der Kinder für Erwachsene Werte haben oder erbringen müssen, um gewünscht zu sein bzw. gezeugt zu werden. Mit der Einführung des VOC-Modells in die deutsche Familien- und Fertilitätsforschung hat Nauck daher einen wichtigen Schritt in Richtung einer Korrektur eines allzu idealistischen (und kulturspezifischen) Bildes von familialen Beziehungen getan. Wenn es weiterhin gelingt, aus dem VOC-Modell Annahmen darüber zu generieren, welche spezifischen Nutzen von Kindern Individuen unterschiedlichen Geschlechts aufgrund ihrer Lebenssituation oder sozialen Lage antizipieren, wird sich vermutlich zeigen, dass Huinink zumindest bezüglich des ersten Teils seiner Vermutung irrt, nach der „der definitorische Bias in Richtung der bürgerlichen Familie ... zwar in der Alltagsvorstellung von Familie noch dominieren [mag], in der wissenschaftlichen Familienforschung spielt er aber nur noch eine marginale Rolle" (2003: 525).

Literatur

Anderson, Elijah (1990): Streetwise: Race, Class, and Change in an Urban Community. Chicago: University of Chicago Press.
Arnold, Fred/Bulatao, Rodolfo A./Buripakdi, Chalio/Chung, Betty Jamie/Fawcett, James T./Iritani, Toshio/Lee, Sung Jin & Wu, Tsong-Shien (1975): The Value of Children. A Cross-National Study. Introduction and Comparative Analysis. Honolulu: East-West Center.
Bachrach, Christine A./Evans, V. Jeffrey/Ellison, S. A. & Stolley, Kathy Shepherd (1992): What Price Do We Pay for Single Sex Fertility Surveys? Paper presented at the Annual Meeting of the Population Association of America. Denver.
Beach, Lee Roy/Hope, Alexandra/Townes, Brenda D. & Campbell, Fred L. (1982): The Expectation-Threshold Model of Reproductive Decision Making. Population and Environment 5: 95-108.
Becker, Gary S. (1993): A Treatise on the Family. Cambridge: Harvard University Press.
Becker, Stan (1996): Couples and Reproductive Health: A Review of Couple Studies. Studies in Family Planning 27: 291-306.
Beckman, Linda J. (1983): Communication, Power, and the Influence of Social Networks in Couple Decisions on Fertility. In: Bulatao, Rodolfo A. & Lee, Ronald D. (Eds.): Determinants of Fertility in Developing Countries, Vol. 1. New York: Academic Press: 415-443.
Blanc, Ann K./Wolff, Brent/Gage, Anastasia J./Ezeh, Alex C./Neema, Stella & Ssekamatte-Ssebuliba, John (1996): Negotiating Reproductive Outcomes in Uganda. Calverton: Macro International Inc. and Institute of Statistics and Applied Economics (Uganda).
Bundeszentrale für gesundheitliche Aufklärung (BzgA) (Hg.) (2001): Frauen leben: Eine Studie zu Lebensläufen und Familienplanung. Köln: Bundeszentrale für gesundheitliche Aufklärung.
Burkart, Günter (1994): Die Entscheidung zur Elternschaft. Eine empirische Kritik von Individualisierungs- und Rational-Choice-Theorien. Stuttgart: Enke.
de Bruijn, Bart J. (1999): Foundations of Demographic Theory. Choice, Process, Context. Amsterdam: Thela Thesis.
Davis, Kingsley & Blake, Judith (1956): Social Structure and Fertility: An Analytic Framework. Economic Development and Cultural Change 4: 211-235.
Dogan, Mattei & Pelassy, Dominique (1990): How to Compare Nations. Strategies in Comparative Politics. Chatham: Chatham House Publishers.
Dwyer, Daisy H. & Bruce, Judith (1988): A Home Divided: Women and Income in the Third World. Stanford: Stanford University Press.
Easterlin, Richard A. (1966): On the Relation of Economic Factors to Recent and Projected Fertility Changes. Demography 3: 131-153.
El-Zanaty, Fatma/Sayed, Hussein A. A./Zaky, Hassan H. M. & Way, Ann A. (1993): Egypt Demographic and Health Survey 1992. Calverton: National Population Council (Egypt) and Macro International Inc.
Ezeh, Alex Chika/Seroussi, Michka & Raggers, Hendrik (1996): Men's Fertility, Contraceptive Use, and Reproductive Preferences. Calverton: Macro International Inc.
Fawcett, James T. (1970): Psychology and Population: Behavioural Research Issues in Fertility and Family Planning. New York: The Population Council.
Fichtner, Jörg (1999): Über Männer und Verhütung. Der Sinn kontrazeptiver Praxis für Partnerschaftsstile und Geschlechterverhältnis. Münster: Waxmann.

Goldscheider, Frances K. & Kaufman, Gayle (1996): Fertility and Commitment: Bringing Men Back In. Population and Development Review 22 (Suppl.): 87-99.
Grady, William R./Tanfer, Koray/Bily, John O. G. & Lincoln-Hanson, Jennifer (1996): Men's Perceptions of Their Roles and Responsibilities Regarding Sex, Contraception and Childrearing. In: Family Planning Perspectives 28: 221-226.
Greene, Margaret E. & Biddlecom, Ann E., 2000: Absent and Problematic Men: Demographic Accounts of Male Reproductive Roles. Population and Development Review 26: 81-115.
Hakim, Catherine (2002): Lifestyle Preferences as Determinants of Women's Differentiated Labor Market Careers. Work and Occupations 29: 428-459.
Hakim, Catherine (2000): Work-Lifestyle Choices in the 21st Century: Preference Theory. Oxford: Oxford University Press.
Haskey, John (1999): Families - Their Historical Context, and Recent Trends in the Factors Influencing Their Formation and Dissolution. In: David, Miriam E. (Ed.): The Fragmenting Family: Does it Matter? London: Institute of Economic Affaire (IEA) Health and Welfare Unit: 9-47.
Henshaw, Stanley K. (1998): Unintended Pregnancies in the United States. Familie Planning Perspectives 30: 24-29.
Hewlett, Barry S. (1997): Die Reziprozität der Ehepartner und die Vater-Kind-Beziehung bei den Aka-Pygmäen. In: Nauck, Bernhard & Schönpflug, Ute (Hrsg.): Familien in verschiedenen Kulturen. Stuttgart: Enke: 105-123.
Hobcraft, J. (2000): Moving Beyond Elaborate Description: Towards Understanding Choices about Parenthood. Paper presented at the FFS Flagship Conference, Brussels.
Hoffman, Lois W. & Hoffman, Martin L. (1973): The Value of Children to Parents. In: Fawcett, James T. (Ed.): Psychological Perspectives on Population. New York: Basic Books: 19-76.
Hoffman, Lois W. & Manis, Jean D. (1979): The Value of Children to Parents in the United States: A New Approach to Fertility. In: Journal of Marriage and the Familie 41: 583-596.
Hoffmann-Lange, Ursula (Hg.) (1995): Jugend und Demokratie in Deutschland. DJI-Jugendsurvey 1. Opladen: Leske + Budrich.
Hollerbach, Paula E. (1980): Power in Families, Communication, and Fertility Decision-Making. Population and Environment 3: 146-173.
Huinink, Johannes (2003): Warum Familie? Anmerkungen zu einer Begriffsdiskussion. In: Erwägen. Wissen. Ethik (EWE) 14: 524-526.
Jäckel, Karin (2000): Der gebrauchte Mann. Abgeliebt und abgezockt - Väter nach der Trennung. München: Deutscher Taschenbuch Verlag.
Kagitcibasi, Cigdem (1982): The Changing Value of Children in Turkey. Honolulu: East-West Center.
Kagitcibasi, Cigdem & Esmer, Yilmaz (1980): Development, Value of Children and Fertility: A Multiple Indicator Approach. Honolulu: East-West Population Institute.
Kaufmann, Franz-Xaver (2003): Vom Zeitgeist - oder: Wo bleibt die Verwandtschaft? In: Erwägen. Wissen. Ethik (EWE) 14: 528-529.
Korenman, Sanders/Kaestner, Robert & Joyce, Ted (2002): Consequences for Infants of Parental Disagreement in Pregnancy Intention. In: Perspectives on Sexual and Reproductive Health 34: 198-205.
Kreyenfeld, Michaela & Konietzka, Dirk (2004): Angleichung oder Verfestigung von Differenzen? Geburtenentwicklung und Familienformen in Ost- und Westdeutschland. MPIDR Working Paper 2004-025. Rostock: Max-Planck-Institut für demografische Forschung.
Leibenstein, Harvey (1981): Economic Decision, Theory and Human Behaviour: A Speculative Essay. In: Population and Development Theory 7: 381-400.
Lenz, Karl (2003): Familie - Abschied von einem Begriff? In: Erwägen. Wissen. Ethik (EWE) 14: 485-498.
Manser, Marilyn & Brown, Murray (1980): Marriage and Household Decision-Making: A Bargaining Analysis. In: International Ökonomik Review 21: 31-44.

Maushart, Susan (1999): The Mask of Motherhood. How Becoming a Mother Changes Everything and Why We Pretend It Doesn't. London: Pandora.
Meyer, Thomas (2002): Moderne Elternschaft - neue Erwartungen, neue Ansprüche. In: Aus Politik und Zeitgeschichte. Beilage zur Wochenzeitung Das Parlament B22-23: 40-46.
Mir-Hosseini, Ziba (2000): Marriage on Trial. A Study of Islamic Family Law. London, New York: I. B. Tauris.
Morgan, S. Philip (1985): Individual and Couple Intentions for More Children: A Research Note. In: Demography 22: 125-132.
Nauck, Bernhard (1997): Sozialer Wandel, Migration und Familienbildung bei türkischen Frauen. In: Nauck, Bernhard & Schönpflug, Ute (Hrsg.): Familien in verschiedenen Kulturen. Stuttgart: Enke: 162-199.
Nauck, Bernhard (2001): Der Wert von Kindern für ihre Eltern. "Value of Children" als spezielle Handlungstheorie des generativen Verhaltens und von Generationenbeziehungen im interkulturellen Vergleich. In: Kölner Zeitschrift für Soziologie und Sozialpsychologie 53: 407-435.
Nauck, Bernhard & Kohlmann, Annette (1999): Values of Children. Ein Forschungsprogramm zur Erklärung von generativem Verhalten und intergenerativen Beziehungen. In: Busch, Friedrich/Nauck, Bernhard & Nave-Herz, Rosemarie (Hrsg.): Aktuelle Forschungsfelder der Familienwissenschaft. Würzburg: Ergon: 53-73.
Nock, Stephen L. (1987): The Symbolic Meaning of Childbearing. In: Journal of Familie Issues 8: 373-393.
Parke, Ross D. & Stearns, Peter N. (1993): Fathers and Child Rearing. In: Elder, Glen H. Jr./Modell, John & Parke, Ross D. (Eds.): Children in Time and Place. Cambridge: Cambridge University Press: 147-179.
Schmitt, Christian (2004): Kinderlose Männer in Deutschland - eine sozialstrukturelle Bestimmung auf Basis des Sozio-ökonomischen Panels (SOEP). Berlin: Deutsches Institut für Wirtschaftsforschung (DIW). Materialien 34.
Seccombe, Karen (1991): Assessing the Costs and Benefits of Children: Gender Comparisons among Childfree Husbands and Wives. In: Journal of Marriage and the Family 53: 191-202.
Smith, Herbert L. & Morgan, S. Philip (1994): A Response Model for Agreement and Disagreement Between Husbands and Wives Regarding Fertility Intentions. Paper presented at the Annual Meeting of the Population Association of America, 5-7 May, Miami.
Thomson, Elizabeth (1997): Couple Childbearing Desires, Intentions, and Births. In: Demography 34 343-354.
Turchi, Boone A. (1975): Microeconomic Theories of Fertility: A Critique. In: Social Forces 54: 107-125.
Van de Kaa, Dirk J. (1997): Verankerte Geschichten: Ein halbes Jahrhundert Forschung über die Determinanten der Fertilität - Die Geschichte und Ergebnisse. In: Zeitschrift für Bevölkerungswissenschaft 22: 3-57.
Watkins, Susan C. (1993): If All We Knew About Women Were What We Read in Demography, What Would We Know? In: Demography 30: 551-577.
Williams, Linda B. (1992): Who Decides? Determinants of Couple Cooperation and Agreement in US Fertility Decisions. Research Report Np. 92-238. University of Michigan, Population Studies Center.

Kinderlosigkeit als europäische Perspektive?

Corinna Onnen-Isemann

1 Einführung

Eines der Hauptthemen der deutschen Familiensoziologie in den letzten Jahren ist die Veränderung der Familienbildungsprozesse. Aber nicht nur die Strukturen in Deutschland verändern sich – kein europäisches Land ist hiervon ausgenommen. Die Globalisierung von Wirtschaftsbeziehungen, der damit einhergehende Wandel der Arbeitsmarktstrukturen und steigende Mobilität erfordern stärkere individuelle Anpassungsleistungen als bisher. Ein statistisch sichtbarer Beweis für diesen Wandel ist die Fertilitätsentwicklung, die mit wenigen Ausnahmen in allen europäischen Staaten rückläufig ist. Jedoch verläuft die Entwicklung nicht überall gleich und die einzelnen Gesellschaften reagieren mit verschiedenen Mechanismen darauf. In diesem Beitrag wird den Fragen nachgegangen, welche theoretischen Erklärungsansätze empirisch evident sind, welche Auswirkungen die gesellschaftlichen Regelungsmechanismen auf das politische Handeln haben und wie sich die Familienbildungsprozesse in Europa weiter verändern werden.

Der Trend der rückgängigen Geburtenzahlen lässt sich statistisch gegen Ende des 19. Jahrhunderts erstmals beobachten und setzt sich seitdem fort; nicht nur in Deutschland wird von einem „dramatischen" Geburtenrückgang gesprochen, auch die anderen europäischen Länder sind keineswegs kongruent hinsichtlich der Entwicklung ihres Geburtenniveaus. Dennoch wird die Reproduktionsrate in Europa nirgendwo sonst derart stark unterschritten wie in Deutschland (z. B. Höpflinger 1991: 53). Einen erneuten Schub bekam die negative bevölkerungsstatistische Entwicklung mit dem Wandel im reproduktiven Verhalten, der Mitte der 1960er Jahre in Nord- und Westeuropa begann und sich zunächst in Richtung Südeuropa ausdehnte, bis er schließlich Zentral- und Osteuropa erreicht hat.

In fast allen europäischen Staaten ist das Fertilitätsniveau unterhalb die Reproduktionsrate gesunken. Die endgültige Kinderzahl in den 15 EU-Staaten liegt mit 1,77 Kindern je Frau des Geburtsjahrgangs 1961 unter der Reproduktionsziffer von 2,1 Kindern je Frau. Hinsichtlich der endgültigen Zahl gibt es jedoch zwischen den einzelnen europäischen Staaten erhebliche Unterschiede. Die Grafik (Abbildung 1) zeigt, dass das Reproduktionsniveau in *Osteuropa* nur in der Slowakei (2,17) und in Polen (2,14), in *Skandinavien* nur in Norwegen (2,1) gehalten werden kann; in *Westeuropa* wird es nur in Frankreich (2,1), Irland (2,35) und Island (2,43) gehalten bzw. leicht überschritten jedoch in *Südeuropa* bereits komplett unterschritten.

Abbildung 1:   *Endgültige Kinderzahl von Frauen (Staaten in Europa, Geburtsjahrgang 1961)*

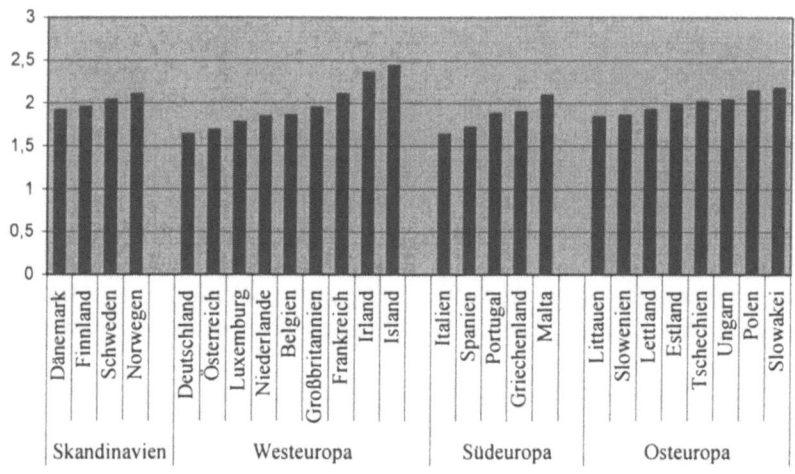

Quelle: *Eurostat Jahrbuch 2004: 161*

Die sinkenden Reproduktionsraten in den europäischen Ländern werden in den verschiedenen Wissenschaftsdisziplinen nicht isoliert, sondern in Zusammenhang mit dem europaweit feststellbaren demographischen Wandel betrachtet:

---

[1] Statistisch zuverlässige Zahlen über tatsächlich kinderlose Frauen lassen sich daher nur auf der Basis der Geburtsjahrgänge von Frauen bis Anfang der 1960er Jahre finden: Bei den meisten Frauen diesen Alters ist die Familienbildungsphase – sowohl soziologisch wie auch medizinisch – abgeschlossen (Stauber 1993: 22).

- Vielfältige Lebensformen haben sich herausgebildet, die Bedeutung nichtehelicher Lebensformen ist gestiegen, die Bereitschaft zur Ehescheidung steigt.
- Weniger Frauen heiraten, und wenn, dann in einem späteren Lebensalter (in Europa zwischen 25 und 30 Jahren).
- Es gibt keinen zwingenden Zusammenhang mehr zwischen der Eheschließung und der Familiengründung, Elternschaft wird hinausgezögert oder bewusst darauf verzichtet. So betrug das durchschnittliche Alter der Frau bei der Geburt des ersten Kindes 1991 in den EU-15 Staaten 28,3 Jahre, im Jahr 2002 war es schon 29,4 Jahre (Eurostat Jahrbuch 2004: 16).

2 Erklärungsansätze für die Geburtenentwicklung in Europa

Diskussionen über die verursachenden Gründe für diese Entwicklungen werden seit Jahren vehement geführt und haben unterschiedliche Fokusse, je nachdem, ob der Geburtenrückgang makroperspektivisch (1) oder mikroperspektivisch (2) analysiert wird. Ein wesentlicher Auslöser für das veränderte reproduktive Verhalten ist in der höheren Bildung von Frauen und damit verbunden ihrer (qualifizierten) Erwerbstätigkeit zu sehen.

(1) Die makrosoziologische Perspektive betrachtet in erster Linie objektive Variablen als den Kinderwunsch beeinflussende Determinanten, wie z. B. das Lebensalter, der Familienstand, die Kinderzahl, ökonomische Faktoren, Wohnverhältnisse, Bildungs- und Berufsstatus und die Konfession. Für den Geburtenrückgang werden als hauptsächlich verursachende Bedingungen die steigende Erwerbsorientierung, Bildung und Qualifikation der Frauen, ihr damit verbundenes verändertes Rollenverständnis, ihre größere materielle Unabhängigkeit sowie ihr gestiegenes Selbstbewusstsein genannt (vgl. z. B. Beck-Gernsheim 1983; Huinink 1990; 1993; Kaufmann 1990; 1995). Vielfach fehlende Infrastruktureinrichtungen und ein traditionelles bürgerliches Mutterrollenbild, das eher von der Gründung einer Familie abhält, als sie zu fördern, sind Faktoren, die stark innerhalb Europas variieren (vgl. Abschnitt 3, unten).

(2) Mikroperspektivisch werden generative Verhaltensmuster einerseits durch die Entwicklung unterschiedlicher Partnerschafts- und Ehemodelle sowie andere Gründe in Form von situativen wie auch in individuellen psychischen Bedingungen diskutiert. An sozialen Einflussfaktoren ist zunächst die Partnersituation der Frauen zu nennen, denn der Verweisungszusammenhang lautet:

Ohne (passenden) Partner keine Schwangerschaft, ferner antizipierte Probleme bei einer Vereinbarkeit von Beruf und Familie sowie Angst vor den steigenden finanziellen Kosten mit zunehmendem Alter der Kinder. Männer sind sogar noch häufiger kinderlos als Frauen, was sowohl auf die niedrige Erstheirats- als auch auf die niedrige Wiederverheiratungsneigung nach Ehescheidungen zurückgeführt wird (Dorbritz & Schwarz 1996: 234f.). Aus sozialwissenschaftlicher Sicht wird das Fertilitätsverhalten unter strukturellen Aspekten diskutiert, z. B. dem des sozialen Status der Herkunftsfamilie oder der Geschwisterzahl, der Religionszugehörigkeit (Baiter 1985: 151; Huinink 1990) sowie nach regionalen Unterschieden (Bertram & Dannenbeck 1991; Nauck 1995). Ferner werden individuelle Gründe für das Entstehen des Kinderwunsches respektive dessen Realisierung sowohl in realen situativen Bedingungen – wie z. B. der realisierten Kinderzahl, dem Verhütungsverhalten, der Art der Paarbeziehung – als auch in individuellen psychischen Bedingungen und Determinanten – wie z. B. der Motivation zur Schwangerschaft oder bestimmten intrapsychischen Voraussetzungen betont (Gloger-Tippelt, Gomille & Grimmig 1993: 49ff.; Klomann & Nyssen 1994; Jarka 1995: 162f.).

2.1 Veränderte Wertpräferenzen

Insbesondere seit den 1980er Jahren werden Veränderungen in den Wertpräferenzen als erklärende Variablen für die Fertilitätsentwicklung hinzu gezogen: Im 20. Jahrhundert veränderten sich die Lebensorientierungen drastisch (Inglehart 1977), eine Verschiebung der Wertpräferenzen von Pflicht- und Akzeptanzwerten zu Selbstentfaltungswerten wurden empirisch evident (Klages 1984). Insbesondere auch in dem Verhältnis von Eltern zu ihren Kindern wird diese Haltung verdeutlicht, die Honig (1993) als „Sentimentalisierung" beschreibt. Als eine der wesentlichen Funktionen von Familien gilt die soziale Platzierung ihrer Mitglieder, in den letzten Jahrzehnten jedoch mit einer wachsenden Fokussierung auf die Kinder – ein Tatbestand, der insbesondere auch als Variablen in der kulturvergleichenden „Values-of-Children" (VOC)-Forschung zum Tragen kommen. Zusammenfassend ist darunter eine sich verändernde Einstellung von Eltern zu Kindern vom ökonomischen zum psychologischen Wert von Kindern zu verstehen, die empirisch im Rahmen der kulturvergleichenden „Values-of-Children"(VOC)- Studien seit den 1980er Jahren belegt werden konnten. Dieser theoretische Ansatz erklärt nicht nur Unterschiede im Eltern-Kind-Verhältnis, sondern auch dessen Auswirkungen auf das generative Verhalten (Nauck 1989: 53).

„*„Wert von Kindern' ist dabei als ein implizites Entscheidungsmodell konzeptualisiert, nämlich als erwartete Werte minus erwartete Belastungen, die Eltern durch ihre Kinder haben, und die sie zumindest dann gegeneinander abwägen, wenn sie kein (weiteres) Kind haben wollen"* (Nave-Herz & Nauck 1988: 82).

Im Rahmen der VOC-Studien konnten drei Dimensionen elterlicher Nutzenerwartungen empirisch ermittelt werden. Zunächst handelt es sich um den *ökonomisch-utilitaristischen* Nutzen von Kindern, z. B. in Form von Mithilfe der Kinder im Haushalt oder Kinderarbeit bzw. (materielle) Unterstützung im Alter; als nächstes um den *psychologischen Nutzen* von Kindern, z. B. an der Freude, sie aufwachsen zu sehen, oder der emotionalen Bindung, und schließlich – drittens – um den *sozial-normativen* Nutzen, worunter z. B. der Statusgewinn oder die Vererbung des Familiennamens fällt (Nave-Herz & Nauck 1988: 83). Des Weiteren wurde empirisch im Rahmen der VOC-Studien belegt, dass der Wert von Kindern in Abhängigkeit zur Industrialisierung der jeweiligen Gesellschaft variiert: In Entwicklungsländern haben Kinder eher einen ökonomischen Nutzen für ihre Eltern als in modernen Industrienationen – wie der Bundesrepublik –, in denen eher die psychologischen Nutzenerwartungen dominieren (Trommsdorff 1993: 56; Schütze 2002: 77). Die beobachtbare Veränderung von Orientierungswerten kann sich demnach entweder *direkt* auf Familie und Kinder beziehen oder aber sich auch *indirekt* auf den Kinderwunsch auswirken (vgl. hierzu Nauck 1993).

2.2 Individualisierung

Die Wurzeln der beobachtbaren und empirisch messbaren Individualisierung der Erwachsenen werden bereits im Kindesalter gelegt: Eltern sind heutzutage deutlich stärker als früher nahezu allein zuständig für die Qualität der Erziehung, der Schul- und Ausbildung ihrer Kinder, für deren Gesundheitsstatus und ihr Wohlbefinden, und hier sind es wiederum hauptsächlich die Mütter, die die Hauptlasten und die Hauptverantwortung tragen. Hinzu kommen die Veränderungen in der Arbeits- und Berufswelt sowie das kulturelle und das Freizeitinteresse, was sich dahingehend verlagert hat, dass den Anforderungen im erzieherischen Bereich nicht in dem Maße, wie nötig wäre, Rechnung getragen werden kann. Erwerbstätige Mütter können diesen Anforderungen kaum nachkommen und leben in einem ständigen Rollenkonflikt, wie mehrere Untersuchungen in Deutschland belegen können (z. B. Nauck 1995; Schütze 2002; Sauer 2004). Diese Annahmen der VOC-Forschung ließen sich auch bei ungewollt kinderlosen Partnern anwenden und empirisch bestätigen: Ungewollt kinderlose Partner, deren Lebensziel in einer starken emotionalen Beziehung zu einem Kind besteht und die mit einer Familienorientierung geheiratet haben, werden medizintechnische Reproduktionsbehandlungen favorisieren – ungeachtet der zu erwartenden körperlichen und psychischen Belastungen. Kinderlosigkeit lässt sich aber nicht allein mit den Hypothesen der VOC-Forschung erklären – vielmehr kommt gesellschaftlichen Normen in diesem Bereich eine starke Bedeutung zu, wie ich in einer eigenen Studie in Deutschland nachweisen konnte (Onnen-Isemann 2000).

3 Europäische Länder im Vergleich

Möglicherweise unterscheiden sich die Normen in einzelnen europäischen Ländern, was wiederum vermuten lässt, dass es einen engen Zusammenhang zwischen den Normen der Familienbildung und dem Wert von Kindern gibt. Hierüber kann zur Zeit nur spekuliert werden, da ein empirischer Nachweis noch aussteht. Für Deutschland gilt, dass der Kinderwunsch normativ gegeben ist, und nach einer Heirat eingelöst werden sollte. Wenn dann die Realisierung des Kinderwunsches aus verschiedenen Gründen nicht möglich ist, versuchen die ungewollt kinderlosen Paare diesen „regelwidrigen Zustand" z. B. durch reproduktionsmedizinische Behandlungen aufzuheben. Paare, die sich aber bewusst dieser Norm widersetzen, kommen noch stärker als zuvor in Legitimationsdruck (vgl. zusammenfassend Onnen-Isemann 2000). Und gerade daraus resultiert eine große Diskrepanz zwischen den gesellschaftlichen Erwartungen an Familien/Mütter und den Leistungen, die Familien hinsichtlich der Erziehung ihrer Kinder zu erbringen haben, so dass sich die folgende Kausalität ergibt:
- die hohen Ansprüche an die individuelle und optimale Förderung der Kinder durch die Eltern können durch sie nicht ausreichend befriedigt werden – Alternativen hinsichtlich der Kindererziehung stehen nicht zur Verfügung;
- immer mehr Frauen streben trotz schwieriger Bedingungen auf den Arbeitsmarkt und erwarten eine qualifizierte Berufstätigkeit; und
- die etablierten Rollenvorstellungen halten sich starr im gesellschaftlichen Umfeld – der Verzicht auf eine Mutterschaft erscheint immer mehr Frauen als Konfliktlösungsstrategie aus diesem Dilemma.

Die These, dass das gestiegene Berufsengagement von Frauen und das gleichzeitig bei uns noch gegebene traditionelle Mutterbild, verbunden mit fehlenden Infrastruktureinrichtungen und anderen Rahmenbedingungen, als mit verursachend für eine steigende Kinderlosigkeit gelten kann, wird auch im Hinblick auf Schweden und die DDR gestützt. Die erwerbstätige Mutter war z. B. in der DDR eine Selbstverständlichkeit und die Kinderbetreuung war kein individuell zu lösendes Problem. So hatte hier fast jede Frau in sehr viel früherem Alter als in der (alten) Bundesrepublik zumindest ein Kind (vgl. Gysi 1989: 123; Huinink 2002; Hullen 1998; Wirth & Dümmler 2004). Auch in den skandinavischen Ländern gilt die Erwerbstätigkeit von Müttern als ganz „normal", und diese Staaten sind von keiner zunehmenden Kinderlosigkeit betroffen (vgl. Höpflinger 1991: 88). Meine eigenen Ländervergleiche mit Spanien, Frankreich und Polen unterstützen ebenfalls diese These.

Marry et al. (1998) zeigen z. B. auf der Basis französischer Arbeitskräfteerhebungen, dass die Französinnen stärker von günstigen Ausbildungs- und Arbeitsmarktbedingungen profitieren als die Deutschen. Dieser Befund gilt gerade auch für die Mütter! Die Autorinnen begründen ihn mit strukturellen Besonderheiten des deutschen Bildungssystems und dessen Verknüpfung mit dem Beschäftigungssystem; z. B. werden Französinnen deutlich früher und stärker im Bildungssystem gefördert als deutsche Schülerinnen, was für die Französinnen eine stärkere Aspiration auf qualifizierte Ausbildungsplätze zur Folge hat (siehe auch Villeneuve-Gokalp 1996: 38). Frankreich verfügt über eine stärkere Tradition von weiblicher Erwerbstätigkeit – auch unter Müttern – die in den letzten Jahren auch noch gestiegen ist. Während z. B. von den Geburtskohorten 1919-1929 30% der Französinnen ohne Unterbrechung ihr gesamtes Berufsleben erwerbstätig waren, waren es schon 45% der Frauen der Geburtskohorten 1945-1949. In Deutschland betrug die Zahl zu Beginn des 20. Jahrhunderts lediglich 20%. Auch bei den „Unterbrecherinnen" gibt es Unterschiede: In Frankreich bleibt laut einer Umfrage von 1989 eine relative Konstante von ca. 20%, in Deutschland unterbrachen 1990 ca. 60% der 22-60-jährigen (Marry et al. 1998: 4f.)! Diese Bereitschaft zur Erwerbstätigkeit beruht in Frankreich auf einer starken Unterstützung durch die Familien- und Arbeitsmarktpolitik, die Müttern eher ermöglicht, einer (qualifizierten) Berufstätigkeit nachzugehen: Kinderkrippen, -horte und -gärten gehören zum „Standardrepertoire" der Gemeinden und werden von den Eltern auch in Anspruch genommen.

Anders sieht es z. B. in Spanien aus. Hier hat sich die wirtschaftliche Entwicklung in den letzten 40 Jahren grundlegend geändert: Strukturelle Reorganisationen vom reinen Agrarland zur Dienstleistungsgesellschaft haben Lebensbedingungen und Lebensstile extrem verändert. Auch in Spanien streben die jungen Frauen heutzutage eine hohe Bildung und eine eigenständige Erwerbstätigkeit an. Auf der anderen Seite hat auch die Ehe einen eigenen Wert, sie gilt aber nicht mehr in dem Maße wie früher als Voraussetzung für die Familiengründung – und damit unterscheidet sich die grundlegende Einstellung in Spanien von deutschen Mustern (Meil Landwerlin o.J.: 5; Delgado & Castro Martin 1999: 3ff.). Ein weiterer wesentlicher Unterschied zu Deutschland besteht darin, dass die weibliche Erwerbstätigkeit in Spanien darüber hinaus eine ökonomisch zwingende Voraussetzung für das Familienleben ist: Dies erklärt auch den empirischen Befund von Schulze Buschoff et al. (1998: 23ff.), die einen sehr starken Zusammenhang zwischen der Familienbindung und der tatsächlichen Arbeitszeit sowie zwischen dem Wunsch nach Vollzeitbeschäftigung und hoher Familienbindung nachweisen.

In Osteuropa hingegen vollzieht sich seit der Wende ein Wandel in verschiedene Richtungen. Die wenigen wissenschaftlichen Analysen der vorhandenen Daten lassen die Vermutung zu, dass der Trend in der Familienentwicklung sich in eine ähnliche Richtung bewegt, wie in den anderen katholischen Ländern Südeuropas; Spanien, Portugal und Italien scheinen hier die Vorbilder zu sein: Die Ehe bleibt die Basis für eine Familiengründung mit nur einem Kind, die Erwerbstätigkeit von Frauen und Müttern ist in erster Linie eine ökonomische Notwendigkeit und damit sind sowohl innerfamiliale wie auch staatliche Kinderbetreuungssysteme nötig (Kotowska 2002: 6f.).

4 Reproduktionsmedizin und normative Ehemuster

Leider wurde bislang – im Gegensatz zur strukturellen Perspektive der Thematik des Kinderwunsches bzw. des Übergangs zur Elternschaft – die individuelle Perspektive der kinderlosen Frauen und Männer in wissenschaftlichen Analysen stark vernachlässigt. Lediglich hinsichtlich der technischen und medizinischen Entwicklung von Methoden und Maßnahmen zur Behebung *ungewollter* Kinderlosigkeit wird der Perspektive der Paare Bedeutung beigemessen (Onnen-Isemann 2000; Carl 2002). Die von ungewollter Kinderlosigkeit betroffenen Paare bzw. hauptsächlich die betroffenen Frauen fragen immer bessere und differenziertere Methoden zur Behandlung unfreiwilliger Kinderlosigkeit nach, was einerseits am Anstieg der Anzahl reproduktionsmedizinischer Zentren in der Bundesrepublik Deutschland zu erkennen ist und andererseits der Entwicklung der Medizintechnik einen immensen Schub gibt (Nave-Herz, Onnen-

Isemann & Oßwald 1996: 25ff.). Mit zunehmendem Entwicklungsgrad der Reproduktionstechniken werden jedoch in der öffentlichen und auch wissenschaftlichen Diskussion diese Fortschritte immer stärker kontrovers, und häufig von unterschiedlichen Normen und ethischen Vorstellungen geprägt, diskutiert. Das öffentliche Interesse an der kinderlosen Ehe hat über die Jahrhunderte – bei aller gewachsenen Pluralität von Lebensformen – nicht abgenommen, es ist vielmehr ein Wandel zu verzeichnen: Während früher die soziale Kontrolle einseitig den Mann legitimierte seine kinderlose Ehe zu „korrigieren", indem er sie auflöste, scheint heutzutage die Korrektur durch die Medizintechnik gegeben zu sein. Betroffene Paare, Mediziner wie auch forschungsfördernde Institutionen sind – spätestens seit der Geburt des ersten „Retortenbabys" Louise Brown in England im Jahr 1978 und der öffentlichen Diskussion darüber – der Meinung, dass die Entwicklung der modernen Medizintechnologie so weit fortgeschritten ist und Kinderlosigkeit mit Hilfe der Technik *zuverlässig* behoben werden kann. Dies lässt zum einen die Vermutung zu, dass negative Zuschreibungen gegenüber kinderlosen Frauen weiterhin „nahrhaften Boden" finden, und ferner, dass kinderlose Frauen diese Stigmatisierungen internalisieren und meinen, letztendlich ein Kind wollen oder bekommen zu „müssen" – sei es auf „natürlichem" oder auf „künstlichem" Weg (vgl. hierzu auch Schneewind et al. 1992: 137). Sie würden dann wieder der Norm gehorchen.

Für Deutschland konnte bereits der folgende Zusammenhang empirisch belegt werden: Bei der ungewollten Kinderlosigkeit handelt es sich um das Resultat einer kulturellen Phasenverschiebung („cultural lag") im Sinne von Ogburn (1969). Der „cultural lag" zeigt das Festhalten an der traditionellen Familienform der ungewollt kinderlosen Frauen und Männer bei gleichzeitig starken Veränderungen im Bildungsbereich, die sich auf die Muster der Erwerbsbeteiligungen und die Berufsorientierung auswirken. Die bürgerliche Familienform einzuhalten gilt als ein hauptsächliches Lebensziel, das die ganze oder zumindest teilweise Aufgabe der Berufstätigkeit für Mütter beinhaltet. Andererseits geraten Frauen heutzutage aufgrund ihrer höheren Bildung und die damit verbundene größere Aspiration auf einen erfolgreichen Berufsverlauf in einen Legitimierungsdruck, wenn sie trotz einer hohen Schulbildung auf eine Erwerbstätigkeit zugunsten von Mutterschaft verzichten – schleichend entstand somit für Frauen in den letzen Jahrzehnten eine neue „Norm der Erwerbstätigkeit". Die Lösung dieses Konflikts kann nun für viele Betroffene die Reproduktionsmedizin sein, da sie den Frauen eine „Heilung" der durch strukturelle Rahmenbedingungen gegebenen ungewollten Kinderlosigkeit verspricht. Das Dilemma der antagonistischen Wertorientierungen der Frauen können die Reproduktionstechniken jedoch keineswegs kompensieren, die traditionellen Familienorientierungen bleiben schließlich weiterhin bestehen (Onnen-Isemann 2000).

So lassen sich z. B. in der Bereitstellung von finanziellen Forschungsmitteln zur Entwicklung und Verfeinerung reproduktionsmedizinischer Behandlungsmethoden zur Beseitigung ungewollter Kinderlosigkeit nicht intendierte Wirkungen staatlichen Handelns feststellen, denn die Entwicklung der Reproduktionsmedizin hat einen paradoxen Effekt unterstützt: Sie hat durch die Mithilfe bei der Entwicklung der modernen Kontrazeptiva zunächst die Möglichkeit der zuverlässigen Verhinderung einer Schwangerschaft geboten, aber bei einem Teil der Frauen um den Preis, dass nunmehr wieder nur mit medizinischer Hilfe die inzwischen eingetretene Zeugungs- und Konzeptionsunfähigkeit aufgehoben werden kann. Mit großer persönlicher Belastung strebten die Befragten also nach einer Korrektur: Ihr Wunsch bezog sich auf die Gründung einer „Normalfamilie" mit eigenem leiblichen Kind. Selten wurde eine Adoption ins Auge gefasst. Zu ähnlichen Ergebnissen kam Hoffmann-Riem (1989) bereits vor fast zwanzig Jahren in ihrer Studie über Adoptiveltern. Auch hier war der Normalitätsaspekt handlungsleitend für den Entschluss der Paare zur Adoption (Hoffmann-Riem 1989: 26). Da die Reproduktionsmedizin in Deutschland zur Zeit dieser Studie jedoch erst im Aufbau war, stand für die von Hoffmann-Riem (1989) Befragten diese Alternative zur Erreichung einer „normalen Familie" noch nicht zur Verfügung.

Schlussfolgern lässt sich hieraus, dass durch das Angebot „Reproduktionsmedizin" möglicherweise auch die sinkende Bereitschaft ungewollt kinderloser Paare zur Adoption plausibel wird: Wenn das leibliche Kind zum Normalitätsmuster einer Ehe gehört, sich diese Leiblichkeit biologisch aber nicht einrichten lässt, dann wird auf andere Weise versucht, dem Normalitätsmuster zu entsprechen. Noch vor ca. 25 Jahren bestand die einzige Chance der ungewollt Kinderlosen auf ein Kind „zur Verwirklichung des Familienkonzeptes" (Hoffmann-Riem 1989: 35) in der Adoption. Die fortschreitende Entwicklung der Reproduktionsmedizin könnte heute eine Vorverlagerung der Kontrolle von Familienbildungsprozessen begünstigen, um eine gewisse „Normalität" in die Phase der Zeugung hinein zu erreichen. Damit könnte – aus Sicht der von Kinderlosigkeit Betroffenen – der „Natürlichkeit" des Kinderwunsches Vorschub geleistet und der „normalen Familie" am ehesten entsprochen werden.

5 Forschungserkenntnisse und Desiderate

Aus den Forschungsergebnissen lassen sich die folgenden Erkenntniszusammenhänge skizzieren: Trotz des gesamtgesellschaftlichen Wandels in Richtung Autonomie des Einzelnen und der immer stärker werdenden Individualisierung der Menschen halten sich traditionelle Familienvorstellungen und -bilder hartnäckig. In Westdeutschland handelte es sich um bürgerliche Ideale von der Familie mit nicht-erwerbstätiger Mutter und in Ostdeutschland und Osteuropa um sozialistische Ideale von der Familie mit erwerbstätiger Mutter, der vor allem bevölkerungs- und arbeitsmarktpolitische Überlegungen zugrunde lagen. Obwohl in Osteuropa immer noch die Erwerbstätigkeit der Mütter selbstverständlich und ökonomisch notwendig scheint, zeichnen sich m. E. – forciert durch die Arbeitsmarktpolitik – Tendenzen ab, die Mütter mit kleinen Kindern in die Familie zurückzudrängen. In Westdeutschland verhält es sich anders herum: Empirische Studien zeigen, dass Mütter – auch mit Kleinkindern – zwar erwerbstätig sein möchten, aber dieses nur sein können, wenn sie private Kinderbetreuungsmodelle wählen, da es zu wenige öffentliche Möglichkeiten gibt. Die meisten von ihnen sind außerdem der Ansicht, nur sie alleine könnten ihr Kind adäquat erziehen und diese Mutterrollenbilder erschweren ihnen dann wiederum zusätzlich die Aufnahme einer Erwerbstätigkeit.

Ausgelöst durch die Bildungsexpansion in den 1960er Jahren und der damit verbundenen Bildungsaspiration von Frauen stehen dem Arbeitsmarkt heute so viele qualifizierte Frauen zur Verfügung wie niemals zuvor. Die Arbeitsmarktstrukturen sind jedoch relativ starr geblieben und tragen den wachsenden Anforderungen, die diese veränderte Sozialstruktur der Arbeitnehmerschaft abverlangt, nur unzureichend Rechnung. Unflexible Arbeitszeiten, fehlende innerbetriebliche Kinderbetreuungseinrichtungen, Forderung nach nahezu unbeschränkter Mobilität des einzelnen Arbeitnehmers bzw. der Arbeitnehmerin u. v. m. führen dazu, dass sich immer mehr Frauen gegen eine Familiengründung entscheiden bzw. diese oftmals so lange hinauszögern, bis sie aufgrund der biologischen Schranken nicht mehr möglich wird. Lange Ausbildungszeiten und individuell zu lösende Karriereplanungen in Verbindung mit traditionellen Familienrollenvorstellungen scheinen offenbar ein sicherer Indikator für eine lebenslange Kinderlosigkeit zu sein.

Die Values-of-Children-Forschung hat im Kulturvergleich gezeigt, dass die Bedeutung, die Eltern Kindern beimessen abhängig ist von dem Nutzen, den sie vom Nachwuchs erwarten: Während der *sozial-normative* Wert von Kindern empirisch nicht mit der Anzahl von Kindern zusammenhängt, kann der *ökono-*

misch-utilitaristische Wert ebenso wie der *psychologisch-affektive* Wert in Verbindung mit der Kinderzahl gesehen werden. Es gilt als empirisch belegt, dass ökonomisch-utilitaristische Wertvorstellungen eher in agrarisch strukturierten Gesellschaften ohne bzw. mit einem geringen wohlfahrtsstaatlichen Niveau zu finden sind, während in Industrie- bzw. Dienstleistungsgesellschaften eher psychologisch-affektive Werte den Kindern beigemessen werden.

Die Entscheidung zur Familiengründung ist also abhängig vom Grad der Ausbildung sowie den Karriereoptionen der Frauen, den strukturellen Rahmenbedingungen für Familien, der Mutterrollenbilder der Frauen und ihrer Partner, dem individuellen Wert von Kindern bzw. dem Nutzen für Kinder.

„Many factors undoubtedly play a part in explaining the variations; studies that make it possible to pinpoint some of these in a conclusive way are few and far between. Analyses which merely relate, at an aggregate level, fertility rates and certain socio-economic or contextual variables come up against the problem of the ecological fallacy. The few studies that use multi-level analysis to take account both of individual characteristics and contextual variables do not provide conclusive results either. Individual characteristics seem much more important in terms of explanation than the characteristics of the place of residence. However, few data are currently available for such analyses" (Duchêne et al. 2004: 21).

Hieraus ergibt sich die folgende Kausalität:
- Immer mehr Frauen haben einen hohen Bildungsstatus und wollen einer qualifizierten Berufstätigkeit nachgehen (a).
- Weil in modernen Gesellschaften Kinder in erster Linie einen psychologisch-affektiven Wert für ihre Eltern haben und für diesen Nutzen die Anzahl der Kinder unerheblich ist, wird die Zahl der Geburten reduziert (b).
- Die Wünsche nach (a) Erwerbstätigkeit und (b) Mutterschaft lassen sich schwierig vereinbaren und erscheinen aus der individuellen Perspektive oftmals konträr.
- Die direkte Lösung ist entweder ein Verzicht auf (a) Erwerbstätigkeit oder (b) Familienbildung.
- Weil ein (wenn auch temporärer) Verzicht auf Erwerbstätigkeit meistens langfristige unüberschaubare berufliche Restriktionen bedeutet, wird die Familienbildung verzögert.
- Immer häufiger endet die fertile Phase der Frauen vor der beruflichen „Etablierung"; die Frau kann – wenn sie bereits Mutter ist – eventuell weitere Kinderwünsche nicht mehr einlösen oder bleibt lebenslang kinderlos.

Nicht berücksichtigt wurden bei diesen Interdependenzen die jeweiligen komplexen Zusammenhänge der wachsenden Kinderlosigkeit hinsichtlich makro- wie mikrostruktureller nationaler Bedingungen. So sind z. B. die organisatorisch-institutionelle Umgebung und die dahinter stehenden sozial- bzw. familienpolitischen Optionen auf nationaler und regionaler Ebene, die Religionskulturen oder Zentrum-Peripherie-Lagen unter der Makro-Perspektive bislang gar nicht erforscht. Im Hinblick auf die *mikrostrukturellen* Bedingungen gibt es keine Ansätze, die Einstellungsmuster der kinderlosen Männer und Frauen zur Familiengründung bzw. zur „Nicht-Familiengründung" zu erforschen. Es wäre z. B. dringend nötig, statistisch gesicherte Aussagen über den direkten Einfluss gesellschaftlicher Normen zum Familienbild und den antizipierten Schwierigkeiten mit einer eigenen Familie zu machen. Ich vermute, dass es hierbei geschlechtsspezifische Unterschiede gibt und darüber hinaus diese Unterschiede zusätzlich noch je nach Lebensalter der Befragten variieren. Auch ist zu vermuten, dass die eigene „Erfahrung mit Familie" in der Herkunftsfamilie ausschlaggebend ist für die individuelle Einstellung, keine eigene Familie zu haben. Im Zusammenhang mit den *makrostrukturellen* Auswirkungen auf die Kinderlosigkeit könnten die gesellschaftlichen Ursachen des nicht erfolgten Übergangs zur Elternschaft ermittelt werden, die sich als erstes sichtbares Merkmal in Veränderungen im Familienstand sowie der Haushalts- und Lebensformen ausdrücken. Ferner sind die verschiedenen Bildungs-, Erwerbs- und Partnerschaftsbiographien sowie ein Vergleich der Partnerschaftsbiographien von Männern und Frauen bezüglich der nicht erfolgenden bzw. nicht erfolgten Familienbildung noch nicht analysiert. Hier interessieren insbesondere die biographischen Übergänge.

Andererseits müssen flankierende sozialstrukturelle und bereits vielfach geforderte Maßnahmen zur besseren Vereinbarkeit von Familie und Beruf umgehend und in ausreichendem Maße umgesetzt werden, und zwar nicht nur zur Erleichterung der Vereinbarkeitsproblematik für Frauen sondern es sollte auch versucht werden, die Männer stärker mit einzubeziehen. Insbesondere beim letzten Punkt könnte man auf bereits entwickelte Programme, wie sie etwa bei den „Gender Mainstreaming" oder bei „Management-Diversity" Konzepten ausgearbeitet wurden, zurückgreifen (Pasero 2003; Pasero & Priddat 2004). Das Hauptziel wäre dann, die Familiengründung *nicht* als alleinige Frauensache zu behandeln sondern als gesellschaftliche Aufgabe.

6 Einflüsse politischer Interventionen

In Deutschland lässt sich nicht erkennen, dass politische Interventionen dazu geführt haben, die Kinderlosigkeit sinken zu lassen. Da einige europäische Nachbarstaaten eine andere Familien- und Sozialpolitik verfolgen und die Geburtenrate nicht im selben Ausmaß wie in Deutschland sinkt, liegt die Vermutung nahe, dass organisatorische Rahmenbedingungen ein wichtiger Indikator für die Entscheidung zur Familiengründung/-erweiterung bzw. den Verzicht darauf sind. So haben z. B. sowohl die französische als auch die schwedische Regierung in der Vergangenheit eine starke pro-natalistische Familienpolitik betrieben und vor allem durch die Verbesserungen der strukturellen Rahmenbedingungen für Familien, Frauen und auch Männer, die Entscheidung zur Elternschaft erleichtert. Die flächendeckende Einrichtung von Kinderbetreuungseinrichtungen und Ganztagsschulen, Hilfen bei der Wohnungssuche, steuerliche Vergünstigungen, verpflichtende nicht auf den Partner übertragbare Elternzeiten auch für Väter bei hohem finanziellen Ausgleich u. a. m. seien hier nur beispielhaft genannt (vgl. Gerhard, Knijn & Weckwert 2003).

Aber auch die Erziehungsvorstellungen sind von Land zu Land unterschiedlich und spielen offenbar für die Entscheidung zur Familiengründung eine große Rolle: In einigen Staaten, wie z. B. in Spanien oder Ungarn, wird die Kindererziehung nicht als alleinige Aufgabe der Mutter gesehen. Statt der staatlichen Verantwortung für die frühkindliche Betreuung greift hier das familiale Netzwerk von Tanten, Großmüttern oder Cousinen in die Erziehungsverantwortung ein – eine Struktur, wie sie sich in dem bis weit in die 1970er Jahre hinein andauernden Agrarstaat Spanien bewährt hatte. Jetzt, in der Transformation zur Industrie- und Dienstleistungsgesellschaft müssen diese Familien auch erkennen, dass die alten Strukturen nicht mehr greifen (können): Auch hier sinken zwar die Geburtenzahlen und die Kinderlosigkeit steigt, der Staat hält sich bislang aber noch fern von politischen Regelungen, die eine Geburtensteigerung bewirken könnten (vgl. hierzu Onnen-Isemann 2003: 74ff.).

In diesem letzen Punkt liefert die VOC-Forschung wieder Erklärungsansätze. Nach diesem Ansatz werden in Industrienationen aufgrund des psychologisch-affektiven Nutzens wenige Kinder geboren und wenn nutzenorientierte Erwartungen wie in Agrarländern befriedigt werden sollen, werden viele Kinder angestrebt. Für *Frankreich* und *Schweden* bedeutet das z. B.: In diesen Industrieländern würden theoretisch (ohne die erfolgten politischen Interventionen) wenige Kinder geboren werden, da die staatliche Politik aber seit Jahrzehnten eingreift, verzichten nicht so viele Paare wie in anderen Ländern auf Kinder und mehr können eine gewünschte Kinderzahl realisieren. Für *Deutschland* bedeutet das z. B.: In diesem Industrieland – genau wie in Frankreich – sinken die Geburtenzahlen und die Kinderlosigkeit steigt; hier spielten nachhaltige politische Strukturmaßnahmen eine zweitrangige Rolle. Wenn sich diese Haltung nicht ändert, wird die Bevölkerungsentwicklung auch in Zukunft negativ bleiben. *Spanien* befindet sich – obwohl deutlich länger – genauso wie Ungarn im Transformationsprozess vom Agrarstaat zur Industrie- und Dienstleistungsgesellschaft. Solange die Familiennetzwerke die Erziehung und Betreuung (noch) als Gemeinschaftsaufgabe sehen können, werden die Geburtenzahlen noch nicht so rasant sinken bzw. werden einigermaßen konstant gehalten wie in den moderneren Staaten.

7 Fazit und Trends

Auslöser und Ursachen für die Fertilitätsentwicklung sind schwierig auszumachen. Die Modernisierung eines Landes und die damit zusammenhängende funktionale Differenzierung der Aufgaben der Gesellschaftsmitglieder hat jedoch Einfluss auf ihre individuellen Entscheidungen hinsichtlich der Familienbildung und muss somit auch als ein Grund für den Geburtenrückgang und die steigende Kinderlosigkeit gesehen werden. Obwohl es noch einen großen europaweiten Forschungsbedarf hinsichtlich der verschiedenen gültigen Normen und individuellen Handlungsoptionen gibt, zeigen die sozialstrukturellen Erkenntnisse Trends auf, die im Folgenden abschließend pointiert werden sollen.

Trend 1: Die Kluft zwischen qualifizierten und berufsorientierten Frauen mit Karriereambitionen auf der einen Seite und der niedrig qualifizierten Frauen ohne Karriereambitionen aber mit Familienorientierung vergrößert sich.

Trend 2: Aufgrund der immer enger werdenden Stellenaussichten auf dem Arbeitsmarkt und der weiter steigenden Bildungs- und Karriereaspiration von Frauen werden noch mehr Frauen als bisher auf eine Familiengründung verzichten. Darüber hinaus werden die Anforderungen an eine berufliche Mobilität steigen. Wenn die Mobilitätserfordernisse auf dem Arbeitsmarkt für Frauen nicht organisierbar sind, werden sie entweder auf Kinder *oder* auf eine berufliche Karriere verzichten. Eine Vereinbarkeit von Karriere und Familie wird deshalb für Frauen immer schwieriger. Wenn mit familien-, frauen- und arbeitsmarktpolitischen Aktionen nicht erfolgreich interveniert wird, bedeutet es für Paare eine Verschärfung der ohnehin schon bestehenden Vereinbarkeitsproblematik von Familie und Beruf. Die Entscheidung Beruf *oder* Familie wird sich noch stärker als bisher stellen. Dieser Belastung werden viele Partnerschaften nicht standhalten können und deshalb die Ehescheidungen zunehmen. Dieses hätte wiederum einen steigenden Anteil alleinerziehender Frauen und wachsender Kinderarmut zur Folge (vgl. z. B. Lauterbach 2003). Abhilfe könnten hier zunächst Maßnahmen schaffen, die eine zeitgleiche berufliche Orientierung von beiden Partnern ermöglichen. Wenn nicht erfolgreich versucht wird, die traditionellen Familienkonzepte zu modernisieren, wird eine Vereinbarkeit von Familie und Beruf nicht erreicht. Je stärker solche Konzepte auch für Männer entwickelt werden, desto erfolgreicher wird eine Familiengründung umgesetzt werden können.

Trend 3: Aufgrund sinkender Pro-Kopf-Einkommen wird ein Zweiteinkommen in einer Familie immer notwendiger und damit eine Erwerbstätigkeit der Mütter in Zukunft immer wahrscheinlicher. Bei starr bleibenden Rollenvorstellungen innerhalb der Familien wird sich die durchschnittliche realisierte Kinderzahl gegen 1 entwickeln.

Trend 4: Die Bevölkerung schrumpft immer weiter mit noch stärkeren Auswirkungen auf die Rentenzahlungen, die zu erbringenden Pflegeleistungen oder das Gesundheitssystem als Ganzes.

Bislang scheint es, als könnten die Familiensysteme die gesellschaftlich geforderten Leistungen in Bezug auf die Anforderungen an die Kindererziehung und die eigene Erwerbstätigkeit nicht mehr erbringen. Angesichts dieser Perspektiven werden zukünftige Generationen daher noch stärker als bisher auf die Familiengründung verzichten.

Literatur

Baiter, Hans-Joachim (1985): Fruchtbarkeit, generatives Handeln: Ein Erklärungsansatz des generativen Handelns in hochmodernen Gesellschaften. Augsburg: Dissertation, Universität Augsburg.
Beck-Gernsheim, Elisabeth (1983): Vom „Dasein für andere" zum Anspruch auf ein Stück „eigenes Leben": Individualisierungsprozesse im weiblichen Lebenszusammenhang. In: Soziale Welt 34: 381-406.
Bertram, Hans & Dannenbeck, Clemens (1991): Familien in städtischen und ländlichen Regionen. In: Bertram, Hans (Hrsg.): Die Familie in Westdeutschland - Stabilität und Wandel familialer Lebensformen. DJI Familien-Survey 1. Opladen: Leske + Budrich: 79-110.
Carl, Christine (2002): Gewollt kinderlose Frauen und Männer - Psychologische Einflussfaktoren und Verlaufstypologien des generativen Verhaltens. Frankfurt/M.: VAS.
Delgado, Margarita & Castro Martin, Teresa (1999): Fertility and Family Surveys in Countries of the ECE Region. Standard Country Report: Spain (Vol. 10i). New York, Geneva.

Dorbritz, Jürgen & Schwarz, Karl (1996): Kinderlosigkeit in Deutschland - ein Massenphänomen? Analysen zu Erscheinungsformen und Ursachen. In: Zeitschrift für Bevölkerungswissenschaft 21: 231-261.
Duchêne, J./Gabadinho, Alexis/Willems, M. & Wanner, Philippe (2004): Study of Low Fertility in the Regions of the European Union: Places, Periods and Causes. EuroStat Working Papers and Studies: Population and Social Conditions 3/2004/F/n 4, Luxembourg: Office for Official Publications of the European Communities. Gabdinho, Alexis und Wanner, Philippe
Eurostat Jahrbuch (2004). Luxemburg: Amt für Veröffentlichungen der Europäischen Gemeinschaften.
Gerhard, Ute/Knijn, Trudie & Weckwert, Anja (Hrsg.) (2003): Erwerbstätige Mütter. Ein europäischer Vergleich. München: Beck.
Gloger-Tippelt, Gabriele/Gomille, Beate & Grimmig, Ruth (1993): Der Kinderwunsch aus psychologischer Sicht. Opladen: Leske + Budrich.
Gysi, Jutta (1989): Familienleben in der DDR - Zum Alltag von Familien mit Kindern. Berlin: Akademie Verlag.
Hoffmann-Riem, Christa (1989): Das adoptierte Kind: Familienleben mit doppelter Elternschaft. 3. Aufl. München: Fink.
Honig, Michael Sebastian (1993): Sozialgeschichte der Kindheit im 20. Jahrhundert. In Markefka, Manfred & Nauck, Bernhard (Hrsg.): Handbuch der Kindheitsforschung. Neuwied: Luchterhand: 207-218.
Höpflinger, Francois (1991): Neue Kinderlosigkeit - Demographische Trends und gesellschaftliche Spekulationen. In: Buttler, Günter/Hoffmann-Nowotny, Hans-Joachim & Schmitt-Rink, Gerhard (Hrsg.): Acta Demographica. Heidelberg: Physica-Verlag: 81-100.
Huinink, Johannes (2002): Polarisierung der Familienentwicklung in europäischen Ländern im Vergleich. In: Zeitschrift für Familienforschung, Sonderheft 2: 49-74.
Huinink, Johannes. (1990). Familie und Geburtenentwicklung. In: Mayer, Karl-Ulrich (Hrsg.): Lebensverläufe und sozialer Wandel. Kölner Zeitschrift für Soziologie und Sozialpsychologie, Sonderheft 31: 239-271.
Huinink, Johannes. (1993). Warum noch Familie? Zur Attraktivität von Partnerschaft und Elternschaft in unserer Gesellschaft. Frankfurt/M., New York: Campus.
Hullen, Gert (1998): Lebensverläufe in West- und Ostdeutschland. Längsschnittanalysen des deutschen Family and Fertility Surveys. Schriftenreihe des Bundesinstituts für Bevölkerungsforschung. Opladen: Leske + Budrich.
Inglehart, Ronald (1977): The Silent Revolution - Changing Values and Political Styles Among Western Publics. Princeton: University Press.
Jarka, Marianne (1995): Zur Bedeutung des Körpererlebens für den weiblichen Kindeswunsch, Schwangerschaft, Geburt und die Zeit nach der Entbindung. In: Brähler, Elmar (Hrsg.): Körpererleben: Ein subjektiver Ausdruck von Körper und Seele. Beiträge zur psychosomatischen Medizin. 2. Auflage. Gießen: Psychosozial-Verlag: 161-180.
Kaufmann, Franz Xaver (1990): Ursachen des Geburtenrückgangs in der Bundesrepublik Deutschland und Möglichkeiten staatlicher Gegenmaßnahmen. In: Zeitschrift für Bevölkerungswissenschaft 16: 383-396.
Kaufmann, Franz Xaver (1995): Zukunft der Familie im vereinten Deutschland. Gesellschaftliche und politische Bedingungen. München: Beck.
Klages, Helmut (1984): Wertorientierungen im Wandel - Rückblick, Gegenwartsanalyse, Prognose. Frankfurt/M.: Campus.
Klomann, Annette & Nyssen, Friedhelm (1994): Der Kinderwunsch. Gegenwart und Geschichte. Frankfurt/M.: Peter Lang.
Kotowska, Irena E. (2002): Zmiany Modelu Rodziny. Polska - Kraje Europejskie. In: Polityka Spoleczna 29: 6-7.

Lauterbach, Wolfgang (2003): Armut in Deutschland und mögliche Folgen für Familien und Kinder. Oldenburger Universitätsreden 143. Oldenburg: BIS Verlag.
Marry, C./Kieffer, A./Brauns, H. & Steinmann, S. (1998): France - Allemagne: Inégales avancées des femmes. Evolutions comparées de l'éducation et de l'activité des femmes des 1971 à 1991. Mannheimer Zentrum für europäische Sozialforschung, Arbeitsbereich I/Arbeitspapier 26. Mannheim.
Meil Landwerlin, Gerardo (undated): Family Policy and Fertility Trends in Spain. Manuskript.
Nauck, Bernhard (1989): Individualistische Erklärungsansätze in der Familienforschung: Die rational-choice-Basis von Familienökonomie, Ressourcen- und Austauschtheorien. In: Nave-Herz, Rosemarie & Markefka, Manfred (Hrsg.): Handbuch der Familien- und Jugendforschung. Band 1: Familienforschung. Neuwied: Luchterhand: 45-62.
Nauck, Bernhard (1993): Frauen und ihre Kinder: Regionale und soziale Differenzierungen in Einstellungen zu Kindern, im generativen Verhalten und in den Kindschaftsverhältnissen. In: Nauck, Bernhard (Hrsg.): Lebensgestaltung von Frauen. Eine Regionalanalyse zur Integration von Familien- und Erwerbstätigkeit im Lebensverlauf. Weinheim, München: Juventa: 45-86.
Nauck, Bernhard (1995): Regionale Milieus von Familien in Deutschland nach der politischen Vereinigung. In: Nauck, Bernhard & Onnen-Isemann, Corinna (Hrsg.): Familie im Brennpunkt von Wissenschaft und Forschung. Neuwied: Luchterhand: 91-121.
Nave-Herz, Rosemarie & Nauck, Bernhard (1988): Erosionstendenzen der modernen Familie? Generationenvertrag, generatives Verhalten und Familienpolitik. In: Fink, Ulf (Hrsg.): Der neue Generationenvertrag. München u.a.: Piper: 81-98.
Nave-Herz, Rosemarie/Onnen-Isemann, Corinna & Oßwald, Ursula (1996): Die hochtechnisierte Reproduktionsmedizin - Strukturelle Ursachen ihrer Ver-breitung und Anwendungsinteressen der beteiligten Akteure. Bielefeld: Kleine.
Ogburn, William (1969): Kultur und sozialer Wandel. Neuwied: Luchterhand.
Onnen-Isemann, Corinna (2000): Wenn der Familienbildungsprozess stockt... Heidelberg: Springer.
Onnen-Isemann, Corinna (2003): Aspekte der Familienbildung in Frankreich, Spanien und Deutschland. In: Feldhaus, Michael/Logemann, Niels & Schlegel, Monika (Hrsg.): Blickrichtung Familie - Vielfalt eines Forschungsgegenstandes. Würzburg: Ergon: 67 - 81.
Pasero, Ursula (Hrsg.) (2003): Gender - from Costs to Benefits. Wiesbaden: Westdeutscher Verlag.
Pasero, Ursula & Birger, Priddat P. (Hrsg.) (2004): Organisationen und Netzwerke: Der Fall Gender. Wiesbaden: Verlag für Sozialwissenschaften.
Sauer, Manuela (2004): Arbeitswelten und Geschlechterdifferenz. Anreize zur sozialen Dekonstruktion in politischen Zukunftskonzepten. München: Herbert Utz.
Schneewind, Klaus A./Vaskovics, Lazlo A./Backmund, Veronika/Gotzler, Petra/Rost, Harald/Salih, Amina/Sierwald, Wolfgang & Vierzigmann, Gabriele (1992): Optionen der Lebensgestaltung junger Ehen und Kinderwunsch. Stuttgart, Berlin, Köln: Kohlhammer.
Schneider, Norbert F. (1994): Familie und private Lebensführung in West- und Ostdeutschland. Eine vergleichende Analyse des Familienlebens 1970-1992. Stuttgart: Enke.
Schulze Buschoff, Inge & Rückert, Jana (1998): Teilzeitbeschäftigte in Europa. Arbeitsbedingungen, Familienkontext, Motive und subjektive Bewertungen. Berlin: WZB.
Schütze, Yvonne (2002): Zur Veränderung im Eltern-Kind-Verhältnis seit der Nachkriegszeit. In: Nave-Herz, Rosemarie (Hrsg.): Wandel und Kontinuität der Familie in der Bundesrepublik Deutschland. Stuttgart: Lucius und Lucius: 71-98.
Stauber, Manfred (1993): Psychosomatik der ungewollten Kinderlosigkeit. 3. Auflage. Berlin: Berliner Medizinische Verlagsanstalt.
Strohmeier, Klaus Peter (1995): Familienpolitik und familiale Lebensformen - Ein handlungstheoretischer Bezugsrahmen. In: Nauck, Bernhard & Onnen-Isemann, Corinna (Hrsg.): Familie im Brennpunkt von Wissenschaft und Forschung. Neuwied: Luchterhand: 17-36.

Trommsdorff, Gisela (1993): Kindheit im Kulturvergleich. In: Markefka, Manfred & Nauck, Bernhard (Hrsg.): Handbuch der Kindheitsforschung. Neuwied: Luchterhand: 45-65.

Villeneuve-Gokalp, Catherine (1996): La démographie aux prises avec les nouveaux comportements familiaux. In: Le Gall, Didier & Martin, Claude (Hrsg.): Familles et politiques sociales. Dix questions sur le lien familial contemporain. Paris: Éditions L'Harmattan: 31-69.

Wirth, Heike & Dümmler, Kerstin (2004): Zunehmende Tendenz zu späteren Geburten und Kinderlosigkeit bei Akademikerinnen. In: Informationsdienst Soziale Indikatoren (ISI) 32: 1-6.

Bildungsbezogene Unterschiede des Kinderwunsches und des generativen Verhaltens. Eine kritische Analyse der Opportunitätskostenhypothese

Thomas Klein & Jan Eckhard

1 Einleitung

Zu den offensichtlichsten Widersprüchen der demographischen Entwicklung gehört die Beobachtung, dass die Kinderlosigkeit über die Generationen hinweg stetig zugenommen hat, während aber der Wunsch, eine eigene Familie zu gründen, nahezu unverändert geblieben ist. So gehören beispielsweise noch die 1940 geborenen Frauen mit einem Kinderlosenanteil von 10 bis 12% zu den Frauenjahrgängen mit der geringsten dauerhaften Kinderlosigkeit in der Nachkriegsgeschichte (Dinkel & Milenovic 1992: 61; Birg, Filip & Flöthmann 1990: 28; Bundesinstitut für Bevölkerungsforschung 2000: 14). Schon bis zu den Geburtsjahrgängen 1958 bis 1960 ist die dauerhafte Kinderlosigkeit bereits auf 22 bis 23% angestiegen (Birg, Filip & Flöthmann 1990: 28; Bundesinstitut für Bevölkerungsforschung 2000: 14), und in den jüngeren Kohorten[1] wird sie wohl noch wesentlich häufiger auftreten. Von einer gleichgerichteten Entwicklung ist – trotz schlechter Datenlage – auch bei Männern auszugehen (Dinkel & Milenovic 1992). Parallel dazu ist jedoch der Wunsch nach Familie auch unter Jugendlichen nicht seltener geworden (vgl. Deutsche Shell 2002: 58; Nave-Herz 2004: 71), und der Familie wird mit steigender Tendenz eine hohe Bedeutung für das eigene Wohlergehen zugesprochen (z. B. Weick 1999).

Ein zentraler Faktor bei der Aufklärung dieses Widerspruchs zwischen Kinderwunsch und tatsächlichem Verhalten ist das gestiegene Bildungsniveau besonders der Frauen und die damit verbundene Erwerbsorientierung. Die Bedeutung der Frauenerwerbsbeteiligung für die Fertilität wurde insbesondere im Rahmen der familienökonomischen Theorie ausführlich analysiert (Becker 1981; 1986; Oppenheimer 1994): Geben Frauen bei einer Familiengründung die Erwerbstätigkeit auf, so entstehen Opportunitätskosten in Form des ausfallenden

---

[1] Bei den jüngeren Kohorten lässt sich über die dauerhafte Kinderlosigkeit noch keine exakte Aussage treffen.

Arbeitseinkommens. Der Umstand, dass zumeinst die Frau eine Erwerbstätigkeit aufgibt während der Mann weiter erwerbstätig bleibt, ist nicht notwendig nur ein Ausdruck überkommener Rollenorientierung, sondern lässt sich auch als innerfamiliäres Verhandlungsergebnis interpretieren, nach dem der Partner mit dem niedrigeren Verdienst und demzufolge den geringeren Opportunitätskosten die Kindererziehung vorrangig übernimmt (Ott 1989; 1992; vgl. auch Kohlmann & Kopp 1997). Voraussetzung für die Entstehung von Opportunitätskosten ist die Unvereinbarkeit von Familie und Beruf. Auch die aktuelle politische Diskussion um Betreuungsangebote und Vereinbarkeit ist – neben den damit verbundenen emanzipatorischen Zielsetzungen – vor dem Hintergrund der Opportunitätskosten zu sehen. Die Höhe der Opportunitätskosten hängt vom (potenziellen) Arbeitseinkommen ab (vgl. erstmals Mincer 1963). Auf der Basis dessen, dass sich das Bildungsniveau auf Einkommen und Beschäftigungschancen auswirkt, postuliert die familienökonomische Theorie eine negative Korrelation zwischen dem Bildungsniveau der Frau und der Fertilität, weil hohe Opportunitätskosten eher vermieden werden (Opportunitätskostenhypothese). Ein hohes Bildungs- und Einkommensniveau des Mannes erleichtert hingegen den Verzicht auf das zweite Einkommen und lässt deshalb eine hohe Fertilität erwarten (Einkommenshypothese).

Die vor allem in den vergangenen zwei Jahrzehnten stark zugenommene Anzahl empirischer Untersuchungen zum Geburtenrückgang untergliedert sich in zwei Forschungsrichtungen. Einerseits konzentrieren sich viele soziodemographisch ausgerichtete Studien auf das tatsächliche generative Verhalten und versuchen dieses mit dem Bildungsniveau, dem Erwerbsverhalten und anderen sozio-ökonomischen „hard facts" zu erklären. Verändertes generatives Verhalten erscheint in dieser Perspektive in erster Linie als Anpassung an sich wandelnde äußere Rahmenbedingungen, vor allem an veränderte Bildungschancen und Arbeitsmarktbedingungen, die in erster Linie für Frauen auf eine Erhöhung der Opportunitätskosten hinauslaufen. Die diesbezüglichen empirischen Untersuchungen zeigen einen starken Bildungseinfluss vor allem auf die Familiengründung (z. B. Blossfeld, Huinink & Rohwer 1993; Blossfeld & Jaenichen 1990; Brüderl & Klein 1991; 1993; Klein 1989; 1993), während weitere Kinder kaum zusätzliche Opportunitätskosten verursachen, und besser gebildete Frauen mit bereits einem Kind zudem eher eine Selektion mit ausgeprägtem Kinderwunsch darstellen.

Andererseits wird der Geburtenrückgang vielfach mit veränderten Wertorientierungen, Leitbildern und Motivstrukturen in Verbindung gebracht, die nicht zuletzt auch mit dem Bildungsniveau in Zusammenhang stehen. Zur empirischen Untermauerung konzentrieren sich die entsprechenden Studien eher auf „weiche" Daten, d. h. auf Einstellungen zu Familie und Elternschaft. So versucht beispielsweise die These von einem gewandelten Selbstbild der Frauen (Trotha 1990; Bertram & Borrmann-Müller 1988; Beck-Gernsheim 1983) eine abnehmende Bedeutung traditioneller familienbezogener Verhaltensleitbilder aufzuzeigen. Oder es wird dokumentiert, dass Elternschaft mit immer größeren Ansprüchen an die Versorgungsleistungen für die Kinder verbunden ist (Meyer 2002; Nave-Herz 1989). Der Zusammenhang mit den Bildungsunterschieden im generativen Verhalten wird innerhalb dieser Forschungsrichtung unter anderem per Rekurs auf „Milieudifferenzierungen" (Burkart & Kohli 1989) oder mit einer stärkeren Tendenz der höheren Bildungsgruppen zu den sogenannten postmaterialistischen Werten (Bertram 1992: 232) hergestellt.

Beide Forschungstraditionen sind mit spezifischen Problemen verbunden: In der Forschungstradition, welche Wertewandel, Werteverlust oder Wertepluralisierung als Ursache des aktuellen Geburtenrückganges thematisiert, werden zwar mögliche generative Motive beschrieben, aber eine Verknüpfung von Einstellungsdaten mit dem faktischen Geburtenverhalten erfolgt, wenn überhaupt, ausschließlich auf der Aggregatebene. So wird zwar aufgezeigt, dass sich zeitgleich mit dem Geburtenrückgang Einstellungen und Wertorientierungen verändert haben (vgl. z. B. Bertram 1992: 232) oder dass sich die Verbindlichkeit familienbezogener Biographiemuster reduziert hat (Tyrell 1988). Inwiefern jedoch die subjektiven Orientierungen und Überzeugungen für das Individuum in einem Bedeutungszusammenhang mit dem Geburtenverhalten und mit der individuellen Entscheidung zur Elternschaft in einer kausalen Beziehung stehen, wurde bisher kaum jemals hinterfragt oder gar überprüft.

Im Rahmen der soziodemographischen Fertilitätsforschung hingegen verzichtet man oft völlig auf die Dokumentation von Motiven des Geburtenverhaltens durch Einstellungsdaten und schlussfolgert diese Motive stattdessen aus dem beobachteten generativen Verhalten von Personen mit unterschiedlichen Kontextbedingungen oder unterschiedlichen sozio-ökonomischen Merkmalen, insbesondere unterschiedlichem Bildungsniveau. So wird beispielsweise die hohe Kinderlosenquote von Frauen mit hohem Schulabschluss unter Bezug auf Arbeitsmarktchancen als Opportunitätskostenfaktor interpretiert, ohne dass die unterstellten Opportunitätskostenüberlegungen jemals empirisch festgestellt worden wären.

Für Erklärungen, die sowohl von zielgerichteten Handlungen als auch von variablen Handlungszielen ausgehen, ist jedoch eine autonome Beobachtung der unterstellten Handlungsziele und Motive (oder zumindest zusätzliche Evidenz) schon aus Gründen der Erklärungslogik unabdingbar (vgl. beispielsweise Opp 1999). Hingegen kommt es einem Zirkelschluss gleich, Annahmen über Motive allein aus dem beobachteten Verhalten abzuleiten, um dann das beobachtete Verhalten mit eben diesen Annahmen zu erklären. Trotz der Probleme, die gemeinhin mit der Messbarkeit von Motiven verbunden sind, darf daher der empirische Test einer von zielorientiertem Handeln ausgehenden Erklärung wie der des Geburtenverhaltens also nicht auf die Dokumentation der in Handlungssituationen hineininterpretierten Motivlagen verzichten. Notwendig ist die Erfassung sowohl der „hard facts" als auch der Motive.

Dieser Anforderung entsprechend wird in der vorliegenden Studie erstmals das vielfach nur unter Bezug auf objektive Faktoren untersuchte familienökonomische Handlungsmodell des generativen Verhaltens auch unter Einbeziehung von Daten über die subjektiven Einstellungen, Orientierungen und Motive analysiert. Nach einigen datentechnischen und methodischen Vorbemerkungen (Punkt 2) behandelt der Beitrag zunächst, inwieweit überhaupt die Motive entlang familienökonomischer Hypothesen strukturiert sind (Punkt 3). In Punkt 4 folgt schließlich eine Überprüfung der Frage, ob sich die mit objektiven Faktoren – insbesondere die mit dem Bildungsniveau – assoziierten Beweggründe auf der subjektiven Seite überhaupt wiederfinden und ggf. für das generative Verhalten relevant werden. Nehmen besser gebildete Frauen tatsächlich höhere Opportunitätskosten wahr? Und sind opportunitätskostenbezogene Motive und Einstellungen wirklich für das generative Verhalten bedeutsam? Da das Opportunitätskostenargument bei der Geburt zweiter und weiterer Kinder nur noch untergeordnete Bedeutung hat und ein dem Opportunitätskostenargument entsprechender Bildungseinfluss nur auf die Geburt des ersten Kinds vielfach nachgewiesen wurde, konzentriert sich der vorliegende Beitrag im Folgenden auf die Familiengründung. Punkt 5 beleuchtet schließlich den Beitrag anderer Motive des generativen Verhaltens zu den Bildungsdifferenzen der Familiengründungsbereitschaft.

2 Daten und Methode

Die notwendigen Paneldaten beruhen auf verschiedenen Erhebungen im Rahmen des Familiensurvey des Bundesministeriums für Familie, Senioren, Frauen und Jugend (vgl. Bien & Marbach 2003; Brislinger 2003). Ausgangsdatengrundlage der Auswertungen ist der Familiensurvey von 1988 (1. Welle), sowie die hierauf aufsetzenden Wiederholungsbefragungen, die im Rahmen der Familiensurvey-Erhebungen von 1994 (2. Welle) und 2000 (3. Welle) durchgeführt wurden. Beim Familiensurvey 1988 handelt es sich um eine für die Wohnbevölkerung der damaligen Bundesrepublik Deutschland repräsentative Erhebung der 18-55jährigen mit 10.043 realisierten Interviews, darunter 5.489 Frauen.[2] Der Panelteil des Familiensurvey umfasst insgesamt 4.997 Personen, darunter 2.788 Frauen, die im Rahmen der 2. Welle ein zweites Mal befragt wurden, wovon 2.002 (darunter 1144 Frauen) im Rahmen der 3. Welle auch ein drittes Mal erfasst sind.[3]

Im Zentrum der im Folgenden dargestellten Auswertungen steht jeweils ein Set von Variablen aus dem Familiensurvey 1988[4], welche die Zustimmung der Befragten zu einer Reihe von Aussagen über verschiedene positive oder negative Aspekte von Kindern und Elternschaft dokumentieren, und welche im Folgenden als mögliche Beweg- oder Hinderungsgründe der Entscheidung zur Elternschaft interpretiert werden. Der genaue Wortlaut dieser Items ist in Tabelle 1[5] wiedergegeben. Die Zustimmung zu den Aussagen ist mittels einer vierstufigen Skala erfasst, die in Werte von 0 bis 3 übersetzt wurde. Die Strukturierung der Beweggründe des Geburtenverhaltens (Punkt 3) wurde anhand einer Faktorenanalyse (Hauptkomponentenmethode mit Varimaxrotation) auf Grundlage des Gesamtdatensatzes von 1988 analysiert. Die Auswertungen zur bildungsspezifischen Wahrnehmung und Verhaltensrelevanz dieser Beweggründe (Punkte 4 und 5) beziehen sich nur auf Frauen.

Datengrundlage der Erklärung unterschiedlicher Beweg- und Hinderungsgründe des generativen Verhaltens mittels regressionsanalytischer Berechnungen ist der Datensatz von 1988. Neben dem Einfluss des formalen Bildungsniveaus wurden dabei das Alter, sowie die Existenz einer bestehenden Paarbezie-

---

[2] Hinzu kommen 225 Zusatzinterviews mit Jugendlichen im Alter von 16 und 17 Jahren, welche jedoch in den Analysen des vorliegenden Beitrags (und in allen hier wiedergegebenen Fallzahlen) nicht berücksichtigt sind.

[3] Die Wiederholungsbefragungen beziehen sich auf den Westen der Bundesrepublik, inklusive West-Berlin.

[4] Die Verwendung dieser nun schon relativ alten Erhebung begründet sich dadurch, dass keine vergleichbaren aktuelleren Daten vorliegen. In der aktuelleren, 2000 durchgeführten Erhebung des Familiensurvey kam das hier verwendete Variablenset nur teilweise (4 von ursprünglich 12 Items) zur Anwendung. Auf eine Verwendung der zeitnäheren Erhebung von 1994 wurde aufgrund der besseren Repräsentativität der 1988er Erhebung verzichtet. Die Familiensurvey-Erhebung von 1994 ist zu 45,5% eine Wiederholungsbefragung. Gegenüber einer reinen Zufallsstichprobe ist daher mit vergleichsweise großen Verzerrungen zu rechnen.

[5] Die Tabellen befinden sich am Ende dieses Beitrags.

hung[6] kontrolliert. Tabelle 1 informiert über die Verteilung der abhängigen und unabhängigen Variablen in der Stichprobe des Familiensurvey von 1988.

Die ereignisanalytischen Berechnungen zur Ermittlung der Verhaltensrelevanz verschiedener Motive des generativen Verhaltens beruhen auf dem Paneldatensatz des Familiensurvey, womit die 1988 erhobenen Motive mit dem Geburtenverhalten der Folgejahre in Beziehung gesetzt wurden. Wichtig dabei ist, dass die Erhebung der Motive und Einstellungen zum Beginn des Beobachtungszeitraumes, also vor dem beobachteten Geburtenverhalten, stattfand. Nur so ist auszuschließen, dass die subjektive Seite nicht Folge des beobachteten Geburtenverhaltens ist, sondern für diesen unter Umständen verantwortlich gemacht werden können. Das Verfahren der Ereignisanalyse (Blossfeld, Hamerle & Mayer 1986; Diekmann & Mitter 1984) bietet hierbei die Möglichkeit, auch die Unterschiedlichkeit der verfügbaren Beobachtungsdauer (für die 2fach Befragten 6 Jahre, für die 3fach Befragten 12 Jahre) angemessen zu behandeln.

Die ereignisanalytischen Modelle beziehen sich hier nur auf den Übergang zu einem ersten Kind (und lediglich im Kontext der Tabelle 4 auch auf Geburten zweiter Kinder), wobei das Jahr 1989 als Ausgangspunkt des Beobachtungszeitraums festgelegt wurde. Anwendung findet im Folgenden ein Modell, bei dem unter Verwendung der Methode des Episodensplittings (Blossfeld, Hamerle & Mayer 1986) von einjährigen Zeitintervallen und von einer Abhängigkeit der Geburtenrate nicht nur vom Alter in Jahren a, sondern auch von einem Altersterm $\ln a$ ausgegangen wird, wodurch der für die Geburtenneigung typische erst ansteigende und schließlich wieder abfallende Verlauf über das Lebensalter modelliert wird.[7] Mit Eintritt des 46. Lebensjahres wurde der Beobachtungszeitraum als zensiert angesehen.

Alle personenbezogenen Merkmale (Bildung, „in Ausbildung", Existenz einer Paarbeziehung) wurden als zeitabhängige Variablen in die Modelle aufgenommen. Die Informationen über biographische Veränderungen im Zeitraum

---

[6] Als Partnerschaft beziehungsweise Paarbeziehung sind im Familiensurvey neben der Ehe alle Beziehungen erfasst, welche die/der Befragte selbst als Partnerschaft einstuft und welche aktuell bestehen. Ein gemeinsamer Haushalt ist kein Definitionskriterium. Bei zurückliegenden Paarbeziehungen muss zusätzlich die Bedingung erfüllt sein, dass die Beziehung mindestens ein Jahr lang gedauert hat oder die Partner verheiratet waren. In der 1. und 2. Welle des Familiensurvey umfassen die Partnerschaftsbiographien maximal 4 Paarbeziehungen.

[7] Eine entsprechende Modellierung nicht-monotoner Zeitabhängigkeit entspricht einer Erweiterung des sogenannten Sichel-Modells von Diekmann und Mitter (1983)und hat sich bei verschiedenen Analysen bewährt (Klein 2003; 1999; Klein & Stauder 1999; Klein & Eckhard 2004).

zwischen 1988 und 1994 beziehungsweise 2000 wie auch über die Geburten beruhen auf der jeweils aktuellsten verfügbaren Panelwelle (für 2fach Befragte ist dies die 2. Welle von 1994 und für 3fach Befragte die 3. Welle von 2000).[8] Auch die Variablen der Motivwahrnehmung konnten auf diese Weise zumindest in 6-Jahres-Schritten zeitveränderlich modelliert werden, d. h., sie wurden für die bis zur 3. Welle im Panel verbleibenden Fälle aktualisiert. Tabelle 1 informiert auch über die Verteilung der hierbei verwendeten Variablen.

3 Die Motivstruktur generativen Handelns

Inwieweit sind überhaupt die Motive generativen Handelns entlang familienökonomischer Hypothesen strukturiert und wo ist ggf. das Opportunitätskostenmotiv in der Motivationsstruktur zu verorten? Eine klassische Einteilung verschiedener Motive generativen Handelns geht bereits auf Leibenstein (1957; 1974) zurück, der zwischen dem „Konsum"-, dem „Einkommens"- und dem „Sicherheitsnutzen" von Kindern unterscheidet. Ähnliche Kategorisierungen – z. B. zwischen einer „psychisch-affektiven" und einer „ökonomisch-utilitaristischen" Nutzendimension (Nauck & Kohlmann 1999) – sind nach wie vor aktuell. Hinzu kommt bei der letztgenannten Kategorisierung eine sozial-normative Nutzendimension. Ein spezifischer Wert von Kindern ist auch, dass Kinder familiäre Bindungen festigen können. In westlichen Industriegesellschaften und im Kontext hoher Scheidungszahlen ist hierbei die integrative Funktion gemeinsamer Kinder vor allem für die Kernfamilie und für die Stabilisierung der Partnerschaft von Bedeutung. Neben den verschiedenen Anreizen zur Elternschaft ist davon auszugehen, dass die Motivstrukturen generativen Handelns auch durch Hinderungsgründe bzw. Kosten geprägt werden. Dies sind zum einen die direkten Kosten – z. B. für die Ausstattung der Kinder – und zum anderen die indirekten bzw. Opportunitätskosten – insbesondere in Bezug auf den Arbeitsverdienst, aber auch in Bezug auf Partnerschaft, Freizeitgestaltung u. s. w.

Die im Familiensurvey erfassten Motive sind sicher unzureichend, das gesamte Spektrum der Motivstruktur des generativen Handelns aufzuspannen. Dennoch finden sich dort ähnliche Fragen zu den Beweg- und Hinderungsgründen generativen Handelns wieder. Unter Zugrundelegung der in den Tabellen 2 und 3 wiedergegebenen Fragen lassen sich mittels einer Faktorenanalyse bei

---

[8] Hierzu wurde auf die für jede Welle vorliegenden Geburten-, Partnerschafts-, und Ausbildungsbiographien zurückgegriffen.

Männern drei und bei Frauen vier elementare Motive (Faktoren) generativen Handelns ermitteln. Aus den Tabellen 2 und 3 geht hervor, dass mit der ersten Motivationsdimension (dem ersten Faktor) eine Reihe von Fragen hoch korreliert, die sich auch als Konsumnutzen (i. S. von Leibenstein) oder als psychisch-affektiver Nutzen (i. S. von Nauck) von Kindern bezeichnen lassen. Im vorliegenden Beitrag wird diese Dimension als direkter oder auch immaterieller Nutzen bezeichnet. Hierzu gehört z. B. das Maß der Zustimmung zu dem Statement „Kinder machen das Leben intensiver und erfüllter".

Ein zweiter Faktor beruht auf anderweitigen, nur indirekt mit Kindern verbundenen Beweggründen, nämlich auf dem Streben nach Sicherheit in Notfällen und im Alter sowie auf dem Wunsch nach Qualität und Stabilität der Partnerschaft. Der Sicherheitsnutzen und der Nutzenaspekt der Paarbindung liegen somit auf einer Dimension.[9] Im Unterschied zur ersten Dimensionen der Beweggründe generativen Handelns, die den direkten (bzw. immateriellen) Nutzen erfasst, bezieht sich die zweite Dimension auf den indirekten (bzw. instrumentellen) Nutzen von Kindern.

Verschiedene Belastungen der Elternschaft reduzieren sich bei Männern auf einen Kostenfaktor (vgl. Tabelle 2), während bei Frauen die berufsbezogenen Opportunitätskosten eine eigenständige Dimension in der Motivstruktur des generativen Handelns ausmachen (Tabelle 3). Opportunitätskosten, die in erster Linie berufsbezogen begründet sind, stellen somit bei Frauen in der Tat eine elementare Dimension in der Motivstruktur generativen Handelns dar.

4 Ergebnisse I: Opportunitätskosten und Familiengründung

Tabelle 4 berichtet zunächst über den Bildungseinfluss auf die Familiengründungsrate. Wie der Tabelle zu entnehmen, ist die Familiengründungsrate von Frauen mit Mittlerer Reife nur 0,619fach so hoch wie bei Hauptschulabsolventinnen, und Abiturientinnen haben sogar nur die 0,530fache Familiengründungsrate von Hauptschulabsolventinnen. Während der Schul- und Ausbildung ist die Familiengründungsrate zudem auf das 0,540fache des späteren Niveaus abgesenkt. Die allseits aus vielen Studien wohlbekannten Zusammenhänge zwischen dem Bildungsniveau der Frau und der Familiengründungsrate bzw. der Kinder-

---

[9] Aspekte, die den Nutzen von Kindern als Arbeitskraft betreffen, sind in den zugrundeliegenden Items nicht angesprochen.

losigkeit finden sich somit auch im Familiensurvey – bzw. in dem hier zugrunde liegenden Analysekonzept des Familiensurvey (vgl. Punkt 2) – wieder. Doch sind für die Bildungsunterschiede der Familiengründungsrate tatsächlich die unterschiedlichen beruflichen Opportunitätskosten verantwortlich? Für eine Beantwortung sind zwei Fragen zu klären, nämlich: Werden überhaupt von besser gebildeten Frauen berufliche Opportunitätskosten eher bzw. in höherem Umfang wahrgenommen als von weniger gebildeten Frauen? Und sind ggf. die opportunitätskostenbezogene Motive und Einstellungen wirklich für das generative Verhalten ausschlaggebend? Spalte 1 von Tabelle 5 gibt verschiedene Einflüsse auf die Wahrnehmung des Opportunitätskostenfaktors (oberer Teil von Tabelle 5) und die dem Opportunitätskostenfaktor zugrunde liegenden Fragen (mittlerer und unterer Teil) wieder. Die Tabelle informiert beispielsweise darüber, dass berufliche Opportunitätskosten mit zunehmendem Alter von Frauen stärker wahrgenommen werden und – unabhängig vom Alter – während der Ausbildung geringere Aufmerksamkeit beanspruchen als danach. Die Wahrnehmung beruflicher Opportunitätskosten unterscheidet sich aber erstaunlicherweise nicht (bzw. nicht statistisch signifikant) zwischen den Bildungsgruppen, jedenfalls nicht im Sinne der Opportunitätskostenhypothese. Denn zu der Aussage „Wenn Frauen Kinder haben wollen, müssen sie auf eine berufliche Karriere verzichten" haben sogar Abiturientinnen eine geringere Zustimmung als Hauptschulabsolventinnen.

Der fehlende Bildungseffekt und die zum Teil sogar geringere Opportunitätskostenwahrnehmung durch höher gebildete Frauen widerspricht offensichtlich der Opportunitätskostenüberlegung, und es ist daher nicht davon auszugehen, dass eine bildungsspezifisch unterschiedliche Wahrnehmung von Opportunitätskosten zur Aufklärung der unterschiedlichen Familiengründungsrate zwischen den Bildungsgruppen beiträgt. Wie aus Spalte 2 von Tabelle 5 hervorgeht, fallen die Bildungsunterschiede der Familiengründungsrate sogar tendenziell noch größer aus (als in Tabelle 4), wenn für die Wahrnehmung von Opportunitätskosten kontrolliert wird. Wie aus der zweiten Spalte von Tabelle 5 außerdem deutlich wird, sind opportunitätskostenbezogene Motive und Einstellungen in keiner der hierzu durchgeführten Berechnungen für die Familiengründungsrate statistisch signifikant.

Nicht auszuschließen ist allerdings, dass die beiden im Familiensurvey enthaltenen Aussagen zu diesem Themenkomplex nur die Vereinbarkeit (von Erwerbtätigkeit und Mutterschaft) betreffen, während die Höhe der mit Unvereinbarkeit verbundenen Opportunitätskosten nicht im Grad der Zustimmung zu den beiden Aussagen zum Ausdruck kommt. Oder mit anderen Worten: Die Vereinbarkeit von „Berufsarbeit" bzw. „Karriere" und Kindern ist eventuell unabhängig vom Bildungsniveau, obwohl die Höhe der bei Unvereinbarkeit entstehenden Opportunitätskosten von den verschiedenen Bildungsgruppen durchaus unterschiedlich wahrgenommen wird. In diesem Fall wäre aber davon auszugehen, dass sich die Unvereinbarkeitswahrnehmung umso nachhaltiger auf die Familiengründungsrate auswirkt, je höher das Bildungsniveau. Bzw. das Bildungsniveau wäre umso ausschlaggebender für die Familiengründungsbereitschaft, je stärker die Unvereinbarkeit wahrgenommen wird.

In der dritten Spalte von Tabelle 5 wurde deshalb überprüft, ob es einen dieser Vermutung entsprechenden Interaktionseffekt der Unvereinbarkeits- bzw. Opportunitätskostenwahrnehmung und des Bildungsniveaus auf die Familiengründungsrate gibt. Die positiven und zum Teil signifikanten Interaktionseffekte deuten an, dass auf den höheren Bildungsstufen Opportunitätskostenwahrnehmungen einer Familiengründung erstaunlicherweise eher weniger abträglich sind als bei Hauptschulabsolventinnen. Vor allem Frauen mit Mittlerer Reife haben einen geringeren Opportunitätskosteneffekt auf die Familiengründungsrate. Gleichbedeutend damit ist, dass die Bildungsunterschiede der Familiengründungsrate gerade dann geringer sind – vor allem zwischen Hauptschulabschluss und Mittlerer Reife –, wenn Opportunitätskosten stark wahrgenommen werden. Die Befunde der Spalte 3 sind inkohärent und entsprechen insgesamt nicht der Opportunitätskostenhypothese.

5 Ergebnisse II: Alternative Erklärungsansätze bildungsbezogener Unterschiede der Familiengründung

Nach dem Scheitern vielfältiger Versuche, die Opportunitätskostenhypothese zu untermauern, stellt sich umso mehr die Frage, auf welche Weise denn sonst die Bildungsunterschiede der Kinderlosigkeit zu erklären sind. Hierzu werden im Folgenden die anderen oben (Punkt 3) beschriebenen Dimensionen (der immaterielle und instrumentelle Nutzen von Kindern, sowie die Belastungen der Elternschaft) der Motivationsstruktur generativen Handelns genauer betrachtet.

In Tabelle 6 (1. Spalte) ist zunächst die Wahrnehmung von Belastungen der Elternschaft aufgeschlüsselt. Die Wahrnehmung der verschiedenen Belastungen zeigt offensichtlich keinen Zusammenhang mit dem Bildungsniveau (Spalte 1). Einzige Ausnahme ist der Aspekt, dass Kinder Probleme mit Nachbarn, auf Reisen und in der Öffentlichkeit bereiten können. Die Wahrnehmung dieses Aspektes jedoch nimmt mit der Höhe der Schulbildung ab und kann als solche zu einer Erklärung der höheren Kinderlosigkeit von Frauen mit höheren Schulabschlüssen keinen Beitrag leisten. Entsprechend ist nicht verwunderlich, dass eine Kontrolle für diese Aspekte zu einer Verringerung der Bildungseffekte auf die Familiengründungsrate führt (vgl. hierzu die Spalte 2 der Tabelle 6 mit Spalte 2 der Tabelle 4), auch dann nicht, wenn die Wahrnehmung eines Aspektes generell einen statistisch signifikanten Einfluss auf die Familiengründungsneigung hat. Letzteres betrifft die Aspekte, dass Kinder „Sorgen und Probleme" bringen, dass Kinder eine bedeutsame finanzielle Belastung sind, und dass Kinder mit einer Reduktion von Zeit für persönliche Interessen verbunden sind.

Nachdem also die geringe Familiengründungsneigung hoch gebildeter Frauen weder mit beruflichen Opportunitätskosten noch mit sonstigen Belastungen der Elternschaft erklärt werden kann, stellt sich die Frage, inwieweit bestimmte Beweggründe der Elternschaft bildungsabhängig wahrgenommen werden und einflussreich für das Familiengründungsverhalten sind. In Tabelle 7 sind hierzu die entsprechenden Resultate zunächst für die instrumentellen Nutzenaspekte der Elternschaft aufgeführt. Die ersten beiden dort betrachteten Aspekte („Kinder sind gut, um jemanden zu haben, der einem im Alter hilft", „Kinder sind gut, um jemanden zu haben, auf den man sich im Notfall verlassen kann") lassen sich als Sicherheitsnutzen der Elternschaft im Sinne Leibensteins bezeichnen. Der Sicherheitsnutzen wird von Hauptschulabsolventinnen deutlich stärker wahrgenommen als von Abiturientinnen (Spalte 1), der positive Einfluss dieser Motive auf die Erstgeburtenneigung ist jedoch nur sehr gering (Spalte 2). Dennoch werden die Bildungseffekte auf die Familiengründungsrate zumindest geringfügig reduziert, wenn man für die Wahrnehmung der instrumentellen Beweggründe des Geburtenverhaltens kontrolliert (vgl. Spalte 2 der Tabelle 7 mit Spalte 1 der Tabelle 4).

Tabelle 8 betrachtet abschließend die Bedeutung des immateriellen Nutzens der Elternschaft für die Erklärung von Bildungsunterschieden der Familiengründungsneigung. Die Wahrnehmung, dass Kinder das Leben „erfüllter und intensiver" machen, ist in der Tat in den hier unterschiedenen Bildungsschichten sehr unterschiedlich verbreitet. Abiturientinnen stimmen der Aussage weniger zu als Hauptschulabsolventinnen (Spalte 1 von Tabelle 8). Die Wahrnehmung, dass Kinder das Leben „intensiver und erfüllter" machen, hat außerdem einen positiven Einfluss auf die Erstgeburtenneigung. Der betreffende Koeffizient in Spalte 2 besagt, dass sich die Familiengründungsrate je Grad der Zustimmung (auf einer 4-stufigen Skala) auf das 1,95fache erhöht. Wie die bei Kontrolle dieses Motivs deutlich reduzierten Bildungseffekte auf die Geburtenrate zeigen (Spalte 2 der Tabelle 8 im Vergleich zu Spalte 1 der Tabelle 4), tragen die Bildungsunterschiede der Wahrnehmung dieses Beweggrundes zur Elternschaft erheblich zur Erklärung der niedrigeren Familiengründungsrate höhergebildeter Frauen bei. Ähnliche Bildungsunterschiede zeigen sich auch hinsichtlich der Freude am Aufwachsen von Kindern und hinsichtlich des Gebraucht-Werdens (Tabelle 8, Spalte 1, mittlerer und unterer Teil). Beide Motive haben aber nur geringe Verhaltensrelevanz und tragen deshalb nur wenig zur Aufklärung der Bildungseffekte auf die Familiengründung von Frauen bei. Dennoch deuten die Ergebnisse insgesamt darauf hin, dass die Bildungsunterschiede der Kinderlosigkeit vor allem über die Nutzenseite generativer Entscheidungen zu ergründen sind. Vor allem die mit höherer Bildung reduzierte Wahrnehmung des eher diffusen immateriellen Nutzens von Kindern, der vor allem in der Zustimmung zur Aussage „Kinder machen das Leben intensiver und erfüllter" zum Ausdruck kommt, ist für den negativen Zusammenhang zwischen dem Familiengründungsverhalten und dem formalen Bildungsniveau der Frauen offensichtlich von nicht unerheblicher Bedeutung.

6 Diskussion

Fasst man die Ergebnisse zusammen, so zeigen höhere Bildungsgruppen keine stärkere Wahrnehmung beruflicher Opportunitätskosten, und die Opportunitätskostenwahrnehmung hat obendrein keinen starken Einfluss auf die Familiengründungsbereitschaft. Unter Einbezug von Daten über die subjektiven Einstellungen, Orientierungen und Motive findet sich damit keine Bestätigung für die weit verbreitete Opportunitätskosteninterpretation des Zusammenhangs zwischen Bildungsniveau und Familiengründungsrate.

Ob die Opportunitätskostenhypothese gänzlich zu verwerfen ist, hängt jedoch von verschiedenen Überlegungen ab. Zu berücksichtigen ist insbesondere, dass die beiden hier verwendeten Fragen des Familiensurvey nicht eigens für diese Analyse formuliert wurden und die Opportunitätskostenwahrnehmung unter Umständen nur grob erfassen. In Betracht zu ziehen ist außerdem, dass das Opportunitätskostenmotiv nicht grundsätzlich für die Familiengründung ohne Bedeutung ist, sondern dass lediglich die beruflichen Opportunitätskosten nicht auf die postulierte Weise mit dem Bildungsniveau verbunden sind. Die Opportunitätskostenhypothese setzt Unvereinbarkeit von Beruf und Familie mehr oder weniger voraus und verengt den Zusammenhang zwischen Bildungsniveau und Opportunitätskosten auf das unterschiedliche Arbeitseinkommen. Eher wahrscheinlich ist hingegen, dass auch Ausmaß und Häufigkeit der (Un-)vereinbarkeit unterschiedlich sind und eventuell mit dem Bildungsniveau variieren. Dabei ist nicht auszuschließen, dass Beruf und Familie auf höherem Bildungsniveau zumindest in bestimmten Berufen (z. B. dem Lehrerberuf) besser vereinbar sind als in einigen Berufen, die typischerweise mit niedrigem Bildungsniveau ausgeübt werden und nur geringe zeitliche Flexibilität lassen. Es kann nicht als wirklich geklärt gelten, inwieweit die beiden Frageformulierungen, die der Analyse zugrunde liegen, auf den Aspekt der Vereinbarkeit und/oder den des potenziellen Arbeitsverdiensts abzielen. Hinzu kommt, dass private Betreuung auf höherem Einkommensniveau besser organisierbar und bezahlbar ist. Und die Opportunitätskosten, die durch nicht-erzielten Arbeitsverdienst entstehen, sind schließlich auch im Kontext des Partnereinkommens und sozialer Transferleistungen zu beurteilen. Ausgeprägte, wenngleich uneinheitlich mit dem Bildungsniveau assoziierte Einflüsse des Opportunitätskostenfaktors auf die Familiengründungsrate sprechen immerhin dafür, dass die Opportunitätskostenhypothese nicht gänzlich falsch, sondern eventuell nur im Hinblick auf die genannten Aspekte differenzierter zu fassen ist.

Nicht auszuschließen ist allerdings, dass die Wahrnehmung von Unvereinbarkeit zwischen Familie und Beruf nicht nur im Hinblick auf die beruflichen Opportunitätskosten Bedeutung hat, sondern der Einfluss von Unvereinbarkeit auf die Familiengründungsbereitschaft auch vor dem Hintergrund unterschiedlicher Erwerbsorientierungen zu beurteilen ist. Die Erwerbstätigkeit von Frauen ist traditionell bei hoch gebildeten Frauen besonders ausgeprägt, gleichfalls aber auch im Arbeitermilieu, in dem der zweite Verdienst seit jeher notwendig war. Der Befund, dass die Wahrnehmung von Unvereinbarkeit zwar keinen generellen Einfluss auf die Familiengründung hat, aber bei Frauen mit Mittlerer Reife in einigern Berechnungen signifikant noch weniger Bedeutung hat als bei Hauptschulabsolventinnen ist eventuell vor dem Hintergrund einer geringeren Erwerbsorientierung der mittleren Bildungsschichten zu interpretieren.

Unabhängig jedoch von der Bedeutung, die eventuell dem Opportunitätskostenmotiv in einer differenzierteren Sichtweise zukommt, deutet der Beitrag darauf hin, dass die bekannte Bildungsdifferenzierung der Familiengründungsrate zumindest auch mit anderen Motiven des generativen Verhaltens in Zusammenhang steht: Während die Wahrnehmung (oder Erwartung) verschiedener Belastungen der Elternschaft nicht systematisch mit der Höhe des formalen Bildungsniveaus zunimmt, zeigen sich auf der Seite der positiven Anreize zur Elternschaft deutliche Unterschiede zwischen den Bildungsgruppen. Beispielsweise werden instrumentelle Anreize zur Elternschaft, wie die Funktion von

Kindern als Hilfe im Alter oder in Notfällen, von Frauen mit höheren Schulabschlüssen deutlich seltener (oder weniger intensiv) wahrgenommen als von Frauen mit einem niedrigen Schulabschluss. Allerdings haben sich diese instrumentellen Anreize im Hinblick auf das faktische Familiengründungsverhalten als wenig bedeutsam erwiesen. Höhere Aufmerksamkeit verdienen aber die immateriellen Anreize. Die Wahrnehmung des immateriellen Wertes von Kindern als „Erfüllung im Leben" hat sich einerseits als ein bedeutsamer Einflussfaktor der Erstgeburtenneigung herausgestellt und ist andererseits bei Frauen mit Abitur deutlich seltener als bei Frauen mit niedrigerem Schulbildungsniveau. Diese Bildungsunterschiede in der positiven Motivation zur Elternschaft tragen erheblich zur Erklärung der niedrigeren Familiengründungsrate höhergebildeter Frauen bei.

Die Opportunitätskostenhypothese wie auch die eingangs beschriebene Auseinanderentwicklung von Kinderwunsch und generativem Verhalten hat in der öffentlichen Debatte zusätzlich dazu beigetragen, dass mehr über die Hinderungsgründe als über die Anreize zur Elternschaft diskutiert wird. Im Vordergrund der öffentlichen Diskussion sowie der familienpolitischen Zielsetzungen stehen Vereinbarkeit und Betreuungsmöglichkeiten. Der vorliegende Beitrag lässt jedoch vermuten, dass die damit verbundene Eingrenzung der Motive ausschließlich auf spezielle Hinderungsgründe für die Erklärung generativen Handelns zu kurz greift und sich im Zuge der Bildungsexpansion vor allem auch die positiven Anreize zur Elternschaft grundlegend verändert haben. Dies bedeutet allerdings auch, dass die Auswirkungen familienpolitischer Maßnahmen zur Reduzierung der Opportunitätskosten auf die Familiengründungsbereitschaft nicht überschätzt werden sollten.

Literatur

Becker, Gary S. (1981): A Treatise on the Family. Cambridge, Mass., London: Harvard University Press.
Becker, Gary S. (1986): An Economic Analysis of the Family. Dublin: Argus Press.
Beck-Gernsheim, Elisabeth (1983): Vom "Dasein für andere" zum Anspruch auf ein Stück "eigenes Leben". Individualisierungsprozesse im weiblichen Lebenszusammenhang. In: Soziale Welt 34: 307-340.
Bertram, Hans (1992): Die Familie in den neuen Bundesländern: Stabilität und Wandel in der gesellschaftlichen Umbruchsituation. Opladen: Leske + Budrich.
Bertram, Hans & Borrmann-Müller, Renate (1988): Individualisierung und Pluralisierung familialer Lebensformen. In: Aus Politik und Zeitgeschichte. Beilage zur Wochenzeitung Das Parlament B13: 14-23.

Bien, Walter & Marbach, Jan (Hrsg.) (2003): Partnerschaft und Familiengründung. Analysen des Familiensurvey 2000. Opladen: Leske + Budrich.

Birg, Herwig/Filip, Detlev & Flöthmann, Ernst-Jürgen (1990): Paritätsspezifische Kohortenanalyse des generativen Verhaltens in der Bundesrepublik Deutschland nach dem 2. Weltkrieg. Bielefeld: Institut für Bevölkerungsforschung und Sozialpolitik (IBS) der Universität Bielefeld.

Blossfeld, Hans-Peter/Hamerle, Alfred & Mayer, Karl Ulrich (1986): Ereignisanalyse. Statistische Theorie und Anwendung in den Wirtschafts- und Sozialwissenschaften. Frankfurt/M., New York: Campus.

Blossfeld, Hans-Peter/Huinink, Johannes & Rohwer, Götz (1993): Wirkt sich das steigende Bildungsniveau der Frauen tatsächlich negativ auf den Prozeß der Familienbildung aus? In: Diekmann, Andreas & Weick, Stefan (Hrsg.): Der Familienzyklus als sozialer Prozeß. Bevölkerungssoziologische Untersuchungen mit den Methoden der Ereignisanalyse. Berlin: Duncker & Humblot: 216-233.

Blossfeld, Hans-Peter & Jaenichen, Ursula (1990): Bildungsexpansion und Familienbildung. Wie wirkt sich die Höherqualifikation der Frauen auf ihre Neigung zu heiraten und Kinder zu bekommen aus? In: Soziale Welt 41: 454-476.

Brislinger, Evelyn (2003): Der DJI-Familiensurvey 1988 - 2000 auf CD-Rom. ZA-Information 53: 178-181.

Brüderl, Josef & Klein, Thomas (1991): Bildung und Familiengründung: Institutionen- versus Niveaueffekt. In: Zeitschrift für Bevölkerungswissenschaft 17: 323-335.

Brüderl, Josef & Klein, Thomas (1993): Bildung und Familiengründungsprozeß deutscher Frauen: Humankapital- und Institutioneneffekt. In: Diekmann, Andreas & Weick, Stefan (Hrsg.): Der Familienzyklus als sozialer Prozeß. Bevölkerungssoziologische Untersuchungen mit den Methoden der Ereignisanalyse. Berlin: Duncker & Humblot: 194-215.

Bundesinstitut für Bevölkerungsforschung (Hrsg.) (2000): Bevölkerung. Fakten, Trends, Ursachen, Erwartungen. Wiesbaden: Bundesinstitut für Bevölkerungsforschung.

Burkart, Günter & Kohli, Martin (1989): Ehe und Elternschaft im Individualisierungsprozeß: Bedeutungswandel und Mileudifferenzierung. In: Zeitschrift für Bevölkerungswissenschaft 15: 405-426.

Deutsche Shell (Hrsg.) (2002): Jugend 2002. Frankfurt/M.: Fischer.

Diekmann, Andreas & Mitter, Peter (1983): The "Sickle Hypothesis". A Time Dependent Poisson Model with Applications to Deviant Behavior and Occupational Mobility. In: Journal of Mathematical Sociology 9: 85-101.

Diekmann, Andreas & Mitter, Peter (1984): Methoden zur Analyse von Zeitverläufen. Anwendungen stochastischer Prozesse bei der Untersuchung von Ereignisdaten. Stuttgart: Teubner.

Dinkel, Rainer & Milenovic, Ina (1992): Die Kohortenfertilität von Männern und Frauen in der Bundesrepublik Deutschland. Eine Messung mit Daten der empirischen Sozialforschung. In: Kölner Zeitschrift für Soziologie und Sozialpsychologie 44: 55-75.

Klein, Thomas (1989): Bildungsexpansion und Geburtenrückgang - Eine kohortenbezogene Analyse zum Einfluß veränderter Bildungsbeteiligung auf die Geburt von Kindern im Lebensverlauf. In: Kölner Zeitschrift für Soziologie und Sozialpsychologie 41: 483-503.

Klein, Thomas (1993): Bildungsexpansion und Geburtenrückgang. In: Klein, Thomas (Hrsg.): Der Familienzyklus als sozialer Prozeß. Berlin: Duncker & Humblot: 9-19.

Klein, Thomas (1999): Der Einfluß vorehelichen Zusammenlebens auf die spätere Ehestabilität. In: Klein, Thomas & Kopp, Johannes (Hrsg.): Scheidungsursachen aus soziologischer Sicht. Würzburg: Ergon: 143-158.

Klein, Thomas (2003): Die Geburt von Kindern in paarbezogener Perspektive. In: Zeitschrift für Soziologie 32: 506-527.

Klein, Thomas & Eckhard, Jan (2004): Fertilität in Stieffamilien. In: Kölner Zeitschrift für Soziologie und Sozialpsychologie 56: 71-94.

Klein, Thomas & Stauder, Johannes (1999): Der Einfluß ehelicher Arbeitsteilung auf die Ehestabilität. In: Klein, Thomas & Kopp, Johannes (Hrsg.): Scheidungsursachen aus soziologischer Sicht. Würzburg: Ergon: 159-177.

Kohlmann, Annette & Kopp, Johannes (1997): Verhandlungstheoretische Modellierung des Übergangs zu verschiedenen Kinderzahlen. In: Zeitschrift für Soziologie 26: 258-274.

Leibenstein, Harvey (1957): Economic Backwardness and Economic Growth. New York, London: Wiley.

Leibenstein, Harvey (1974): An Interpretation of The Economic Theory of Fertility: Promising Path or Blind Alley? In: Journal of Economic Literature 12: 457-479.

Meyer, Thomas (2002): Private Lebensformen im Wandel. In: Geißler, Rainer (Hrsg.): Die Sozialstruktur Deutschlands. Die gesellschaftliche Entwicklung vor und nach der Vereinigung. Wiesbaden: Westdeutscher Verlag: 401-433.

Mincer, Jakob (1963): Market Prices, Opportunity Costs, and Income Effects. In: Christ, Carl (Hrsg.): Measurement in Economics. Studies in Mathematical Economics in Memory of Yehuda Grunfeld. Stanford: Stanford University Press: 62-82.

Nauck, Bernhard & Kohlmann, Annette (1999): Values of Children. Ein Forschungsprogramm zur Erklärung von generativem Verhalten und intergenerativen Beziehungen. In: Busch, Friedrich W./Nauck, Bernhard & Nave-Herz, Rosemarie (Hrsg.): Aktuelle Forschungsfelder der Familienwissenschaft. Würzburg: Ergon: 53-74.

Nave-Herz, Rosemarie (1989): Zeitgeschichtlicher Bedeutungswandel von Ehe und Familie in der Bundesrepublik Deutschland. In: Nave-Herz, Rosemarie & Markefka, Manfred (Hrsg.): Handbuch der Familien und Jugendforschung. Bd. 1: Familienforschung. Neuwied, Frankfurt/M.: Luchterhand: 211-222.

Nave-Herz, Rosemarie (2004): Ehe- und Familiensoziologie. Eine Einführung in Geschichte, theoretische Ansätze und empirische Befunde. Weinheim, München: Juventa.

Opp, Karl-Dieter (1999): Contending Conceptions of the Theory of Rational Action. In: Journal of Theoretical Politics 11: 171-202.

Oppenheimer, Valerie K. (1994): Women's Rising Employment and the Future of the Family. In: Population and Developement Review 20: 293-342.

Ott, Notburga (1989): Familienbildung und familiale Entscheidungsfindung aus verhandlungstheoretischer Sicht. In: Wagner, Gert/Ott, Notburga & Hoffmann-Nowotny, Hans-Joachim (Hrsg.): Familienbildung und Erwerbstätigkeit im demographischen Wandel. Berlin, Heidelberg: Springer: 97-116.

Ott, Notburga (1992): Intrafamily Bargaining and Household Decisions. Berlin, Heidelberg, New York: Springer.

Trotha, Trutz von (1990): Zum Wandel der Familie. In: Kölner Zeitschrift für Soziologie und Sozialpsychologie 42: 452-473.

Tyrell, Hartmann (1988): Ehe und Familie - Institutionalisierung und Deinstitutionalisierung. In: Lüscher, Kurt/Schultheis, Franz & Wehrspann, Michael (Hrsg.): Die 'postmoderne' Familie. Konstanz: Universitätsverlag: 145-156.

Weick, Stefan (1999): Steigende Bedeutung der Familie nicht nur in der Politik. In: Informationsdienst soziale Indikatoren (ISI) 22: 12-15.

Tabellen

Tabelle 1: *Beschreibung der Stichproben (Familiensurvey 1988 und Panel) - Variablenmittelwerte*

	Kinderlose Frauen Fam.-survey 1988	Kinderlose Frauen Panel	Kinderlose Männer Fam.-survey 1988	Kinderlose Männer Panel	Frauen mit mind. 1 Kind Fam.-survey 1988	Frauen mit mind. 1 Kind Panel	Männer mit mind. 1 Kind Fam.-survey 1988	Männer mit mind. 1 Kind Panel
Fallzahl (Gesamt)	1621	737	2040	930	3868	2051	2513	1279
„Kinder machen das Leben intensiver und erfüllter" [1]	2,3	2,4	2,3	2,4	2,8	2,8	2,7	2,7
„Kinder lassen zu wenig Zeit für eigene Interessen" [1]	1,4	1,4	1,5	1,4	1,4	1,4	1,2	1,2
„Kinder sind gut, um jemanden zu haben, der einem im Alter hilft" [1]	1,1	1,1	1,2	1,3	1,1	1,0	1,2	1,6
„Kinder schaffen Probleme mit den Nachbarn, auf Reisen und in der Öffentlichkeit" [1]	1,0	1,0	1,2	1,1	0,9	0,9	1,0	0,9
„Kinder belasten die Partnerschaft" [1]	0,6	0,6	0,7	0,6	0,6	0,6	0,5	0,5
„Kinder geben einem das Gefühl, gebraucht zu werden" [1]	2,4	2,4	2,3	2,4	2,6	2,6	2,5	2,5
„Kinder sind eine finanzielle Belastung, die den Lebensstandard einschränkt" [1]	1,5	1,5	1,6	1,6	1,5	1,5	1,5	1,5
„Kinder bringen Sorgen und Probleme mit sich" [1]	1,9	1,8	1,9	1,7	2,0	1,9	1,9	1,9
„Kinder im Haus zu haben und sie aufwachsen zu sehen, macht Spaß" [1]	2,7	2,7	2,6	2,7	2,9	2,9	2,8	2,8
„Kinder machen eine Einschränkung der Berufsarbeit notwendig" [1]	2,3	2,3	1,8	1,8	2,4	2,4	1,4	1,4
„Kinder sind gut, um jemanden zu haben, auf den man sich im Notfall verlassen kann" [1]	1,4	1,4	1,5	1,6	1,5	1,5	1,5	1,5
„Kinder bringen die Partner einander näher" [1]	1,7	1,8	1,8	1,9	1,9	1,9	2,1	2,1
„Wenn Frauen eine berufliche Karriere machen wollen, müssen sie auf Kinder verzichten" [1]	1,8	1,8	1,7	1,7	2,0	2,0	1,9	1,9
Kein Schulabschluss (1988)	0,006	0,005	0,01	0,013	0,008	0,008	0,014	0,012
Hauptschulabschluss (1988)	0,254	0,249	0,379	0,375	0,533	0,508	0,569	0,576
Mittlere Reife (1988)	0,392	0,415	0,257	0,28	0,303	0,322	0,192	0,179
Abitur/ Fachhochschulreife (1988)	0,349	0,331	0,354	0,333	0,155	0,162	0,225	0,233
In Ausbildung (1988)	0,224	0,164	0,229	0,187	0,008	0,009	0,01	0,012
Alter (1988)	28,4	28,5	28,9	29,5	39,7	39,0	41,8	41,6
Existenz einer Paarbeziehung (1988)	0,661	0,704	0,552	0,574	0,897	0,918	0,943	0,953
Kinderzahl (1988)					1,9	1,9	1,9	1,9

[1] Zustimmung zur Aussage; Vierstufige Skala mit den Ausprägungen 0=„stimme überhaupt nicht zu", 1=„stimme wenig zu", 2=„stimme überwiegend zu", 3=„stimme voll und ganz zu".

Tabelle 2: *Faktorladungen wahrgenommener Beweg- und Hinderungsgründe der Elternschaft für Frauen (Rotierte Komponentenmatrix)*

Übergeordnete Kategorie	Zustimmung[+] zu	Faktor 1	Faktor 3	Faktor 2	Faktor 4
Belastungen der Elternschaft	„Kinder sind eine finanzielle Belastung, die den Lebensstandard einschränkt"	0,014	0,711	-0,105	0,151
	„Kinder schaffen Probleme mit den Nachbarn, auf Reisen und in der Öffentlichkeit"	-0,108	0,684	0,152	-0,044
	„Kinder belasten die Partnerschaft"	-0,285	0,636	0,063	-0,067
	„Kinder bringen Sorgen und Probleme mit sich"	0,222	0,675	-0,099	0,175
	„Kinder lassen zu wenig Zeit für eigene Interessen"	-0,132	0,630	0,012	0,136
Berufliche Opportunitätskosten	„Kinder machen eine Einschränkung der Berufsarbeit notwendig"	0,169	0,214	-0,084	0,702
	„Wenn Frauen eine berufl. Karriere machen wollen, müssen sie auf Kinder verzichten"	-0,073	0,035	0,128	0,830
Direkter bzw. immaterieller Nutzen	„Kinder machen das Leben intensiver und erfüllter"	0,728	-0,171	0,151	-0,013
	„Kinder im Haus zu haben und sie aufwachsen zu sehen, macht Spaß"	0,787	-0,120	-0,031	0,018
	„Kinder geben einem das Gefühl, gebraucht zu werden"	0,637	0,084	0,236	0,084
Indirekter bzw. instrumenteller Nutzen	„Kinder sind gut, um jemanden zu haben, der einem im Alter hilft"	-0,017	0,085	0,831	-0,054
	„Kinder sind gut, um jemanden zu haben, auf den man sich im Notfall verlassen kann"	0,140	0,023	0,814	0,026
	„Kinder bringen die Partner einander näher"	0,344	-0,120	0,568	0,109
	Eigenwert	2,350	1,887	1,825	1,283

Faktor 1 = Immaterieller Nutzen der Elternschaft
Faktor 3 = Belastungen der Elternschaft (ohne berufl. Opportunitätskosten)
Faktor 2 = Instrumenteller Nutzen der Elternschaft
Faktor 4 = Berufliche Opportunitätskosten der Elternschaft
[+] Vierstufige Skala mit den Ausprägungen 0=„stimme überhaupt nicht zu", 1=„stimme wenig zu", 2=„stimme überwiegend zu", 3=„stimme voll und ganz zu".

Datenbasis: *Familiensurvey 1988*

Tabelle 3: Faktorladungen wahrgenommener Beweg- und Hinderungsgründe der Elternschaft für Männer (Rotierte Komponentenmatrix)

Übergeordnete Kategorie	Zustimmung*) zu	Faktor 1	Faktor 3	Faktor 2
Belastungen der Elternschaft	„Kinder sind eine finanzielle Belastung, die den Lebensstandard einschränkt"	-0,036	0,729	-0,086
	„Kinder schaffen Probleme mit den Nachbarn, auf Reisen und in der Öffentlichkeit"	-0,232	0,630	0,138
	„Kinder belasten die Partnerschaft"	-0,467	0,517	0,074
	„Kinder bringen Sorgen und Probleme mit sich"	0,136	0,716	-0,120
	„Kinder lassen zu wenig Zeit für eigene Interessen"	-0,275	0,607	0,022
Berufliche Opportunitätskosten	„Kinder machen eine Einschränkung der Berufsarbeit notwendig"	-0,087	0,440	0,049
	„Wenn Frauen eine berufliche Karriere machen wollen, müssen sie auf Kinder verzichten"	0,154	0,348	0,004
Direkter bzw. Immaterieller Nutzen	„Kinder machen das Leben intensiver und erfüllter"	0,751	-0,147	0,138
	„Kinder im Haus zu haben und sie aufwachsen zu sehen, macht Spaß"	0,800	-0,099	0,012
	„Kinder geben einem das Gefühl, gebraucht zu werden"	0,670	0,102	0,228
Indirekter bzw. instrumenteller Nutzen	„Kinder sind gut, um jemanden zu haben, der einem im Alter hilft"	0,008	0,045	0,842
	„Kinder sind gut, um jemanden zu haben, auf den man sich im Notfall verlassen kann"	0,155	0,000	0,824
	„Kinder bringen die Partner einander näher"	0,460	-0,045	0,538
	Eigenwert	2,438	2,288	1,798

Faktor 1 = Immaterieller Nutzen der Elternschaft
Faktor 3 = Belastungen der Elternschaft (ohne berufl. Opportunitätskosten)
Faktor 2 = Instrumenteller Nutzen der Elternschaft
*) Vierstufige Skala mit den Ausprägungen 0=„stimme überhaupt nicht zu", 1=„stimme wenig zu", 2=„stimme überwiegend zu", 3=„stimme voll und ganz zu".

Datenbasis: Familiensurvey 1988

Tabelle 4: Bildungseffekte auf die Erstgeburtenrate und auf die Übergangsrate zu einem zweiten Kind für westdeutsche Frauen im Beobachtungszeitraum 1988-2000 (Relative Risiken)

	Effekte auf die Erstgeburtenrate	Effekte auf den Übergangsrate zu einem zweiten Kind
Alter - 13	0,527***	0,610***
ln (Alter -13)	9117,947***	792,347***
Kinderzahl		0,532***
Alter d. jüngsten Kindes (Jahre)		0,860***
Existenz einer Partnerschaft	3,102***	1,326
In Ausbildung	0,540**	0,748
Mittlere Reife [1]	0,619***	1,092
Abitur/Fachhochschulreife [1]	0,530***	1,358*
Konstante	-19,719***	-13,493***
Log Likelihood	1421,717	1431,854
N (Personen)	737	700
Beobachtungsjahre / Geburten	4162 / 290	9160 / 284

*, **, *** mit einem Signifikanzniveau mit max. 5%, 1%, 0,1% Irrtumswahrscheinlichkeit
alle Variablen zeitveränderlich
[1] Referenzkategorie: Hauptschulabschluss oder kein Schulabschluss

Datenbasis: Familiensurvey-Panel 1988-2000

Bildungsbezogene Unterschiede des Kinderwunsches

Tabelle 5: Wahrnehmung und Verhaltensrelevanz beruflicher Opportunitätskosten bei westdeutschen Frauen mit unterschiedlichen Schulabschlüssen

	Effekte auf die ...		
	Motivwahrnehmung (lineare Effekte, Familiensurvey 1988)	Erstgeburtenrate (Relative Risiken, Familiensurvey Panel)	
Faktor 4 (Berufliche Opportunitätskosten der Elternschaft)			
Alter [1; 2]	0,012***	0,525***	0,525***
ln (Alter) [1; 2]		9897,129***	10178,165***
Existenz einer Partnerschaft [2]	0,056	3,086***	3,130***
In Ausbildung [2]	-0,130*	0,524**	0,532**
Mittlere Reife [3; 2]	0,078	0,602***	0,613***
Abitur/Fachhochschulreife [3; 2]	-0,074	0,501***	0,511***
Faktor 4 [5]		0,916	0,797
Mittlere Reife * Faktor 4			1,285*
Abitur * Faktor 4			1,149
Konstante	-0,476***	-19,864***	-19,974***
RMSE bzw. Log-Likelihood	0,980	1211,096	1209,627
N / Beobachtungsjahre / Geburten	1586 / - / -		724 / 4092 / 282
Motivwahrnehmung „Kinder machen eine Einschränkung der Berufsarbeit notwendig"			
Alter [1; 2]	0,005**	0,526***	0,526***
ln (Alter) [1; 2]		9740,035***	9877,355***
Existenz einer Partnerschaft [2]	0,013	3,146***	3,142***
In Ausbildung [2]	-0,136***	0,529**	0,551**
Mittlere Reife [3; 2]	0,074*	0,600***	0,395**
Abitur/Fachhochschulreife [3; 2]	0,048	0,519***	0,255***
Motivwahrnehmung [4]		0,874	0,754**
Mittlere Reife * Motivwahrnehmung			1,201
Abitur * Motivwahrnehmung			1,357
Motivwahrnehmung „Wenn Frauen eine berufliche Karriere machen wollen, müssen sie auf Kinder verzichten"			
Alter [1; 2]	0,013***	0,528***	0,528***
ln (Alter) [1; 2]		9027,222***	9292,845***
Existenz einer Partnerschaft [2]	0,086	3,117***	3,158***
In Ausbildung [2]	-0,108	0,541**	0,550**
Mittlere Reife [3; 2]	-0,034	0,603***	0,357***
Abitur/Fachhochschulreife [3; 2]	-0,242***	0,518***	0,381***
Motivwahrnehmung [4]		0,989	0,849
Mittlere Reife * Motivwahrnehmung			1,318**
Abitur * Motivwahrnehmung			1,182

*, **, *** signifikant mit einem Niveau von max. 5%, 1%, 0,1% Irrtumswahrscheinlichkeit
[1] beziehungsweise Alter – 13 in den ereignisanalytischen Berechnungen
[2] zeitpunktbez. (1988) i. d. linearen Regression, zeitabh. in den ereignisanalytischen Berechnungen
[3] Referenzkategorie: Hauptschulabschluss oder kein Abschluss
[4] Vierstufg. Skala 0="stimme überhaupt nicht zu" bis 3="stimme voll und ganz zu" (1988 / 1994)
[5] linearer bzw. log-linearer Effekt

Tabelle 6: Wahrnehmung und Verhaltensrelevanz verschiedener Belastungen der Elternschaft bei westdeutschen Frauen mit unterschiedlichen Schulabschlüssen

	Effekte auf die ...		
	Motivwahrnehmung (lineare Effekte, Familiensurvey 1988)	Erstgeburtenrate (Relative Risiken, Familiensurvey Panel)	
Motivwahrnehmung „Kinder lassen zu wenig Zeit für eigene Interessen"			
Mittlere Reife [1]	-0,021	0,559***	0,281***
Abitur/Fachhochschulreife [1]	0,013	0,498***	0,250***
Motivwahrnehmung [2]		0,726***	0,512***
Mittlere Reife * Motivwahrnehmung			1,737***
Abitur * Motivwahrnehmung			1,709***
Motivwahrnehmung „Kinder schaffen Probleme mit Nachbarn, [...] und in der Öffentlichkeit"			
Mittlere Reife [1]	-0,123**	0,580***	0,410***
Abitur/Fachhochschulreife [1]	-0,140**	0,501***	0,368***
Motivwahrnehmung [2]		0,876*	0,703***
Mittlere Reife * Motivwahrnehmung			1,435**
Abitur * Motivwahrnehmung			1,420*
Motivwahrnehmung „Kinder belasten die Partnerschaft"			
Mittlere Reife [1]	-0,071	0,587***	0,507***
Abitur/Fachhochschulreife [1]	0,030	0,520***	0,445***
Motivwahrnehmung [2]		0,884	0,738**
Mittlere Reife * Motivwahrnehmung			1,344
Abitur * Motivwahrnehmung			1,317
Motivwahrnehmung „Kinder sind eine finanzielle Belastung, die den Lebensstandard einschränkt"			
Mittlere Reife [1]	-0,041	0,598***	0,391***
Abitur/Fachhochschulreife [1]	0,044	0,533***	0,542**
Motivwahrnehmung [2]		0,797***	0,711***
Mittlere Reife * Motivwahrnehmung			1,358**
Abitur * Motivwahrnehmung			0,995
Zustimmung zu „Kinder bringen Sorgen und Probleme mit sich"			
Mittlere Reife [1]	0,034	0,598***	0,353***
Abitur/Fachhochschulreife [1]	-0,001	0,520***	0,736
Motivwahrnehmung [2]		0,811***	0,771**
Mittlere Reife * Motivwahrnehmung			1,353*
Abitur * Motivwahrnehmung			0,816

*, **, *** signifikant mit einem Niveau von max. 5%, 1%, 0,1% Irrtumswahrscheinlichkeit
[1] Referenzkategorie: Hauptschulabschluss oder kein Abschluss; zeitpunktbezogen (1988) in der linearen Regression, zeitabhängig in den ereignisanalytischen Berechnungen
[2] Vierstufg. Skala 0="stimme überhaupt nicht zu" bis 3="stimme voll und ganz zu" (1988 / 1994)

Tabelle 7: Wahrnehmung und Verhaltensrelevanz instrumenteller Nutzen der Elternschaft bei westdeutschen Frauen mit unterschiedlichen Schulabschlüssen

	Effekte auf die ...	
	Motivwahrnehmung (lineare Effekte, Familiensurvey 1988)	Erstgeburtenrate (Relative Risiken, Familiensurvey Panel)
Motivwahrnehmung „Kinder sind gut, um jemanden zu haben, der einem im Alter hilft"		
Mittlere Reife [1]	-0,344***	0,628*** 0,598**
Abitur/Fachhochschulreife [1]	-0,451***	0,554*** 0,459***
Motivwahrnehmung [2]		1,115* 1,064
Mittlere Reife * Motivwahrnehmung		1,026
Abitur * Motivwahrnehmung		1,183
Motivwahrnehmung „Kinder sind gut, um jemanden zu haben, auf den man sich im Notfall verlassen kann"		
Mittlere Reife [1]	-0,360***	0,641*** 0,422***
Abitur/Fachhochschulreife [1]	-0,478***	0,555*** 0,513**
Motivwahrnehmung [2]		1,129* 1,021
Mittlere Reife * Motivwahrnehmung		1,296**
Abitur * Motivwahrnehmung		1,017
Motivwahrnehmung „Kinder bringen die Partner einander näher"		
Mittlere Reife [1]	-0,221***	0,618*** 1,251
Abitur/Fachhochschulreife [1]	-0,405***	0,546*** 1,141
Motivwahrnehmung [2]		1,273*** 1,608***
Mittlere Reife * Motivwahrnehmung		0,710**
Abitur * Motivwahrnehmung		0,692*

*, **, *** signifikant mit einem Niveau von max. 5%, 1%, 0,1% Irrtumswahrscheinlichkeit
[1] Referenzkategorie: Hauptschulabschluss oder kein Abschluss; zeitpunktbezogen (1988) in der linearen Regression, zeitabhängig in den ereignisanalytischen Berechnungen
[2] Vierstufg. Skala 0="stimme überhaupt nicht zu" bis 3="stimme voll und ganz zu" (1988 / 1994)

Tabelle 8: Wahrnehmung und Verhaltensrelevanz immaterieller Nutzen der Elternschaft bei westdeutschen Frauen mit unterschiedlichen Schulabschlüssen

	Effekte auf die ...		
	Motivwahrnehmung (lineare Effekte, Familiensurvey 1988)	Erstgeburtenrate (Relative Risiken, Familiensurvey Panel)	
Motivwahrnehmung „Kinder machen das Leben intensiver und erfüllter"			
Mittlere Reife [1]	-0,110**	0,687***	0,438
Abitur/Fachhochschulreife [1]	-0,218***	0,647***	0,870
Motivwahrnehmung [2]		1,950***	1,912***
Mittlere Reife * Motivwahrnehmung			1,186
Abitur * Motivwahrnehmung			0,882
Motivwahrnehmung „Kinder im Haus zu haben und sie aufwachsen zu sehen, macht Spaß"			
Mittlere Reife [1]	-0,037	0,618***	2,054
Abitur/Fachhochschulreife [1]	-0,111***	0,542***	0,805
Motivwahrnehmung [2]		1,462***	1,840**
Mittlere Reife * Motivwahrnehmung			0,652
Abitur * Motivwahrnehmung			0,873
Motivwahrnehmung „Kinder geben einem das Gefühl, gebraucht zu werden"			
Mittlere Reife [1]	-0,141***	0,611***	1,846
Abitur/Fachhochschulreife [1]	-0,370***	0,530***	1,800
Motivwahrnehmung [2]		1,051	1,480*
Mittlere Reife * Motivwahrnehmung			0,655*
Abitur * Motivwahrnehmung			0,618*

*, **, *** signifikant mit einem Niveau von max. 5%, 1%, 0,1% Irrtumswahrscheinlichkeit
[1] Referenzkategorie: Hauptschulabschluss oder kein Abschluss; zeitpunktbezogen (1988) in der linearen Regression, zeitabhängig in den ereignisanalytischen Berechnungen
[2] Vierstufg. Skala 0="stimme überhaupt nicht zu" bis 3="stimme voll und ganz zu" (1988 / 1994)

III. Generationenbeziehungen

Social Transformations and the Future of Intergenerational Relationships in Families and Societies: Implications for Theory, Research and Programs in Family Studies

Barbara H. Settles & Xuewen Sheng

1 Introduction

In the near future many families, in both developed and rapidly developing countries will have the opportunity to interact and support each other over extremely long periods of time (Sheng & Settles, in press). Demographic trends have led to these greater real expectations. In addition, globalization of economic and political action has made individual families at risk to insecurity. Many social critics have seen current Americans as being less caring and interdependent with their elders than was thought to be true in more traditional societies. This paper grows out of a comparison drawn with mainland China family practice prepared with my colleague Xuewen Sheng in which we were surprised to see how many current practices and concerns were similar in two nations with different cultural and historic backgrounds, but similar relationships to demographic and globalization trends. Nauck, B. (2000) has noted in his large cross cultural replication of attitudes toward children that the similarities across culture are quite striking. In this analysis, several issues in intergenerational relationships in the USA are reviewed and some modest examples drawn from other societies are used to illustrate the hypothesis that similar trends in intergenerational practice are found in quite different social traditions today. It is our contention that the status values in many societies are enacted on top of the actual interdependence and frequently mutual respect.

It is commonly said that American elders are more likely to live independently and resist dependence on their children (Albert & Cattell 1994). While it usually noted that Eastern cultures appreciate dependence, reciprocity and obligation, with examples given of elders being likely to rely on their children for financial support and care giving in later life and „readily accept help without embarrassment" (Luborsky & McMullen 1999: 79). However, the American elders, in fact, receive a lot of care from their families over an extended aging career (Paoletti 1999). The values of independence and unwillingness to burden adult children are enacted in the way the care is structured and given in the USA, not in actually less attention or care. American caregivers must be cautious not to make elders feel that they are giving up their decision making or personal independence or that the caregiver feels the need to have his or her contribution recognized. In addition, to the extent that economic security and current good health allows Chinese elders to have independence and scope in making their own decisions, they prefer to manage their own situations (Sheng 1991). Such families maintain interdependence and obligation through mostly symbolic occasions when there is not a specific need for care.

2 Demographic Transformation in the 20th Century

There have been dramatic demographic changes worldwide, in the past decades, characterized by the decline of world population growth rates (1.7 per thousand in 1981 to 1.36 per thousand in 1999), the decreases of birth rates (27.2 per thousand to 21.8 per thousand), and the death rates (10.4 per thousand to 9.1 per thousand) especially infant mortality (79.7 per thousand in 1980 to 54.3 per thousand in 1999) and increase of life expectancy (from 62.7 years in 1980 to 66.5 years in 1999) (Zhu 2001). Reduction in fertility and resultant family size and the impact on the resulting relationship between cohorts has been achieved in many societies has been achieved albeit by many different routes and in some places such as the European Union there is now worry about the culture changing as the reproductive rate has sunk below replacement and immigration is bringing many new cultural strains to affect these countries (Lutz 1999). The new realities of AIDS in Africa and soon to be seen widely in Asia suggests that death rates and morbidity will further decrease functioning populations in large areas of the world (Mane & Aggleton 2001).

2.1 Population Dynamics in USA

Population changes have stemmed from increased availability of contraception, abortion, later family formation and better health. These changes have resulted in an aging population in the USA with the frail elderly sector growing quite rapidly. The aging of the aged is a critical transition with the oldest old group, 85 and older likely to have a six fold increase in the first half of the 21st century as compared to a three fold increase in 65-84 sector (Peterson 1999). Hispanic and Latino newcomers have especially been important in maintaining the ratio of younger to older adults (Taylor 2002). Overall, the American families still are slightly larger than European or urban Chinese families. While the birth rate per 1000 had dropped from 1990 at 16.7 to 14.7 in 2000 and 14.5 in 2001; the fertility rate for 2000 was 2.130, slightly higher than in 1990, 2.087 (USA Statistics in Brief 2003). Siblings are still common although fewer than in the early twentieth century families. Higher age at marriage or lack of marriage in the case of some subpopulations such as African Americans has changed the situation for family formation (Teachman, Tedrow & Crowder 2000). Household size varies greatly with many people living on their own as single at sometime in their life. One in four people lives alone (25.5%), while the average household size was 2.62 persons in 2000 (CPS Report 2000). While the ideal in the USA is to have two children, one boy and one girl, even having both children of the same sex is not a strong push for another child, as it seemed to have been in the last century (Pollard & Morgan 2002). Where families are small or reconstituted after divorce, there may a large ratio of care needs to availability for any adult child or grandchild to meet. Both the overall generational ratio of caregivers and taxpayers to the elderly to provide care for elderly are more limited than previously. While women more often than men provide care, both men and women have a similar „hierarchy of care; both help kin about three times as much as friends and both help their adult children more than other relatives" (Gerstel & Gallagher 2001: 206).

2.2 Comparative Examples

While in China the population policy has required that one couple can has only one child, the national birth rate declined rapidly from 22.28 in 1982 to 15.23 in 1999 (National Bureau of Statistics of China 2001: 91). The program was more effective in urban than in rural areas (13.18 in urban compared to 16.13 in rural). There were always exceptions for ethnic minorities and rural families with a first child daughter. As a result of the shift in fertility, the three-person families consisting of a father, a mother and the only child are the typical Chinese family, especially in urban areas. The formation of 4-2-1 pattern of kinship in urban China has become a major characteristic suggesting that a young couple would have to support or care for two, four or even six old couples, while they have to take care their child as well (Sheng 1992). Children are now perceived by their parents as dependents rather than as supports (Sheng 1992; Settles & Sheng 2002). Similarly, in Hong Kong, which has had both the economic and demographic changes sooner than mainland China, concern about filial support of the elderly is being expressed (Lee Keng-mun & Hong Kin 2004). With the small housing units in Hong Kong, joint residence is becoming almost impossible although some can still be close to their relatives. It is no longer appropriate to assume that the value of filial piety will guarantee the provision of care. While older males often live with adult children or their spouses, women are much more likely to be alone or in institutional care unless their daughter cares for them or supports them financially. Reciprocity has become more important, the absolutes of filial piety are less salient and social policy built upon it to be dubious in its outcomes.

2.3 Implications of Family Size for Intergenerational Relationships

The shifts from a high-mortality/high-fertility society to a low-mortality/low-fertility and from a short life expectancy to a long life expectancy society impact intergenerational relationships by altering family formation, family members' life course, and the amount of time that people spent in various family roles (Farkas & Hogan 1995; Bengtson, Rosenthal & Burton 1990). As Bengtson, Rosenthal & Burton (1990) pointed out, the simultaneous decrease of mortality/fertility rates and the increase of life expectancy will result a „verticalization of family structure". The increasing longevity is expected to change individual's life course through producing more opportunities for remarriage, grandparenting, and greater educational and socioeconomic success (Farkas & Hogan 1995). While generational linkage may be latent, the increasing importance of multigenerational ties over time may be seen in times of family crisis and need (Bengtson 2001). Women have a higher probability of surviving a spouse; elderly men are more likely to be remarried than elderly women (Bengtson, Rosenthal & Burton 1990).

3 Changes on Economic Support for Old Age

The challenges of a globalization of economic and technological institutions have been major forces in changing how families see and moderate the long term economic provisions for their families. Major dependence on governmental programs for retirement and health support has been characteristic in the later part of the twentieth century. Now as the twenty-first century gets underway, these programs are increasingly vulnerable to both the new structure of the population and global influences in economic outcomes. While many believe globalization is the same concept as Americanization (Xia 2003), we are not assuming that change is a one way street that comes from the USA to the rest of the world, but more of a worldwide interaction that comes from increased communication and trade through availability of technology to all (Schuerkens 2003: 219). In fact, globalization is not a particularly American phenomena as information exchange and leadership may come from anyplace in the world.

3.1 Economic Support in USA

In the USA, considerable concern and political controversy have surrounded the relocation off-shore or the out-sourcing of some functions in industry. Free trade is still a controversial issue and protectionism is often advocated. Lifetime tenure in good jobs seems to have disappeared (Settles 1999). Many economists believe that relative wages and salary are more stagnant and the compensation gap between the executive officers of companies and their employees has grown. Still the overall financial prosperity of the recent past has meant that many elderly have their own homes and some savings. Both the financial and medical security of older American was improved through governmental programs in the twentieth century. Private pensions and health insurance are a benefit of employment from specific employers and rely on the continuing economic health of those companies. Today more workers are contractors without benefits, fewer workers are being covered by private health insurance and many being underinsured (Cubbins & Palmer 2001). Smith (2002: 82) maintains, „families headed by high school dropouts, divorces or widowed women and never married men remain at risk of being poor" in old age. Reentry into the labor market after retirement is increasingly common often at lower level jobs and pay (Phua, Kaufman & Park 2001). The „pay as you go" Social Security system is under attack because fewer are in the work force compared to the aging group (Penner & Cove 2002). Setting aside some Social Security funds for personal investment accounts are being promoted to lessen the transfers from current workers to the retired (Razin, Sadka & Swagel 2002: 917). Medicare has been available without a means test, but some services such as Medicare home care is limited to a short recovery period (Robinson 1997) not covering chronic or degenerative conditions (Kramer 2000).

3.2 Comparative Examples

The Chinese (PRC) government had introduced since 1949 comprehensive social welfare coverage for urban employees and in some respects relieved the family of some responsibility for old age support. „Elderly people without adult children were cared for by the collective with the 'five guarantees': food, housing, clothing, health care and burial expenses" (Hardee, Xie & Gu 2004: 74). The employment-based social security system, which guaranteed state employees a pension, living accommodations, and medical care after retirement had, largely ensured that urban elderly could be financially independent from their families. In recent decades this system has been challenged by the rapidly changing market economy which has created a new situation increasing numbers of companies owned by someone other than the state. This change is reflected in greater occupational mobility with almost all workers in 2000 being contract workers (Settles & Sheng 2002). A new social welfare system needs to be developed. In Southeast Asia, a study of Malays in Malaysia and Indonesia note the influence of Islam in encouraging taking responsibility for ones aged parents on both sides of the family (Frankenberg, Lillard & Willis 2002). Financial transfers seem to reflect money as a source of insurance, exchange of money for time and repayments for earlier educational support.

While there is a focus in Europe on the decreasing fertility as problematic for old age support and caregiving, it is increased life expectancy and health care expectations that directly put social security systems under stress (Speilauer 2000) and requires the huge proportion of social transfers (Taskinen 2000). Taxation systems may respond to these fiscal demands in a wide diversity of strategies some emphasizing the individual couples and/or families (Dumon 2000). The greater expectations that many Europeans have for early retirement and substantial pensions and quality health care suggest a crisis not so far in the future.

3.3 Implications of Changing Conditions of Economic Support for Old Age

The smaller families and longer individual lifetimes have affected providing for old age. Governmental programs are more difficult to maintain especially as they have depended upon current workers to pay as you go for retirement programs for the current elderly. While most developed countries used the workplace to funnel economic support for old age, major shifts have altered the viability of these programs and private companies have been reluctant to take on more responsibility, therefore work is no longer a dependable structure of retirement resources for either the current elderly or their adult children.

4 Cultural Values and Family Support

Institutional response to the economic and support needs of an aging society are shaped by the social system, but there are several aspects that can be seen as stemming from similar functional requirements. Cultural themes may persist although they may not represent the reality of everyday life. Individuals of different cultural backgrounds react differently to „moral dilemmas as well as solutions as they go about life" (Luborsky & McMullen 1999: 78). The way family members feel about what they are doing stems from the cultural orientation. In this description, both traditional cultural values and the current meaning of children and grandchildren in both societies are explored.

4.1 Traditional Cultural Values in the USA

There is a long tradition in the USA in both social science and literature of attending to the independence and isolation of families from the extended family and often the community as well. Descriptions of American families emphasized the nuclear family and less intense intergenerational relationships. Lately, historians realized that concern about changing families is grounded in the most recent past and often in a highly romanticized version of the past (Hareven 1987; Stacy 1996). Parent child interactions are central to family life across the life course, (Bengtson, Rosenthal & Burton 1990; Silverstein & Bengtson 1997). Earlier 20th century trends strengthened the individual's direct participation in other institutions and reduced the role of the family in representing individuals. Now technologies and economic opportunities have added family relationships and close friends back into the mix of interactions with the larger social system (Crews & Balcazar 1999). Heavy responsibilities for families in coordinating support and sponsorship for youth, elders and the disabled and dealing with new technologies and decisions both in medical institutions and home based interventions have become the new family reality for Americans (Coontz 2000: 289) resulting in generational interdependency. Quality of care is not in an absolute or objective standard. „Helping out" is done on the other person's terms, not, those easiest for the caregiver. Rarely, would the elder acknowledge the caregivers' efforts, sacrifices, or inconvenience directly. Collaborative care that includes many family members requires even more delicacy in delivery of help so any disputes occur so to speak, off-camera.

The meaning of having children in American life has been centered on the child as a representative of the family in the outside world not alone for affection and pleasure at home. In the 19th century farm and industrial setting children could be productive, but today, children are expected to be costly and need support into young adulthood. Smaller family size and the good health of the „young" elderly can provide grandchildren and sponsorship while their grandparents are active. Some grandparents may not give so much due to geographic mobility, poverty or dysfunction, or parental choice. Sussman (1991) noted that many exchanges were informal and undocumented. Many single parent and dual employment families are dependent on the extended family for childcare and after-school care (Moen & Forest 1999). Increasingly with parental disability or dysfunction some grandparents, take full care of their grandchildren for extended periods of time (Blackburn 2000) with over a million grandparent headed households being reported in 1990 (Whitley, White, Kelley & Yorke 1999). Barer (2001) found many of elderly people continued a care and emotional exchange with their children and grand or great grandchildren, although some found it too stressful or exhausting to be with young children.

4.2 Differences and Commonalities in Value Orientation in Comparative Examples

The view of China as a highly traditional society in which older people were highly respected and retained influence in the social system was based on the fact that most Chinese villages were relatively small and stable communities in pre-industrial society. The elders provided an access to the ancestors of the family, and after they died, they were believed to join these ancestors to be worshiped (Ikels 1980). Filial piety provided an institutional and structural function which resulted in social security for later life. Even in the revolutionary period the rhetoric of family duties as a value underlay the new economic and social developmental trends. Recent studies suggest that rapid economic reforms are changing families and may weaken the social underpinnings for family care for the elderly (Cai, Song, Luo & Jiang 1994; Jia 1988; Kwong & Cai 1992; Leung 1997). With the lack of others within the single child generation with whom to share, care and support the elderly both capacity and willingness to shoulder responsibility may be limited. The pressure on the Chinese tradition of male preference is changing expectations, but no so rapidly as one might think (Hardee, Xie & Gu 2004: 75). In rural China daughters may be more important in the future, not only being the main source of providing daily care to their age parents, but sending remittances back to support their homes, while they are working in the industries outside (Yang 1996). Recent evidence shows that, beside emotional support, urban daughters already contribute as much monetary support, if not more, to their aging parents as do the sons (Chen 1996). Care may go in both directions. The Chinese grandparent is in better health and has more resources to shower on the one-child family. The competition among grandparents for nurturing of their grandchildren may actually intensify over what has already been reported. The ratio of grandparents to grandchildren has been favorable for good childcare and some grandparents suggest that they live with their children to augment their grandchildren's care and education (Settles & Sheng 2002).

In the recent debates about the utility of the concept of ambivalence in understanding caregiving and intergenerational relationships, concern over whether ambivalence is to be viewed as negative or simply as a strand in all relationships is related to the felt need for caregivers to want to be caregivers. Balancing obligations, opportunities and options in caregiving in family life is one of the areas of decision making that is usually a well kept secret within families. That such calculations need to take place is upsetting to both the intimate family and the greater society searching for someone to provide free or low cost support. However, the rhetoric of independence and lack of burden in the USA is more an abstraction than an experience in families. In terms of the generations, there is a larger role for grandparents in the care of their grandchildren happening for some families depending greatly upon proximity of the generations or family stress with the possibility of reciprocity as a long term outcome. While it is not certain that grandchildren will reciprocate in their attention to their grandparents, it is a strong possibility worldwide.

5 Changing Practices of Elderly Care

While values have been stretched to accommodate new situations over time produced by smaller families, uncertain economic institutions and greater need for care for family members over longer time period, families remain engaged in meeting the elder's needs and attempt to meet these challenges. The practice within families involves many years of nuanced and growing care for the aged members. The major concern is in analyzing how the globalization process affects the implementation of people's values related to elderly care as well as their daily practices of caring and supporting the aged results in shifting how values are interpreted intergenerational relationships. Several themes emerge from comparisons of reported behavior and preferences. Behavior seems to shift first, although toleration for others' adoption of new mores may also come before a general value change (Thornton 1989). Two aspects of practice are explored as an illustration of the increasing similarity in societal response: a) Practical family relationships over the life course; b) The choice of living arrangements and care for later life.

5.1 Practical Family Relationships Across the Life Course

Increased demands later in the life course require innovation and new foundations for expectations and caregiving to be realized. More adults are focused on fewer children being raised and their own longer lifetime's impact, who is available and how they may be involved in everyday issues of lifelong care and interdependency. At home care for serious illness and handicap has been supported by technologies that are more friendly to the untrained caregiver. As hospitals and institutions have been seen as more risky for complications and infections and health care providers have been pushed to cut costs, demands for families to provide assistance have grown rather than been reduced. New technologies and interventions allow people to be at home if it can be arranged. At the same time many more chronic conditions require some monitoring and careful support that is not dependency creating. The role of caregiver as negotiator with support services, providers, and support groups is being recognized as a contemporary role in caregiving (Flexman, Berke & Settles 1999).

5.2 Practical relationships and elderly care in the USA

Most people are taken care by their family members most of their lives. Families resist institutional care except for major health emergencies and when the caregiver's own health or abilities are exhausted. The complexities of new health interventions require that even younger and middle aged adults have special support from their families in such crises. Families also are called upon to help manage marital break ups and child care. In Logan and Spritze's study (1996) 27% of parents report receiving help from any child, and 58% of parents give help to any child.

Some exceptions to the general caring paradigm have been documented in research. American families who have experienced stresses and disruptions may have detached relationships. Fathers who are divorced, who lack custody of their children and who have failed to visit and provide support are often at-risk (Cooney, Hutchinson & Leather 1995; Silverstein & Bengtson 1997). Step families are even more complex and relationships may change over the life course (Ganong, Coleman, McDaniel & Killian 1998). Grandparents who are separated by distance or other structural features from their grandchildren may lose touch with both their children and grandchildren (George & Gold 1991). Elders who have been physically or emotionally abusive in their child rearing or spousal relationships may not be given care or may be at risk for renewed abuse from those relatives (Steinmetz 1988). Single people are especially vulnerable unless they have made arrangements with kin or „fictive kin" to be authorized to care for them and informed them of their desires (Settles 1986). As Crews and Balcazar (1999: 614) note: „Even as adults our family continues to provide a social, economic and cultural barrier or conduit for experiences with illness and disability throughout the life span".

There are significant differences in available options for living arrangements and care delivery in the USA. Housing policy in the USA has emphasized home ownership of detached houses rather than rental of houses or apartments. When generations have lived together some explanation was needed, such as, a shared business or farm, or a loss of property or money. Currently, complex multigenerational households in America are associated with lower income and black or Latino ethnicity (Cohen & Casper 2002) or older immigrants sponsored by their children (Phua, Kaufman & Park 2001). Usually the older person hosts a younger person. Living alone is increasing common for both women and men in some part of their aging (Kramarow 1995). With many phone calls and visits, as long as one was reasonably accessible to ones parents in a short drive not more than a couple of hours or so or one hundred miles, people felt that they could be involved. Although most elderly people continue to live in their family homes, many Americans relocate several times in retirement (Robinson & Moen 2000). Adult children may be involved in arranging several different living situations: a move to dream house or community; a scaled down living less burdensome arrangement; a return to prior community or location accessible to caregivers, several different levels of care, and perhaps ending with a hospice for terminal care. Where there is great physical distance among family members telephone, e-mail and holiday visits are used to monitor care and well being.

Families have increased their participation in home based care giving (Paoletti 1999). Between 1964 and 1996, the average length of hospital stay for Medicare recipients has decreased 56% (NCHS 1999), and the frail elderly are now being discharged from acute care hospitals not only earlier but sicker. The rate of nursing home placement has remained relatively consistent in all elder groups (65-75, 75-84, 85 and older) over the last 15 years, while the absolute numbers of the elderly have increased (NCHS 1999). Long term nursing home care does seem to be related to available alternatives and in home services, while short time placements are more related to recovery from acute care needs (Boaz & Muller 1994). The negative image of nursing home is shared by both caregivers and recipients (Nolan & Dellasega 2000). In a recent qualitative study of wives' decision making about nursing home placement of their husbands, Chamberlin (2002) found that wives agonized over the decision and did not do it until they felt they had no alternatives. Families' feelings of responsibility for the well being of their elder tend to continue and they may supplement care provided by the staff at the institution (Ross, Carswell & Dalziel 2001).

A women is typically a „kin keeper" (Hagestad 1986), who keeps in touch with, and, if necessary, cares for-adult siblings and other relatives. A spouse is often the first caregiver or the long-term partner in a homosexual couple may also be tapped for the role (Price & Rose 2000). The vast majority of informal elderly care is provided by female relatives, usually daughters and (albeit less often) daughters-in-law (Dwyer & Seccombe 1991), but husbands and sons also are involved. An adult child caregiver may be elderly too (Sanborn & Bould 1991). Grandchildren increasingly may be the only apparent caregiver. Silverstein and Bengtson (1997) suggest that many latent forms of cohesion exist among intergenerational ties providing the potential for exchange and reconciliation across the life course. The characteristics of care include transportation, advocacy in dealing with medical, social service and economic institutions, money management and social support as well as personal care. Many elderly are uncomfortable receiving direct personal care from their children, but expect them to supervise any helpers.

5.3 Comparative Examples

As members of younger generations in China gain access to better paying jobs and begin to adopt more western attitudes towards their elderly care responsibilities expression of more egalitarian norms with parents is more common (Yuan 1987). The intergenerational reciprocity is still reasonably active with the older generation tends to be considered by their children as important resources for daily help, including providing temporary housing for married children until they find their own (34%), making supplementary payment for non-coresidential children (30%), and helping with housework and childcare for coresidential children (25%) (Sheng 1991). Grandparenting, although mentioned less frequently than other tasks, is an important form of intergenerational reciprocity in China. Chinese grandparents are more likely to think it as a way of „enjoy family happiness" and as an exchange for help received from their children. Sheng (1991) argued that help from parents would strengthen intergenerational relationships through improving mutual communication and understanding, close emotional ties, and increasing the opportunities of interdependence between generations. Overcoming distance and maintaining contact through technology is also more common in China. Concerns about economic support and daily care for the elderly are more concentrated on the very aged parent than on younger or mid-aged parents in urban China. Because most of urban elderly have their own pension, housing and lifelong savings, they may be economically better off than younger generations, and demand more emotional and daily social support rather than financial aid from their children (Davis-Friedman 1985; Sankar 1989). Meanwhile, there is an increasing demand for institutional care. Ma, Wang, Sheng & Shinozaki (1994) have shown that among the choices of later care, 22% of respondents preferred to „stay at rest house or apartment for the elderly", 8.2% want to „hire assistants". Fewer preferred being cared at home by children or grandchildren (16%), although 31% prefer to be cared by spouse in home.

The Russian family has become „the main source of psychological stability and identification for its members as people attempt to adjust to the market economy" (Vannoy & Cubbins, 2001: 214). In Russia and the former Soviet Union, the impact of transition to a market economy has been more difficult for many elderly persons as both pensions and housing support have been less generous. For some sub-populations, such as the Jews in Russia and the Ukraine, dislocations due to increased mobility and the availability of immigration have left the elderly more dependent on neighbors and friends in their old age (Iecovich, Barasch, Mirsky, Kaufman, Avgar & Kol-fogelson 2004). With the changes in governmental role, the sense of being abandoned was often expressed. Institutional instability has eroded trust in public institutions throughout the region (Genov 1997).

In Europe, the attention to birth and marriage rates has both nationalistic and generational underpinnings. The dramatic shrinkage of the working population versus the increasingly long lives has been seen as a threat to the generous social security plans (Bawin-Legros 2001). The focus on family as a strategy from the point of view of the public sphere is somewhat over optimistic, especially since the intergenerational transfer in the private or public sphere contributions almost never overlaps (Bawin-Legros 2001: 60).

5.4 Convergence of Practical Relationships and Elderly Care

Elder care stems from close relationships maintained through a lifetime. The rapid economic growth, demographic change, and occupational migration characterizing globalization of world economies have jeopardized the capacity and willingness of the family to serve as a primary resource to its older members. While these processes in the USA have not led to less responsibility, it stills poses the possible attenuation of care. Parent/child relationships are not simply about being available and willing to give and receive care. Although children are still the primary source of older age support to their parents (Gu, Chen & Liang 1995), the dynamics of parent-child relationships are undergoing a dramatic transition (Chen & Silverstein 2000). Greater egalitarianism and more divorce and remarriage have emphasized the crucial nature of the quality of relationships across the life course as a marker for potential caregiving. There are many events across the life course that divide or solidify families and the consequences of these experiences may be lasting.

6 Discussion

Contemporary societies are complex and the general trends are qualified by many different sub-themes, local and state policies and programs and sub groups. The major social and political initiatives have produced major differences in how values about intergenerational caregiving are played out in practice. Political ideology and family values as practiced are not the same entity in the USA. The war of words among conservatives and liberals in the USA features a family rhetoric with competing visions for the future of families (Moen & Forest 1999). Because most family policy in the USA is either located entirely within the states and local governments or only broadly structured at the national level for states to implement is difficult to track how ideology, funding, law and regulation actually affect family actions (Bogenschneider 2002). The community context for care varies greatly across the USA because each state's expenditures and regulations for home-based services vary and may be inequitable in formal personal assistance and long-term care services (Muramatsu & Campbell 2002). Many of the oldest old are suffering from Alzheimer's, dementia and require more attentive care than physical ailments such as Parkinson's (Monahan & Hooker 1997). Often both awareness and ability and desire to use services is low (Ozawa & Tseng 1999), and varies by ethnic group (Kosloski, Montgomery & Karner 1999). Choosing to make long-term formal plans for later life care often reflects desires for independence even when there are close relationships with family (Roberto, Allen & Blieszner 2001) and desire not to be a burden (Robinson & Moen 2000). The preference of the elderly to remain in the community and their own homes has resulted in programs to subsidize renovations and to provide reverse mortgages to provide income (Moody 1998). Continuing to support the appearance of independence does not relieve family members of the burden of making sure such independence does not mask neglect.

7 Conclusions

Increasingly long and active lives will change the relationships toward more symmetrical care giving and frequent interdependency appears likely in societies that are involved in the demographic shifts and globalization. The potential for continued economic, social, and technological developments will continue to challenge family arrangements and processes. Usually when one looks at topics cross culturally, the differences, especially around manners and style, are what is reported to be of interest. The differences in families appear to be narrowing in terms of the responsibility and care giving to their elder relatives. As family size has decreased, divorce and remarriage have expanded, and the elderly are living much longer, families in many cultures are needing to address the care of a more complex set of elderly persons, some of whom have less direct claims for care and responsibility. The need for specialized care in home and institutional settings especially for the frail elderly who may have become too much of a burden for their caregivers or they may have outlived them is being widely recognized and may be more common. Preference for home care given by family members is couched in the language of quality. Both the elderly and their families take into account other variables than strictly those of health, safety, and physical well-being. Certainly as a smaller cohort of young adults responds to an increasing long lived and large cohort of elders, some priorities will be set both by individuals and by the larger society. Those elders who have been good companions and sponsors to their younger family members may at an individual level be more likely to receive frequent and effective help. More institutional alternatives and in home services may be designed and implemented bringing some new options into play. Past relationship quality may underlie how and what kind of care is seen as quality. Quality of life is defined in terms of previous interactions and identity (Hanks & Settles 1989). Comparing families across cultures or even within a complex cultural setting is fraught with difficulties. What seems surprising in terms of the issues of care giving is that a great amount of care giving is taking place among family members. At the same time there are problems of care giving due to stress and health of the caregiver, lack of awareness and availability of supportive services and technologies and economic pressures across generations in both situations. The specifics vary greatly, but the issues are surprisingly similar in their demands on families to carry the load of caregiving and coordination of care.

References

Albert, Steven M. & Cattell, Maria G. (1994): Old Age in Global Perspective: Cross-Cultural and Cross-National Views. New York: G. K. Hall.
Bawin-Legros, Bernadette (2001): Families in Europe: A Private and Political Stake-Intimacy and Solidarity. In: Current Sociology 49: 49-65.
Barer, Barbara M. (2001): The 'Grands and Greats' of Very Old Black Grandmothers. In: Journal of Aging Studies 15: 1.
Bengtson, Vern L. (2001): Beyond the Nuclear Family: The Increasing Importance of Multigenerational Bonds. In: Journal of Marriage and the Family 63: 1-16.
Bengtson, Vern L./Rosenthal, Carolyn & Burton, Linda (1990): Families and Aging: Diversity and Heterogeneity. In: Binstock, Robert H. & George, Linda K. (Eds.): Handbook of Aging and the Social Sciences (3rd ed.). San Diego, CA: Academic Press: 263-287.
Blackburn, Mary L. (2000): America's Grandchildren Living in Grandparent Households. In: Journal of Family and Consumer Sciences 92: 30-36.
Boaz, R. F. & Muller, C. F. (1994): Predicting the Risk of 'Permanent' Nursing Home Residence: The Role of Community Help as Indicated by Family Helpers and Prior Living Arrangements. In: Health Services Research 29: 391-414.
Bogenschneider, Karen (2002): Family Policy Matters: How Policymaking Affects Families and What Professionals Can Do. Mahwah, NJ: Lawrence Erlbaum Associates.

Cai, W. M./Song, Y. H./Luo, X. Y. & Jiang, L. W. (1994): China. In: Kosberg, Jordan (Ed.): International Handbook on Services for the Elderly. Westport, CT: Greenwood Press: 87-190.
Chamberlin, B. (2002): A Retrospective Study of Caregiver Wives' Decision-Making Process in the Transition of their Husbands Delaware, Newark, DE.
Chen, Jieming (1996): Old Age Support and Intergenerational Relations in Urban China: Maintenance of Obligations Between Older Parents and Children. Ph.D. Dissertation. Department of Sociology, University of Michigan, Ann Arbor, MI. (No. 9711937). Ann Arbor, MI: UMI Dissertation Services.
Chen, Xiangming & Silverstein, Merril (2000): Intergenerational Social Support and the Psychological Well-Being of Older Parents in China. In: Research on Aging 22: 43-65.
Cohen, Philip N. & Casper, Lynne M. (2002): In Whose Home? Multigenerational Families in the United States, 1998-2000. In: Sociological Perspectives 45: 1-24.
Cooney, T. M./Hutchinson, M. K. & Leather, D. M. (1995): Surviving the Breakup? Predictors of Parent-Adult Child Relations after Parental Divorce. In: Family Relations 44: 153-161.
CPS Report (2000): America's Families and Living Arrangements March 2000. Retrieved August 26, 2004, from http://www.census.gov/population/www/socdemo/hh-fam.html.
Coontz, Stephanie (2000): Historical Perspectives on Family Studies. In: Journal of Marriage and the Family 62: 283-297.
Crews, Douglas E. & Balcazar, Hector (1999): Exploring Family and Health Relationships. In: Sussman, Marvin B./Steinmetz, Suzanna K. & Peterson, Gary W. (Eds.): Handbook of Marriage and the Family (2nd ed.). New York: Plenum: 613-631.
Cubbins, Lisa A. & Parmer, Penelope (2001): Economic Change and Health Benefits: Structured Trends in Employer-Based Health Insurance. In: Journal of Health and Social Behavior 42: 45-63.
Davis-Friedman, Deborah (1985): Chinese Retirement: Policy and Practice. In: Current Perspectives on Aging and the Life Cycle 1: 295-313.
Dumon, Wilfried (2000): Family and Fiscal Policy in Belgium. In: Trnka, Sylvia (Ed.): Family Issues Between the Generations. Vienna, Austria: European Observatory on Family Matters: 86-90.
Dwyer, Jeffrey W. & Seccombe, Karen (1991): Elder Care as Family Labor: The Influence of Gender and Family Position. In: Journal of Family Issues 12: 229-247.
Farkas, Janice I. & Hogan, Dennis P. (1995): The Development of Changing Intergenerational Relationships. In: Bengtson, Vern L./Schaie, K. Warner & Burton, Linda M. (Eds.): Adult Intergenerational Relations: Effects of Societal Change. New York: Springer: 1-18.
Flexman, Ruth/Berke, Debra L. & Settles, Barbara H. (1999): Negotiating Family: The Interface Between Family and Support Groups. In: Settles, Barbara H./Steinmetz, Suzanne K./Peterson, Gary W. & Sussman, Marvin B. (Eds.): Concepts and Definition of Family for the 21st Century. New York: Haworth Press: 173-190.
Frankenberg, Elizabeth/Lillard, Lee & Willis, Robert J. (2002): Patterns of Intergenerational Transfers in SouthEast Asia. In: Journal of Marriage and the Family 64: 627-641.
Gagnon, L./Coleman, M./McDaniel, A. K. & Killian, T. (1998): Attitudes Regarding Obligations to Assist an Older Parent or Stepparent Following Later Life Marriage. In: Journal of Marriage the Family 60: 595-610.
Genov, Nikolai B. (1997): Four Global Trends: Rise and Limitations. In: International Sociology 12: 209-428.
George, Linda K. & Gold, Deborah T. (1991): Life Course Perspectives on Intergenerational and Generational Connections. In: Marriage and Family Review 16: 67-82.
Gerstel, Naomi & Gallagher, Sally K. (2001): Men's Caregiving: Gender and the Contingent Character of Care. In: Gender and Society 15: 197-217.

Gu, Shengzu/Chen, Xiangming & Liang, Jersey (1995): Old-Age Support System and Policy Reform in China. Paper presented at the International Conference on Aging in East-West, Seoul National University, Korea.
Hagestad, Gunhild O. (1986): The Family: Women and Grandparents as Kin-Keepers. In: Pifer, Alan & Bronte, Lydia (Eds.): Our Changing Society: Paradox and Promise. New York: W. W. Norton: 141-160.
Hanks, Roma S. & Settles, Barbara H. (1990): Theoretical Questions and Ethical Issues in a Family Caregiving Relationship. In: Biegal, David E. & Blum, Arthur (Eds.): Aging and Caregiving: Theory, Research, and Policy. Newbury Park, CA: Sage Publications: 98-120.
Hardee, Karen/Xie, Zhenming & Gu, Baochang (2004): Family Planning and Women's Lives in Rural China. In: International Family Planning Perspectives 30: 68-76.
Hareven, Tamara K. (1987): Historical Analysis of the Family. In: Sussman, Marvin B. & Steinmetz, Suzanna K. (Eds.). Handbook of Marriage and the Family. New York: Plenum: 37-58.
Iecovich, Esther/Barasch, Miriam/Mirsky, Julia/Kaufinan, Roni/Avgar, Amos & Kol-fogelson, Aliza (2004): Social Support Networks and Loneliness among Elderly Jews in Russia and the Ukraine. In: Journal of Marriage and the Family 66: 306-317.
Ikels, Charlotte (1980): The Coming of Age in Chinese Society: Traditional Patterns and Contemporary Hong Kong. In: Fry, Christine L. (Ed.): Aging in Culture and Society: Comparative Viewpoints and Strategies. New York: Bergin Publishers: 80-100.
Jia, Aimei (1988): New Experiments with Elderly Care in Rural China. In: Journal of Cross-Cultural Gerontology 3: 139-148.
Kosloski, Karl/Montgomery, Rhonda J. V. & Karner, Tracy X. (1999): Differences in the Perceived Need for Assistive Services by Culturally Diverse Caregivers with Dementia. In: Journal of Applied Gerontology 18: 239-256.
Kramarow, Ellen A. (1995): The Elderly Who Live Alone in the United States: Historical Perspectives on Household Change. In: Demography 32: 335-352.
Kramer, Betty J. (2000): Husbands Caring for Wives with Dementia: A Longitudinal Study of Continuity and Change. In: Health and Social Work 25: 97-107.
Kwong, Paul & Cai, Guoxuan. (1992): Aging in China: Trends, Problems, and Strategies. In: Phillips, Debavalya (Ed): Aging in East and South-East Asia. London: Edward Arnold: 105-127.
Lee Keng-mun, William & Hong Kin, Kwok (1994): Personal Communication.
Leung, Joe C. B. (1997): Family Support for the Elderly in China: Issues and Challenges. In: Journal of Aging and Social Policy 9: 87-101.
Logan, John R. & Spitze, Glenna (1996): Family Ties: Enduring Relations between Parents and Their Adult Children. Philadelphia: Temple University Press.
Luborsky, Mark R. & McMullen, Carmit K. (1999): Culture and Aging. In: Cavanaugh, John C. & Whitbourne, Susan K. (Eds.): Gerontology: An Interdisciplinary Perspective. New York: Oxford University Press: 65-90.
Lutz, Wolfgang (1999): Will Europe Be Short of Children? In: Family Observer 1: 8-17.
Ma, Y./Wang, Z./Sheng, Xuewen & Shinozaki, M. (1994): A Study on the Life and Consciousness of Contemporary Urban Family in China: A Research in Beijing with Comparison among Bangkok, Seoul and Fukuoka. Kitakyushu: Kitakyushu Forum on Asian Women.
Mane, Purnima & Aggleton, Peter (2001): Gender and HIV/AIDS: What Do Men Have to Do With It? In: Current Sociology 49: 23-47.
Moen, Phyllis & Forest, Kay B. (1999): Strengthening Families: Policy Issues for the Twenty-First Century. In: Sussman, Marvin B. & Steinmetz, Suzanna K. (Eds.). Handbook of Marriage and the Family. New York: Plenum:633-663.
Monahan, Deborah J. & Hooker, Karen (1997): Caregiving and Social Support in Two Illness Groups. In: Social Work 42: 278-286.

Moody, Harry R. (1998): Aging: Concepts and Controversies (2nd ed.). Thousand Oaks, CA: Pine Forge Press.

Muramatsu, Naoko & Campbell, Richard T. (2002): State Expenditures on Home and Community Based Services and Use of Formal and Informal Personal Assistance: A Multilevel Analysis. In: Journal of Health and Social Behavior 43: 107-124.

National Bureau of Statistics of China (Ed.) (2001): China Statistical Yearbook 2001. Beijing: China Statistics Press.

Nauck, Bernhard (2000): Value of Children: An Explanatory Variable in the Cross-Cultural Comparison of Fertility Behavior and Intergenerational Relationships. Paper presented at the Seminar XXXVII of the Committee on Family Research, International Sociological Association on Theoretical and Methodological Issues in Cross-Cultural Family Studies, Uppsala, Sweden.

NCHS (1999): Health U.S., with Health and Aging Chart Book. National Center for Health Statistics, Division of Data Services, Hyattsville, MD.

Nolan, Mike R. & Dellasega, Cheryl (2000): 'I really feel I've let him down': Supporting Family Careers During Long-Term Care Placement for Elders. In: Journal of Advanced Nursing 31: 759-767.

Ozawa, Martha N. & Tseng, Huan-yui (1999): Utilization of Formal Services During the 10 Years After Retirement. In: Journal of Gerontological Social Work 31: 3-20.

Paoletti, Isabella (1999): A Half Life: Women Caregivers of Older Disabled Relatives. In: Journal of Women and Aging 11: 53-67.

Penner, Rudolph G. & Cove, Elizabeth (2002): Women and Individual Accounts. In: Favreault, Melissa M./Sammortine, Frank J. & Steuerle, C. Eugene (Eds): Social Security and the Family. Washington, DC: The Urban Institute Press: 229-270.

Peterson, Peter G. (1999): Grey Dawn: The Global Aging Crisis. In: Foreign Affairs 78: 42-55.

Phua, Voon Chin/Kaufman, Gayle & Park, Keong Suk (2001): Strategic Adjustments of Elderly Asian Americans: Living Arrangements and Headship. In: Journal of Comparative Family Studies 32: 263.

Pollard, Michael S. & Morgan, S. Philip (2002): Emerging Parental Gender Indifference? Sex Composition of Children and the Third Birth. In: American Sociological Review 67: 600-613.

Price, Christine A. & Rose, Hilary A. (2000): Caregiving Over the Life Course of Families. In: Price, Sharon J./McKenry, Patrick C. & Murphy, Megan J. (Eds.): Families Across Time: A Life Course Perspective. Los Angeles, CA: Roxbury Publishing Company: 145-159.

Razin, Assaf/Sadka, Efraim & Swagel, Phillip (2002): The Aging Population and the Size of the Welfare State. In: Journal of Political Economy 110: 900-919.

Roberto, Karen A./Allen, Katherine R. & Blieszner, Rosemary (2001): Older Adults' Preferences for Future Care: Formal Plans and Familial Support. In: Applied Developmental Science 5: 112-120.

Robinson, Julie T. & Moen, Phyllis (2000): A Life-Course Perspective on Housing Expectations and Shifts in Mid-Life. In: Research on Aging 22: 499-532.

Robinson, Kathy M. (1997): Family Caregiving: Who Provides the Care and at What Cost? In: Nursing Economics 15: 243-248.

Ross, Margaret M./Carswell, Anne & Dalziel, William B. (2001): Family Caregiving in Long-Term Care Facilities. In: Clinical Nursing Research 10: 347-363.

Sanborn, Beverly & Bould, Sally (1991): Intergenerational Caregivers of the Oldest Old. In: Marriage and Family Review 16: 125-142.

Sankar, Arnand (1989): Gerontological Research in China: The Role of Anthropological Inquiry. In: Journal of Cross-Cultural Gerontology 4: 199-224.

Schuerkens, Ulrike (2003): The Sociological and Anthropological Study of Globalization and Localization. In: Current Sociology 51: 209-222.

Settles, Barbara H. (1986): A Perspective on Tomorrow's Families. In: Sussman, Marvin B. & Steinmetz, Suzanna K. (Eds.): Handbook on Marriage and Family. New York: Plenum Press: 157-180.
Settles, Barbara H. (1999): The Future of Families. In: Sussman, Marvin B./Steinmetz, Suzanna K. & Peterson, Gary W. (Eds.): Handbook of Marriage and the Family. New York: Plenum: 143-178.
Settles, Barbara H. & Sheng, Xuewen (2002, July): Rethinking the One Child Policy: Challenges Confronting Chinese Families in the 21st Century. Paper presented at the XV. World Congress of Sociology, Brisbane, Australia.
Sheng, Xuewen (1991): Zhongguo Chengshi Laonianren De Jiating Shenghuo (The Family Life of Urban Chinese Elderly). In: Hu, R./Yao, S. & Liu, B. (Eds.): Zhongguo Chengshi Laoling Wenti Yanjiu (The Study of Aging Issues in Urban China). Tianjin: Jianjin Educational Press: 13-42.
Sheng, Xuewen (1992): Population Aging and the Traditional Pattern of Supporting the Aged. In: Proceedings of Asia-Pacific Regional Conference on Future of the Family. China Social Science Documentation Publishing House: 66-71.
Sheng, Xuewen & Settles, Barbara H. (in press): Intergenerational Relationships and Elderly Care in China: A Global Perspective. In: Journal of Comparative Family Studies.
Silverstein, Merril & Bengtson, Vern L. (1997): Intergenerational Solidarity and the Structure of Adult Child-Parent Relationships in American Families. In: The American Journal of Sociology 103: 429-432.
Smith, K. E. (2002): The New Status of Retired Populations: Now and in the Future. In: Favreault, Melissa M./Sammartino, Frank J. & Steuerle, C. Eugene (Eds.): Social Security and the Family. Washington, DC: The Urban Institute Press: 47-88.
Spielauer, Martin (2000): Summary of the Discussion in the Session on Generational Solidarity and Conflict. In: Trnka, Sylvia (Ed): Family Issues Between the Generations. Vienna, Austria: European Observatory on Family Matters: 74-78.
Stacy, Judith (1996): In the Name of the Family: Rethinking Family Values in the Postmodern Age. Boston: Beacon Press.
Steinmetz, Suzanna K. (1988): Parental and Filial Relationships: Obligation, Support and Abuse. In: Steinmetz, Suzanna K. (Ed.): Family and Support Systems Across the Life Span. New York: Plenum Press: 165-196
Sussman, Marvin B. (1991): Reflection on Intergenerational and Kin Connections. In: Pfeifer, Susan K. & Sussman, Marvin B. (Eds.): Families: Intergenerational and Generational Connections. Binghamton, NY: The Haworth Press: 3-9.
Taskinen, Sirpa (2000): Money Is Not Enough. In: Trnka, Sylvia (Ed): Family Issues Between the Generations. Vienna, Austria: European Observatory on Family Matters: 66-69.
Taylor, Ronald L. (2002): Minority Families and Social Change. In: Taylor, Ronald L. (Ed.): Minority Families in the United States: A Multicultural Perspective. Upper Saddle River, NJ: Prentice Hall: 252-300.
Teachman, Jay D./Tedrow, Lucky M. & Crowder, Kyle D. (2000): The Changing Demography of America's Families. In: Journal of Marriage and the Family 62: 1234-1246.
Thornton, Arland (1989): Changing Attitudes toward Family Issues in the United States. In: Journal of Marriage and the Family 51: 873-893.
USA Statistics in Brief (2003): Retrieved July 26, 2003, from http://www.census.gov/statab/www/part1.html#households.
Vannoy, Dana & Cubbins, Lisa A. (2001): Relative Socioeconomic Status of Spouses, Gender Attitudes, and Marital Quality Experienced by Couples in Metropolitan Moscow. In: Journal of Comparative Family Studies 12: 195-218.

Whitley, Deborah M./White, Kim R./Kelley, Susan J. & Yorke, Beatrice (1999): Strengths-Based Case Management: The Application to Grandparents Raising Grandchildren. In: Families in Society: The Journal of Contemporary Human Services 80: 110-119.

Xia, G. (2003): Review Essay: Globalization at Odds with Americanization. In: Current Sociology 51: 709-718.

Yang, Hongqiu (1996): The Distributive Norm of Monetary Support to Older Parents: A Look at a Township in China. In: Journal of Marriage and the Family 58: 404-415.

Yuan, Fan (1987): The Status and Role of the Chinese Elderly in Families and Society. In: Schulz, James H. & Davis-Friedmann, Deborah (Eds.): Aging China: Family, Economics, and Government Policies in Transition. Washington, DC: The Gerontological Society of America: 36-46.

Zhu, ZhiXin (Ed.) (2001): International Statistical Yearbook. Beijing: China Statistics Press.

Intergenerationaler Austausch von Unterstützung und Reziprozität im Kulturvergleich

Beate Schwarz & Gisela Trommsdorff

1 Einleitung

Die rapiden demographischen Veränderungen in den Industrieländern, wie zunehmende Lebenserwartung und sinkende Geburtenraten mit der damit verbundenen so genannten „Überalterung" der Gesellschaft, haben Auswirkungen auf der Makro- wie Mikroebene von Gesellschaften, etwa bei Fragen der Alterssicherung. Die Veränderungen erweisen sich auch für den Einzelnen bzw. die einzelne Familie als bedeutsam. So führt die zunehmende Lebenserwartung dazu, dass Eltern und Kinder noch nie so viel gemeinsame Lebenszeit miteinander verbracht haben wie gegenwärtig (Lauterbach 1995). Da zudem alte Menschen über einen langen Zeitraum hinweg relativ gesund bleiben (Bundesministerium für Familie, Senioren, Frauen und Jugend 2001), erweitert sich die Zeit, die Eltern und Kinder bei guter Gesundheit, also nicht in der Pflegesituation, miteinander verbringen können. Damit rückt die Frage in den Vordergrund, wie die Eltern-Kind-Beziehung über diesen verlängerten Zeitraum und in dieser spezifischen Lebensphase gestaltet wird.

Die bislang eher deskriptive Forschung zu Eltern-Kind-Beziehungen im Erwachsenenalter liefert mittlerweile ein recht gut abgesichertes Bild, vor allem zu strukturellen Aspekten der Beziehung. Danach pflegen Kinder auch im Erwachsenenalter häufige Kontakte mit den Eltern. Im Allgemeinen ist die Beziehung erwachsener Kinder und ihrer Eltern gut und eng; es wird sowohl emotionale, praktische und finanzielle Hilfe ausgetauscht. Als besonders eng und vertrauensvoll erweist sich in vielen Studien die Mutter-Tochter-Beziehung (im Überblick Lye 1996; Mancini & Blieszner 1989).

Der Deutsche Alterssurvey zeigt, dass fast 70% der erwachsenen Kinder mehrmals in der Woche Kontakt mit ihren Eltern haben (Szydlik 2000). Dies wird auch dadurch erleichtert, dass die erwachsenen Kinder meist nicht sehr weit von ihren Eltern entfernt wohnen, die Hälfte lebt in der gleichen Stadt oder dem gleichen Bezirk (Kohli & Künemund 2001; Lauterbach & Pillemer 2001).

Aufgrund der zurzeit guten finanziellen Lage vieler älterer Menschen fließt mehr finanzielle Unterstützung von der älteren zur mittleren Generation, bei praktischer Unterstützung ist das Verhältnis eher umgekehrt (Kohli & Künemund 2001).

Gegenseitige Unterstützung von erwachsenen Kindern und ihren Eltern ist als ein zentraler Aspekt der Beziehung sowohl aus entwicklungspsychologischer Sicht über die Lebensspanne als auch aus soziologischer Sicht von Bedeutung. Es sollte deshalb geklärt werden, welche Bedingungen intergenerationale Unterstützung beeinflussen und wie die Unterstützung mit anderen Beziehungsaspekten zusammenhängt. Das Modell der „intergenerationalen Solidarität" von Bengtson und Kollegen (z. B. Bengtson & Roberts 1991) geht davon aus, dass Normen familiärer Verpflichtung und die emotionale Qualität der Beziehung wichtige Einflussfaktoren für das Ausmaß der intergenerationalen Unterstützung sind. Weiterhin wird in diesem Modell der Austausch von Unterstützung differenziert betrachtet. Unterschieden wird zwischen dem Ausmaß an Unterstützung, die gegeben wird und die man erhält, und der Reziprozität dieses Austausches. Es wird postuliert, dass eine gute emotionale Qualität der Beziehung die Unterstützungen verstärkt und dass Reziprozität im Austausch dieser Unterstützung die Beziehungsqualität verbessert.

Mit dem Konzept der Reziprozität knüpfen Bengtson und Kollegen an die austauschtheoretischen Überlegungen von Gouldner (1960) an. Danach ist die Stabilität von sozialen Beziehungen davon abhängig, dass die interagierenden Personen sich darauf verlassen können, die von ihnen in die Beziehung eingebrachten Leistungen von dem jeweils anderen in vergleichbarer Weise und innerhalb eines angemessenen Zeitraumes „zurückgezahlt" zu bekommen. Die postulierte Norm der Reziprozität wird danach auch auf Familienbeziehungen angewendet (z. B. Alt 1994; Schulz 1996), obwohl diese anders als nicht verwandtschaftliche Beziehungen schwer auflösbar sind. Ein „quit pro quo" ist allerdings nicht unbedingt anzunehmen; auch kann eine Art „langfristiger Vorratshaltung" (support banks) bestehen, durch die Leistungen erst zu einem späteren Zeitpunkt wieder gutgemacht werden (Antonucci 1985).

Die hier beschriebenen theoretischen Konzepte wurden in westlichen Kulturen entwickelt und bisher auch nur dort überprüft. Inwieweit sie auch in nicht westlichen Kulturen Gültigkeit haben, ist eine offene Frage. Gouldner (1960) sah die Norm der Reziprozität als universell gültig an, doch ging er davon aus, dass die Erfüllung dieser Norm kulturspezifische Formen annehmen kann. Bengtson (2001) räumte ein, dass eine kulturvergleichende Überprüfung seines Modells intergenerationaler Solidarität noch weitgehend aussteht. Zu prüfen wäre, ob die in einer Kultur vorherrschenden Werte und Normen, die in beiden theoretischen Ansätzen eine Rolle spielen, die Ausprägung und Funktion der Eltern-Kind-Beziehungen beeinflussen (Trommsdorff & Kornadt 2003). Dafür erforderliche kulturvergleichende Studien könnten die Ansätze empirisch fundieren und theoretisch weiterentwickeln. Bisher sind jedoch Eltern-Kind-Beziehung im Erwachsenenalter kaum Gegenstand kulturvergleichender Forschung (Trommsdorff, in press).

2 Das konfuzianische Konzept der „filial piety"

Kulturvergleichende Studien sollten kulturangemessene Methoden einsetzen und von einem kulturinformierten Standpunkt aus erfolgen, wobei auch indigene Konzepte der untersuchten Kulturen berücksichtigt werden sollten (Trommsdorff 2003). Für ostasiatische Kulturen ist als indigenes Konzept des Konfuzianismus die „filial piety" von großer Bedeutung. Damit werden die Rollen und Aufgaben aller Familienmitglieder, besonders aber der Kinder gegenüber ihren Eltern umschrieben. Dass die Familienmitglieder wechselseitig voneinander abhängig sind, ist Voraussetzung für ein hohes Investment der Eltern in ihre Kinder und dafür, dass sich die Kinder wiederum als gehorsam und respektvoll gegenüber ihren Eltern erweisen. Dabei ist die Wahrung der Harmonie in der Familie ein besonders hoher Wert. Insbesondere ist der älteste Sohn verpflichtet, später seine alten Eltern emotional, materiell und spirituell zu unterstützen. Somit ist anzunehmen, dass wie in westlichen ähnlich auch in konfuzianischen Kulturen den familienorientierten Normen und emotionalen Bindungen eine wichtige Rolle für die intergenerationale Unterstützung zukommt. Allerdings sollten in konfuzianischen Kulturen die familienbezogenen Normen stärker als in westlichen Kulturen ausgeprägt sein. Weiter sollte aufgrund der stärkeren gegenseitigen Abhängigkeit auch der Austausch an Unterstützungen intensiver ausfallen.

Das traditionelle Konzept der „filial piety" hat durch den sozialen Wandel und damit erfolgende Änderungen der Gesellschaftsstruktur einige Veränderungen erfahren, insbesondere was die Rollen des erwachsenen Sohnes und der erwachsenen Tochter angeht. Traditionell beziehen sich die filialen Pflichten auf den ältesten Sohn. Jedoch zeigen aktuelle empirische Studien aus Korea und China, dass zunehmend auch erwachsenen Töchter ihre alten Eltern unterstützen und ein enges emotionales Band zwischen Tochter und Eltern besteht (Levande, Herrick & Sung 2000; Sun 2002). Diese Ergebnisse werden auch von Nauck und Suckow (2003) bestätigt. Die Autoren stellen dazu fest: „Dieser Befund ist deshalb besonders bemerkenswert, als es sich hierbei um *verheiratete* Töchter handelt und die patrilineare Deszendenz in diesen Gesellschaften offenbar die Erwartung an und das tatsächliche Ausmaß der geleisteten Hilfeleistungen auch nach deren Einheirat in eine andere Lineage nicht vermindert oder unterbricht" (Nauck & Suckow 2003: 9).

Im Konzept der „filial piety" wird ähnlich wie in westlichen Kulturen, eine Norm der Reziprozität formuliert: Die Kinder sind verpflichtet, das hohe Investment ihrer Eltern später wieder gutzumachen. Aufgrund der langfristigen zeitlichen Orientierung im Konfuzianismus und der Kontinuität der Familie über die Generationen hinweg besteht in den konfuzianischen Kulturen anders als in westlichen Kulturen allerdings für das Kind die Möglichkeit, die „Schuld" an die Eltern durch eigene Investitionen in die nächste Generation abzutragen, also nicht nur direkt den eigenen Eltern „zurückzuzahlen" (Hwang 1999). Damit hat die Reziprozitätsnorm in konfuzianischen Kulturen eine andere Bedeutung als in westlichen Kulturen, wo Reziprozität in Beziehungen auf zeitlich näherem Austausch beruht.

Vor dem Hintergrund der hier skizzierten theoretischen Ansätze und Befunde sollen im Folgenden zwei zentrale Fragen beantwortet werden. (1) Unterscheidet sich das Ausmaß an intergenerationaler Unterstützung in Deutschland von dem in konfuzianischen Kulturen und wird dies durch Unterschiede in den familienorientierten Normen erklärt? (2) Unterscheidet sich die Bedeutung von Reziprozität in diesen Kulturen?

3 Die Studie „Value of Children and Intergenerational Relationships"

Zur Beantwortung dieser Forschungsfragen dient die Studie " Value of Children and Intergenerational Relationships"[1], in der soziologische und psychologische Ansätze zum Wert des Kindes und zu den Generationenbeziehungen kulturvergleichend untersucht werden (z. B. Nauck 2001; Trommsdorff 2001; in press). In China, Deutschland, Indonesien, Israel, Südkorea und der Türkei wurden jeweils 300 Mütter sowie eines ihrer Kinder im Jugendalter und in wenigstens

---

[1] Die „Value of Children"-Studie (VOC-Studie) ist ein von der Deutschen Forschungsgemeinschaft gefördertes Projekt (Na 164/9-1 bis -3, Tr 169/9-1 bis -3). Leitung: Bernhard Nauck, TU Chemnitz und Gisela Trommsdorff, Universität Konstanz.

100 Fällen auch die Großmütter mütterlicherseits befragt. Zusätzlich wurden 300 Mütter von Kleinkindern interviewt. Die hier beschriebenen Befunde beruhen auf den Daten der Mütter mit jugendlichen Kindern (im Folgenden: die erwachsenen Töchter) und den Großmüttern (im Folgenden: die Mütter) aus China und Korea als zwei konfuzianisch geprägten Kulturen und aus Deutschland als westliche Kultur. Die Befragungen der Töchter und Mütter erfolgte anhand von standardisierten Fragebögen, die in China und Deutschland durch trainierte Interviewerinnen bei den Befragten zuhause durchgeführt wurden. In Korea füllten Töchter und Mütter die Fragebögen eigenständig aus.

3.1 Normen und Werte, die Qualität der Beziehung und der Austausch von Unterstützung zwischen erwachsenen Töchtern und ihren Müttern[2]

Angesichts der hohen gegenseitigen Verpflichtungen in den konfuzianischen Kulturen gingen wir von der Annahme aus, dass der Austausch von Unterstützung zwischen koreanischen und chinesischen Töchtern und ihren Eltern intensiver ist als bei deutschen Töchtern und ihren Eltern. Zur Überprüfung dieser Annahme wurden die Angaben der Töchter verwendet, wie häufig sie emotionale Unterstützung (3 Items; Bsp.: „Wie oft haben Sie in den letzten 12 Monaten versucht, Ihre Eltern zu trösten?"), instrumentelle Unterstützung (3 Items; Bsp.: „Wie oft haben Sie Ihren Eltern in den letzten 12 Monaten Arbeiten abgenommen, wie Einkaufen oder Arbeiten im Haushalt?") und finanzielle Unterstützung (1 Item: „Teilen Sie mir bitte mit, wie oft Sie Ihre Eltern in den letzten 12 Monaten finanziell unterstützt haben.") gegeben haben (Antwortskala für alle Items: 1 – nie bis 5 = immer).[3] Parallel dazu wurden auch die Mütter nach der Häufigkeit gefragt, zu der sie emotionale, instrumentelle und finanzielle Unterstützung gegeben haben.

---

[2] Die in diesem Abschnitt geschilderten Befunde wurden teilweise auf der ISSBD-Konferenz in Gent (Schwarz, Trommsdorff, Mayer & Albert 2004) vorgestellt. Die Analysen beruhen auf 207 Mutter-Tochter-Dyaden aus China, 131 Dyaden aus Korea und 100 Dyaden aus Deutschland. Die erwachsenen Töchter waren im Schnitt etwa 40 Jahre alt, die Mütter fast 70 Jahre alt.

[3] Genauere Angaben über die Herkunft sowie der komplette Wortlaut der Items sind zu finden bei Schwarz, Chakkarath, Trommsdorff, Schwenk & Nauck (2001). Gütekriterien der Skalen für die deutsche Stichprobe sind Mayer, Albert, Schwarz & Trommsdorff (2003) zu entnehmen.

Tatsächlich berichten die koreanischen und chinesischen Töchter häufiger, ihren Eltern instrumentelle und finanzielle Unterstützung zu geben als die deutschen Töchter (vgl. Abbildung 1). In Hinblick auf die emotionale Unterstützung gleichen sich koreanische und deutsche Töchter, doch zeigen die chinesischen Töchter häufiger emotionale Unterstützung. Die Mütter aus Korea und China berichten durchweg häufiger emotionale, instrumentelle und finanzielle Unterstützung als die deutschen Mütter.

Abbildung 1: *Kulturunterschiede im Ausmaß der Unterstützung, die erwachsene Töchter ihren Eltern geben*

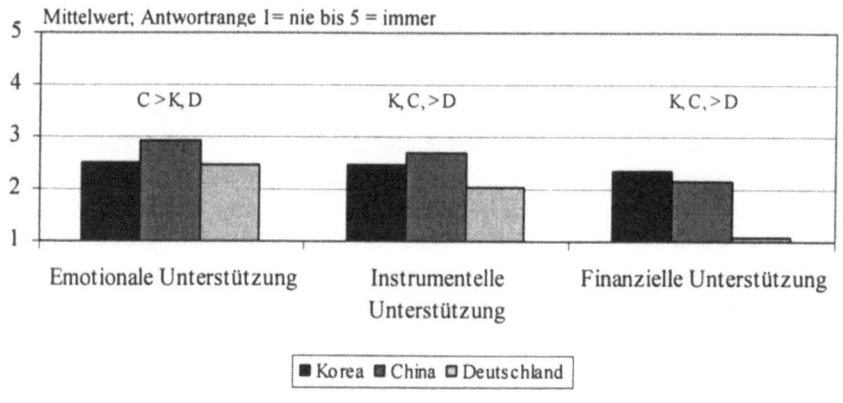

Datenbasis: VOC-Studie 2002

Es stellte sich nun die Frage, wodurch diese deutlichen kulturellen Unterschiede in der intergenerationalen Unterstützung erklärt werden können. Wie eingangs skizziert, war die Erwartung, dass die höhere gegenseitige Verpflichtung und Abhängigkeit in den Familien den intensiveren Austausch von Unterstützung erklärt. Die Töchter wurden gefragt, welche Erwartungen sie an erwachsene Kinder haben (14 Items; Bsp.: „dass er/sie weiterhin in Ihrer Nähe lebt"; „dass er/sie Sie finanziell unterstützt"). Darüber hinaus wurden Mütter und Töchter zu ihren independenten und interdependenten Orientierungen befragt. D. h. sie schätzten ein, inwieweit ihr Selbstkonzept durch persönliche Attribute definiert ist oder durch ihre Zugehörigkeit zu und Anpassung an die Familie (Markus & Kitayama 1991). Die Skala Interdependenz erwies sich bei Töchtern und Müttern als reliabel (5 Items; Bsp.: „Es ist mir wichtig, Entscheidungen der Familie zu respektieren."), die Skala Independenz jedoch nur bei den Müttern (5 Items, Bsp.: „Es gefällt mir, mich in vielerlei Hinsicht von den anderen Familienmitgliedern zu unterscheiden.").

Die chinesischen Töchter berichten von höheren filialen Erwartungen als die Koreanerinnen, die wiederum höhere Erwartungen als die deutschen Töchter haben. Die chinesischen Töchter erweisen sich als interdependenter orientiert als die koreanischen und deutschen Töchter, die sich in dieser Hinsicht nicht unterscheiden. Bei den Müttern ergeben sich unerwartete Befunde: Die koreanischen Mütter sind sowohl weniger independent als auch weniger interdependent als die chinesischen und deutschen Mütter, die sich nicht unterscheiden.

In hierarchischen Regressionsanalysen zur Vorhersage der Unterstützung durch die Töchter wurde in einem ersten Schritt die Variable Kultur eingeführt, in einem zweiten als Mediatoren des Kultureffekts die Variablen filiale Erwartungen und Interdependenz der Töchter (siehe Tabelle 1). Die häufigere emotionale und instrumentelle Unterstützung, die chinesische Töchter ihren Eltern im Vergleich zu den deutschen Töchtern geben, wird teilweise durch deren stärkere interdependente Orientierung erklärt. Die im Vergleich zu deutschen Töchtern höheren filialen Erwartungen der chinesischen und koreanischen Töchter erklären darüber hinaus einen Teil der häufigeren instrumentellen Unterstützung in diesen beiden Kulturen. Die deutlich häufigere finanzielle Unterstützung der chinesischen und koreanischen Töchter an ihre Eltern wird aber so gut wie gar nicht durch deren Normen und Werte erklärt. Damit sind unsere Erwartungen nur teilweise in Hinblick auf die emotionale und instrumentelle Unterstützung der Töchter an ihre Eltern bestätigt worden.

Bei den Müttern war die Überprüfung vermittelnder Prozesse der Kulturunterschiede in der Unterstützung an die Töchter beschränkt auf die Independenz der Mütter. Doch erklärt eine geringere Independenz nicht die häufigeren Unterstützungsleistungen koreanischer Mütter an die Töchter. In der Befragung der Mütter fehlen vermutlich die angemessenen psychologischen Indikatoren für familiäre Normen und Werte. Zum Beispiel wurden die filialen Erwartungen der Mütter nicht erfragt.

Sowohl im Konzept der „filial piety" wie auch im Modell intergenerationaler Solidarität spielt die emotionale Qualität der Beziehung zwischen erwachsenen Kindern und ihren Eltern eine wichtige Rolle. In einem letzten Schritt der Regression wurden deshalb drei Indikatoren der Beziehungsqualität eingeführt, die nicht im Sinne von Mediatoren sondern als additive Effekte geprüft wurden: Intimität in der Beziehung zur Mutter (3 Items; Bsp.: „Wie oft erzählen Sie Ihrer

Mutter alles, was Sie beschäftigt?"), perzipierte Wertschätzung durch die Mutter (3 Items; Bsp.: „Wie oft lässt Ihre Mutter Sie wissen, dass Sie vieles gut können?") und Konflikte mit der Mutter (3 Items; Bsp.: Wie oft streiten Sie und Ihre Mutter miteinander?").

Tabelle 1: *Hierarchische Regressionen zu den Effekten von Kultur, Normen und Werten sowie der Beziehungsqualität auf die Unterstützungsleistungen erwachsener Töchter für ihre Eltern (standardisierte Regressionskoeffizienten)*

	Emotionale Unterstützung			Instrumentelle Unterstützung			Finanzielle Unterstützung		
Korea[a]	.01	-.01	.08	.16*	.11	.20**	.54**	.52**	.56**
China[a]	.25**	.17*	.32**	.29**	.17*	.29**	.50**	.43**	.54**
Interdependenz		.20**	.13*		.17**	.12*		.07	.05
Filiale Erwartungen		.05	-.02		.15**	.12*		.10+	.08
Konflikte mit der Mutter			.08			-.06			.09
Intimität zur Mutter			.31**			.10*			.01
Wertschätzung durch Mutter			.16**			.24**			.15**
R^2	.07	.11	.26	.15	.20	.28	.26	.28	.30

Datenbasis: VOC-Studie 2002
Anmerkung. *Alle Auswertungen sind kontrolliert für Alter, Berufstätigkeit und Kinderzahl der Tochter sowie räumliche Distanz zu den Eltern.*
[a] *Referenzkategorie der Dummy-Variablen ist Deutschland.*
* $p < .05$, ** $p < .01$.

Wie Tabelle 1 zeigt, gehen eine höhere Intimität in der Beziehung zur Mutter und höhere Wertschätzung der Tochter durch die Mutter mit mehr emotionaler und instrumenteller Unterstützung der Töchter an die Eltern einher. Die Wertschätzung hängt auch mit der finanziellen Unterstützung durch die Tochter positiv zusammen. Die positive Qualität der Beziehung aus Sicht der Töchter trägt demnach über die Kulturen hinweg zu einer häufigeren Unterstützung bei. Konflikte scheinen dagegen eher weniger bedeutsam für die Unterstützungsleistung.

Weiter wurden Regressionen zur Vorhersage der Häufigkeit der Unterstützung durch die Mütter berechnet. Es wurden dabei Intimität zur Tochter, Wertschätzung durch die Tochter und Konflikte mit ihr aus Sicht der Mütter einbezogen. Intimität in der Beziehung ging mit mehr emotionaler und finanzieller Unterstützung an die Tochter einher, Wertschätzung der Mutter durch die Tochter hing positiv mit emotionaler Unterstützung zusammen. Anders als bei den Töchtern gingen Konflikte aus Sicht der Mutter über alle drei Kulturen hinweg einher mit mehr Unterstützung jeglicher Art. Die Frage, ob Konflikte zu mehr Unterstützung führen, um durch Zuwendung Konflikte zu kompensieren oder zu lösen, oder ob umgekehrt intergenerationale Unterstützung auch Anlass von Konflikten sein kann bzw. durch den häufigen Kontakt, der mit der Unterstützung verbunden ist, sich mehr Gelegenheiten für Konflikte ergeben, kann hier nicht beantwortet werden. Insgesamt lässt sich festhalten, dass neben den familienorientierten Normen und Werten kulturübergreifend auch die Beziehungsqualität enge Zusammenhänge mit dem intergenerationalen Austausch von Unterstützung aufweist.

3.2 Die kulturspezifische Bedeutung von Reziprozität

Im Anschluss an die Fragen zum intergenerationalen Austausch von Unterstützung wurden die Töchter zu ihrer subjektiven Einschätzung der Reziprozität in diesem Austausch befragt: „Alles in allem, haben Sie das Gefühl, dass Sie Ihren Eltern mehr geben als Sie bekommen, ist es umgekehrt oder ist es ausgeglichen?".[4] Die kulturspezifische Bedeutung, die Reziprozität im intergenerationalen Austausch von Unterstützung hat, wurde aufgrund der Zusammenhänge mit der Beziehungsqualität sowie mittels verschiedener Indikatoren von Reziprozität und deren Zusammenhängen mit der Bereitschaft, in Zukunft die Eltern zu unterstützen, untersucht. Wieder wurden Stichproben aus Korea, China und Deutschland in die Vergleiche einbezogen.

Im Vergleich der ostasiatischen und deutschen Töchter fällt zunächst die signifikant unterschiedliche Verteilung auf die drei Kategorien der perzipierten Reziprozität auf (Tochter gibt mehr als sie erhält; ausgeglichen; Tochter erhält mehr als sie gibt). Während in der deutschen Stichprobe eine große Mehrheit

---

[4] Im Folgenden werden nur Analysen zu den Angaben der erwachsenen Töchter aus der Value-of-Children Studie einbezogen und zwar für die Gesamtgruppe von Frauen mit wenigstens einem Kind im Jugendalter.

den Austausch von Unterstützung mit den Eltern als ausgeglichen bewertet (72%), findet sich in der koreanischen Stichprobe nahezu eine Gleichverteilung auf die drei Kategorien (Tochter gibt mehr: 41%, ausgeglichen: 27%, Tochter erhält mehr: 38%) und in der chinesischen eine Mehrheit, die glaubt mehr zu geben als zu erhalten (60%) (Schwarz & Trommsdorff 2004). Dieser Befund ist ein erster Hinweis darauf, dass der Druck, reziproke Verhältnisse in den Generationenbeziehungen herzustellen, in einer westlichen Kultur wie Deutschland größer ist als in den konfuzianischen Kulturen mit ihrer auch Generationen übergreifenden Langzeitorientierung (Hwang 1999).

Die Zusammenhänge mit der Beziehungsqualität verstärken den Eindruck der hohen Bedeutung der Reziprozitätsnorm in Deutschland für die Eltern-Kind-Beziehung im Erwachsenenalter. Berechnet wurden dazu hierarchische Regressionen, bei denen zunächst Kontrollvariablen, Kultur und die wahrgenommene Reziprozität und in einem letzten Schritt Interaktionsterme von Kultur und wahrgenommener Reziprozität eingeführt wurden, um Intimität, Konflikte und Wertschätzung in der Beziehung zur Mutter vorherzusagen. Für alle drei Indikatoren der Beziehungsqualität ergeben sich signifikante Interaktionen, die darauf hinweisen, dass sich die chinesischen und koreanischen Töchter signifikant von den deutschen Töchtern unterscheiden.

Die Wahrnehmung fehlender Reziprozität hat vor allem für die deutschen Töchter negative Folgen. Insbesondere, wenn sie wahrnehmen, dass sie mehr geben als sie von den Eltern bekommen, beschreiben sie die Beziehung zur Mutter als weniger intim, fühlen sich weniger von der Mutter wertgeschätzt und haben häufiger Konflikte mit ihr. Diese Zusammenhänge finden sich bei den koreanischen und chinesischen Töchtern nicht (für den Korea-Deutschland Vergleich siehe auch Schwarz, Trommsdorff, Kim & Park, in press). In Abbildung 2 werden die signifikant unterschiedlichen Zusammenhänge der wahrgenommenen Reziprozität (hier der Vergleich Reziprozität vs. Tochter gibt mehr) mit der Intimität und den Konflikten in der Beziehung zur Mutter für die drei Kulturen dargestellt. Es zeigt sich, dass die Zusammenhänge für die koreanischen Töchter jeweils um Null liegen. Bei den chinesischen Töchtern finden sich ebenfalls kein Zusammenhang zwischen wahrgenommener Reziprozität und Intimität in der Beziehung und ein geringer positiver, jedoch nicht signifikanter Zusammenhang zwischen wahrgenommener Reziprozität und Konflikten. Nicht dargestellt sind die Befunde für die Wertschätzung. Genau umgekehrt zu den Befunden bei den deutschen Töchtern zeigt sich für die koreanischen und chinesischen Töchter, dass jene, die meinen, mehr zu geben als sie zurückbekommen, von mehr Wertschätzung durch die Mutter berichten (Korea β = .16, n. s.; China β = .32, p <.05).

Abbildung 2: *Die Qualität der Beziehung zur Mutter in Abhängigkeit von der durch die Töchter wahrgenommenen Reziprozität*

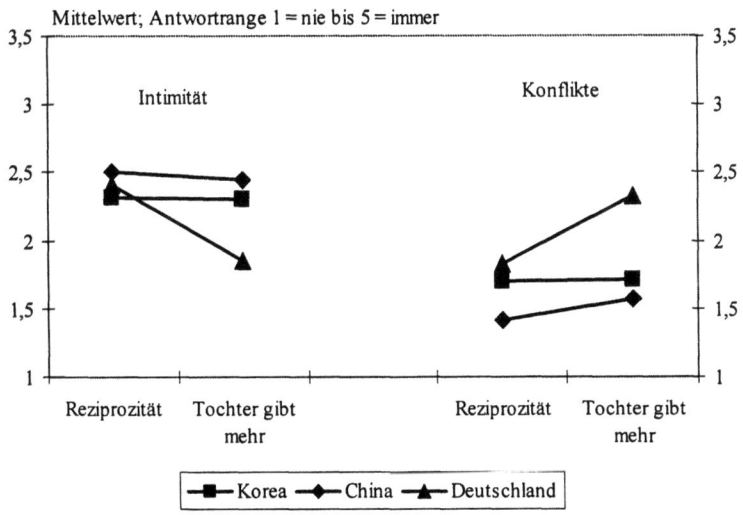

Datenbasis *VOC-Studie 2002*

Der Vergleich der koreanischen, chinesischen und deutschen Töchter in Hinblick auf die Zusammenhänge zwischen Reziprozität und ihrer Bereitschaft, in Zukunft einem pflegebedürftigen Elternteil zu helfen, unterstreichen diese Interpretation zusätzlich (Schwarz & Trommsdorff 2004). Die Annahme war, dass mangelnde Reziprozität, insbesondere in Bezug auf mehr erfahrene Unterstützung durch die Eltern, dazu führt, dass die Töchter zumindest für die Zukunft eine Wiedergutmachung vorsehen, indem sie planen, besonders viele Belastungen auf sich zu nehmen, die im Zuge der Pflege der Eltern auftreten könnten. Die Wirksamkeit der Reziprozitätsnorm wurde in verschiedenen Facetten erfasst. Zum einen wurde wieder die subjektive Einschätzung der Reziprozität verwendet. Zudem wurde das Ausmaß an Unterstützung, die die Eltern geben, in die Analysen aufgenommen, da anzunehmen war, dass je mehr Unterstützung die Töchter aktuell bekommen, sie umso mehr Belastungen auf sich zu nehmen planen. Weiterhin wurde die Zustimmung zur Reziprozitätsnorm erfasst als Motivation, die bislang erfahrene elterliche Unterstützung durch spätere Pflegeleistungen zu kompensieren.

Die Ergebnisse zeigen durchgehend, dass die Reziprozitätsnorm für die deutschen Töchter eine sehr viel höhere Relevanz für ihre zukünftige Planung hat als für die koreanischen und chinesischen Töchter. Wenn die deutschen Töchter wahrnehmen, dass sie von den Eltern mehr Unterstützung erhalten als sie bisher zurückgegeben haben, so planen sie, später mehr Belastungen für die Pflege der alten Eltern auf sich zu nehmen im Vergleich zu einer als ausgeglichen wahrgenommenen Bilanz von Geben und Nehmen. Je mehr Unterstützung die Eltern geben, desto stärker sind die deutschen Töchter bereit, spätere (Pflege-)Belastungen für die Eltern auf sich zu nehmen. Und je höher die Zustimmung der Töchter zur Reziprozitätsnorm ist, desto höher ist ihre geplante Belastungsbereitschaft. Die Zusammenhänge für die koreanischen und chinesischen Töchter sind dagegen alle nahe Null (Schwarz & Trommsdorff 2004).

4 Zusammenfassung und Ausblick

Zusammenfassend verweisen die Befunde darauf, dass in den konfuzianisch orientierten Kulturen eine langfristigere Generationen übergreifende Zeitorientierung und die Möglichkeit des Abtragens von Schulden durch hohe Investitionen in die nächste Generation bewirkt, dass eine mangelnde Balance im intergenerationalen Austausch von Unterstützung weniger negative Folgen für die Eltern-Kind-Beziehung hat, und dass sich die erwachsenen Töchter weniger unter Druck fühlen, durch hohe zukünftige Pflegeleistungen für die alten Eltern eine Balance wieder herzustellen.

Für diese Interpretation spricht, dass die Befunde aus Korea und China sehr ähnlich sind und sich von den Ergebnissen der deutschen Stichprobe deutlich unterscheiden. Bemerkenswert ist dabei auch, dass konfuzianische Werte in den beiden ostasiatischen Kulturen trotz der bestehenden starken politischen und ökonomischen Unterschiede offenbar wirksam sind und zwar in ganz ähnlicher Weise. Auch wenn in Korea durch die rapide Industrialisierung und in der VR China durch die Kulturrevolution und die nachfolgenden massiven sozialen ökonomischen und politischen Änderungen der Konfuzianismus als alltagspraktische Handlungsorientierung in seiner Bedeutung abgenommen haben sollte, sind doch die dem Konfuzianismus zugrunde liegenden Familienwerte, durch die die Generationen einer Familie als miteinander verbundene System erlebt werden, für die Eltern-Kind-Beziehung weiterhin wirksam. Damit ist das Konzept der Reziprozität wie es aus klassischen austauschtheoretischen Ansätzen bekannt ist und auch so von Bengtson als wichtiges Element seines Modells intergenerationaler Solidarität verwendet wird, unter Einbeziehung indigener Kulturkonzepte wie sie sich auf den Konfuzianismus und der ‚filial piety' ergeben, zu erweitern. Auf diese Weise können kulturvergleichende Studien einen Beitrag zu einer Differenzierung soziologischer Theorien leisten. Für die Interpretation von Befunden aus kulturvergleichenden Studien ist die Berücksichtigung kulturspezifischer Konzepte unerlässlich.

Literatur

Alt, Christian (1994): Reziprozität von *Eltern-Kind-Beziehungen in M*ehrgenerationennetzwerken. In: Bien, Walter (Hrsg.): Eigeninteresse oder Solidarität. Beziehungen in modernen Mehrgenerationenfamilien. Opladen: Leske + Budrich: 197-222.
Antonucci, Toni C. (1985): Personal Characteristics, Social Support, and Social Behavior. In: Binstock, Robert H. & Shanas, Ethel (Eds.): Handbook of Aging and the Social Sciences. New York: Van Nostrand Reinhold Company: 94-128.
Bengtson, Vern L. (2001): Beyond the Nuclear Family: The Increasing Importance *of* Multigenerational Bonds. In: Journal of Marriage and the Family 63: 1-16.
Bengtson, Vern L. & Roberts, Robert E. L. (1991): Intergenerational Solidarity in Aging Families: An Example of Formal Theory Construction. In: Journal of Marriage and the Family 53: 856-*870.*
Bundesministerium für Familie, Senioren, Frauen und Jugend (2001): Dritter Bericht zur Lage der älteren Generation in der Bundesrepublik Deutschland: Alter und Gesellschaft. Berlin: BMFSFJ.
Gouldner, Alvin W. (1960): The Norm of Reciprocity: A Pre*liminary* Statement. In: American Sociological Review 25: 161-178.
Hwang, Kwang-Kuo (1999): Filial Piety and Loyalty: Two Types of Social Identification in Confucianism. In: Asian Journal of Social Psychology 2: 163-183.
Kohli, Martin & Künemund, Harald (2001): *Geben und Nehmen. Die Älteren im Generationenver*hältnis. In: Zeitschrift für Erziehungswissenschaft 4: 513-528.
Lauterbach, Wolfgang (1995): Die gemeinsame Lebenszeit von Familiengenerationen. In: Zeitschrift für Soziologie 24: 22-43.
Lauterbach, Wolfgang & Pille*mer,* Karl (2001): Social Structure and the Family: A United States - Germany Comparison of Residential Proximity Between Parents and Adult Children. In: Zeitschrift für Familienforschung 13: 68-88.
Levande, Diane I./Herrick, John M. & Sung, Kyu-Taik (2000): Eldercare in the Unites States and South Korea: Balancing Family and Community Support. In: Journal of Family Issues 21: 632-651.
Lye, Diane N. (1996): Adult Child-Parent Relationships. In: Annual Review of Sociology 22: 79-102.
Mancini, Jay A. & Blieszner, Rose*mary* (1989): Aging Parents and Adult Children: Research Themes in Intergenerational Relations. In: Journal of Marriage and the Family 51: 275-290.
Markus, Hazel Rose & Kitayama, Shinobu (1991): Culture and the Self: Implications for Cognition, Emotion, and M*otivation. In:* Psychological Review 98: 224-253.

Mayer, Boris/Albert, Isabelle/Schwarz, Beate & Trommsdorff, Gisela (2003): Value-of-Children in Six Cultures: Item-Statistics, Reliability Analysis, Indicators. German Sample. Unveröffentlichter Bericht. Universität Konstanz.

Nauck, Bernhard (2001): Der Wert von Kindern für ihre Eltern. "Value of Children" als spezielle Handlungstheorie des generativen Verhaltens und von Generationenbeziehungen im interkulturellen Vergleich. In: Kölner Zeitschrift für Soziologie und Sozialpsychologie 53: 407-435.

Nauck, Bernhard & Suckow, Jana (2003): Generationenbeziehungen im Kulturvergleich. Beziehungen zwischen Müttern und Großmüttern in Japan, Korea, China, Indonesien, Israel, Deutschland und der Türkei. In: Feldhaus, Michael/Logemann, Niels & Schlegel, Monika (Hrsg.): Blickrichtung Familie. Vielfalt eines Forschungsgegenstandes. Würzburg: Ergon: 51-66.

Schulz, Reiner (1996): Die Reziprozität als konstitutives Netzwerkmerkmal. In: Zeitschrift für Bevölkerungswissenschaft 21: 263-280.

Schwarz, Beate/Chakkarath, Pradeep/Trommsdorff, Gisela/Schwenk, Otto & Nauck, Bernhard (2001): Report on Selected Instruments of the Value-of-Children Study (Main Study). Unveröffentlichter Bericht. Universität Konstanz.

Schwarz, Beate & Trommsdorff, Gisela (2004): Reciprocity in Intergenerational Support: A Comparison of Korea, China, and Germany. Manuscript submitted for publication.

Schwarz, Beate/Trommsdorff, Gisela/Mayer, Boris & Albert, Isabelle (2004, July). Intergenerational Support: A Comparison of Women from the Republic of Korea, China, and Germany. Paper presented at the 18. Biennial meeting of the International Society for the Study of Behavioral Development, Ghent, Belgium.

Schwarz, Beate/Trommsdorff, Gisela/Kim, Uichol & Park, Young-Shin (in press): Intergenerational Support: Psychological and Cultural Analyses of Korean and German Women. In: Current Sociology.

Sun, Rongjun (2002): Old Age Support in Contemporary Urban China from Both Parents' and Children's Perspectives. In: Research on Aging 24: 337-359.

Szydlik, Marc (2000): Lebenslange Solidarität? Generationenbeziehungen zwischen erwachsenen Kindern und Eltern. Opladen: Leske + Budrich.

Trommsdorff, Gisela (2001): Eltern-Kind-Beziehungen aus kulturvergleichender Sicht. In: Walper, Sabine & Pekrun, Reiner (Hrsg.): Familie und Entwicklung. Aktuelle Perspektiven der Familienpsychologie. Göttingen: Hogrefe: 36-62.

Trommsdorff, Gisela (2003): Kulturvergleichende Entwicklungspsychologie. In: Thomas, Alexander (Hrsg.): Kulturvergleichende Psychologie. 2. überarbeitete Auflage. Göttingen: Hogrefe: 139-179.

Trommsdorff, Gisela (in press): Parent-Child Relations Over the Life-Span: A Cross-Cultural Perspective. In: Rubin, Kenneth H. (Ed.): Parental Beliefs, Parenting, and Child Development in Cross-Cultural Perspective. New York: Psychology Press.

Trommsdorff, Gisela & Kornadt, Hans-Joachim (2003): Parent-Child Relations in Cross-Cultural Perspective. In: Kuczynski, Leon (Ed.): Handbook of Dynamics in Parent-Child Relations. Thousand Oaks,CA: Sage: 271-306.

Families and Intergenerational Relationships in China: Globalization, Tradition, Social Transformation and Elderly Care[1]

Xuewen Sheng

1 Introduction

1.1 Modernization and Technological Changes

Classical theoretical orientation in social gerontology holds that the process of societal modernization serves to disadvantage the elderly (Cowgill 1974). The increased mobility of younger adults and their nuclear families in response to changed economic situations is especially cited as problematic. Technological changes are thought to be easier for the young than the old to adopt or adapt to their lives. The assumption that family requires stability to function well is a social value more related to certain social and economic institutions than to normal family processes (Settles 1993). We have often been more intrigued by the stability families offer their members and have tended to see change as disintegration or dysfunction rather than as strength (Parsons & Bales 1955; Zimmerman 1972; Etzioni 1977; Huber & Spitze 1988). Families and individuals naturally change and develop across the life course. Life span transitions are the normal story of nuclear family formation and dissolution (White 1991). The relationships among generations are woven around changing dependency and caregiving demands so that the exchange of power and responsibility is an ongoing function. When these changes are thwarted by resistance to them we see dysfunction and difficulty. Unwillingness to deal with deficits and new relationships can result in tragedy because the family is too rigid to make the adjustments needed (Hanks & Settles 1990).

The influence of contemporary technological change has both a specific impact on the individual use of technologies and a more general influence in the sense that people grow to expect a technological answer to most problems. Marciano (1993: 126) states that „All cultures possess technologies", but she notes that the use and

---

[1] Acknowledgements: Dr. Barbara H. Settles and her husband, Dr. Robert A. Settles, for their invaluable advices and very helpful technical support in completing this paper.

meaning of the technology are a dialogue of valuing and questioning and recognizing that the adoption of „change is piecemeal and tends to serve first those who already have power" (Marciano 1993: 133). The ideological and theoretical changes of the twentieth century have been as interesting as the accompanying technological innovations. The technological inventions are the material evidence of changed thinking and innovations. The thinking is far more revolutionary because the view of the reality and the possibilities is altered so completely (Settles 1999: 147).

A key example is the transformation of information transfer and communication. In China, the speed with which this new system has been adopted has been phenomenal. Both the young and the old find internet communication interesting and useful (Rigdon 1994; McCartney 1994). Grandchildren teaching grandparents how to use their e-mail can be found in many families in China. Specifically, in the area of family relationships and care of the elderly some of the recent technologies have made it more feasible to deliver appropriate care to more seriously handicapped or ill persons in the homes. Among the difficulties that families have are selecting from the new technologies those that will be a good investment, what new skills to develop, when to let go of older techniques that were unsatisfactory in light of new options, and coordinating among those choices newly available the best strategies for long term success.

Genov (1997: 416) questions the individual's ability to cope with the new choices challenges and suggests that: „Individuals in the advanced part of the world are over-exposed to permanent stress". In situations of rapid social change he believes that the expectation of expansion of the pool of choices may actually be felt as reduced options and deprivation. Families' predictions of the future are limited by at least two factors: Their willingness to use an innovation, and the adoption by society of the infrastructure to support changing technologies and theories.

1.2 Demographic Changes

Accompanying with the industrialization and modernization process, there have been dramatic demographic changes worldwide, in the past decades, characterized by the decline of population growth rates, the decreases of birth and death rates, and increase of life expectancy. According to World Bank statistics (Zhu 2001), the natural growth rate of world population decreased from 1.7 per thousand in 1981 to 1.36 per thousand in 1999. At the same period, the birth rates decreased from 27.2 per thousand to 21.8 per thousand, and the death rates decreased from 10.4 per thousand to 9.1 per thousand. The decrease of death rate may partially attribute to the decrease of infant mortality rate. In the past two decades, the global infant mortality rate has decreased from 79.7 per thousand in 1980 to 54.3 per thousand in 1999. Associating with the trend of slowing down population growth has been the increase of average life expectancy of world population, which climbed from 62.7 years in 1980 to 66.5 years in 1999.

The shifts from a high-mortality/high-fertility society to a low-mortality/low-fertility and from a short life expectancy to a long life expectancy society impact intergenerational relationships by altering family formation, family members' life course, and the amount of time that people spent in various family roles (Farkas & Hogan 1995; Bengtson, Rosenthal & Burton 1990; Goldman 1986; Watkins, Menken & Bongaarts 1987). As Bengtson, Rosenthal & Burton (1990) pointed out, the simultaneous decrease of mortality/fertility rates and the increase of life expectancy will result a „verticalization of family structure". That is the number of family members in each generation will decease as the result of lower fertility, while as the living generations in a family will increase as the result of longevity. Thus, it should be increasingly common for families in aging society to have three or four, even five living generations (Goldman 1986). Extending this to kin structure, it would be expected that, even though the number of living generations in families will increase, the absolute number of living relatives will decrease (Crimmins 1986), particularly certain types of relatives (children, grandchildren, siblings, aunts, uncles, cousins and nieces and nephews). The changes in family formation and kin contact will have impact on the availability of support and assistance provided by family members and kinship ties (Farkas & Hogan 1995). In addition, the increasing longevity is expected to change individual's life course through producing more opportunities for remarriage, grandparenting, and greater educational and socioeconomic success (Farkas & Hogan 1995). Women have a higher probability of surviving a spouse, while elderly men are more likely to be remarried than elderly women (Bengtson, Rosenthal & Burton 1990). As the number of children decrease, parents are expected to spend fewer years on child rearing and to devote more time on their educational and professional success. The success will, in turn, increase personal and family resources to be invested in children and grandchildren, thus, increase the contact between generations (Farkas & Hogan 1995).

People's values change over time, so do their practices. The major concern of this article is how the globalization process changes people's values related to elderly care as well as their daily practices of caring and supporting the aged in China, and the interactions between values and practices towards intergenerational relationships. Several themes emerge from comparisons of reported behavior and preferences. Behavior seems to shift first, although toleration for others' adoption of new mores may also come before a general value change (Thornton 1989).

2 Traditional Cultural Values

It is commonly recognized that, deeply rooted from Confucian's philosophy, filial piety is an important cultural concept that influences intergenerational relationships, especially the family care of elderly parents in the East. In *The Book of Rite and The Book of Filial Piety* (Confucius 1982), three basic elements of filial piety could be generalized (Sung 1995):
- Respecting and loving parents.
- Bringing no dishonor to parents.
- Taking good care of parents.

Using concept analysis, Yang, Yeh and Huang (1988) have identified four attributes of daily practice of filial piety in historic China:
- Respect and care for parents.
- Obedience to parents.
- Protection and glorification of parents.
- Worship of deceased parents and ancestors.

Traditional Chinese society was characterized by a self-sufficiency type of agricultural economy and a patriarchal-feudal social system, which provided fundamental conditions for the origin and development of filial piety. From the social structural perspective, old people were highly respected in traditional China because they were in relatively higher positions in the social system. They were the heads of households, and owned or controlled the productive resources upon which the younger people were dependent. They had broader connections with and supports from kinship ties. Their experience was the major source of knowledge. They were highly influential because most Chinese villages were relatively small and stable communities. They were seen as a link to the god, and when they died, they were believed to join the ancestors to be worshiped (Ikels 1980). Practical economic considerations, supernatural sanctions, and community pressure all combined to reinforce filial piety. Thus, in traditional China, filial piety not only served as a central norm of intergenerational relationships, but also played an institutional and structural function for social security for later life.

Industrialization and modernization undermined the foundation of traditional values and weakened the norm of filial piety. In modern society, many of the unique structural features supporting filial piety are disappearing. Extended patriarchal families are replaced by independent small families. The many new innovations frequently make life experience seem old fashioned. The population is highly mobile, making family community ties difficult to maintain. Urbanization and residential mobility weaken local community ties. Socialized productivity replaced the family economy, and individuals, including the elderly, are no longer as dependent on families economically.

In addition to these structural conditions, the changes in political environment and ideology have also played significant roles in the continuity of traditional cultural values in Mainland China. In an anthropological study on older peoples' life in China, Davis-Friedman (1983) found that, since 1949, Chinese Communist Party leaders have intermittently attacked some major elements of filial piety as anticommunist, including the idea of absolutely obeying parents and the traditional funeral practice. Simultaneously, however, they have not eliminated the traditional attitudes of respect and concern for the elderly based on Confucian ideals, nor have they established an entirely new socialist ethic grounded in the ideology of communism. Overall, the communist revolution has thus strengthened rather that weakened traditional view of old age, and the elderly have benefited from the government support (Davis-Friedman 1983: 13). Ikels (1983: 30) also points out two factors that are crucial for the continuity of filial piety: first the traditional value of interdependence both between parents and children and among the masses as a whole have never been attacked; second, the economic conditions in China, and in rural China in particular, provide the elderly with opportunities to contribute to household income while at the same time making it impossible for them to go it alone.

Davis-Friedman and Ikels's studies, however, are mainly based on the social conditions of pre-reform period, and thus the great social changes caused by the economic reform in the past two decades are not taken into account in their studies. As some research suggests, economic reforms have brought profound and rapid changes to families in China and weakened the social foundation of family care for elderly (Cai, Song, Luo & Jiang 1994; Jia 1988; Kwong & Cai 1992; Leung 1997). Even though the family unit is largely stable, the trends of eroding family support for old persons seem inevitable. With one child policy, more working wives, and growing divorce rates, the pool of potential caregivers has shrunk. All these changes are affecting both the capacity and willingness of the family to provide care and support to dependent elderly family members.

3 Recent Social Changes in China

Chinese government policies have shown drastic changes in the past decades. One of the most important was the beginning of social and economic reforms since 1978. Government policies before and after these reforms are different in many important respects. Before the reforms, in Mao's time, the government had introduced comprehensive social welfare coverage for urban employees. The employment-based social security system, which guaranteed state employees a pension, living accommodations, and medical care after retirement had, to a large extent, ensured that urban elderly could be financially independent from their families. The life-long employment policy and the household registration system restricted residential mobility and kept urban families stable. The housing policy, which distributed public housing according to the length of service, gave old employees priority for bigger and better houses, and thus enabled their married children to live with them. In addition, the replacement policy, which enables retiring parents to secure employment for their children in their work units, made children rely on their parents for their employment. All these policies provided old people with a higher position in families and worked to reinforce family togetherness. Since the social and economic reforms, social conditions on which these previous policies were based have weakened or disappeared, and new social conditions have demanded new social policies. Several changes in Chinese society have been frequently addressed by scholars working on the issue of elderly care.

3.1 Population Control in Urban Areas

Although population control began as early as 1962, its impact was not substantial until the „one-child" per couple policy became fully operational in the early 1980s (Kallgren 1985; Wolf 1986). This policy was strongly resisted by farmers and was slightly relaxed in rural areas. However, it has continued to be enforced strictly in urban areas, and it has shown dramatic signs of success among urban residents (Bianco 1981; Chen, X. 1985; Poston & Gu 1984). As a result, urban families have miniaturized rapidly. According to 1997 China Statistical Yearbook (Statistical Bureau 1997: 294), the average household size of urban residents has deceased from 3.89 in 1985 to 3.50 in 1990, and 3.20 in 1996. Another long term consequence of this policy is the formation of 4-2-1 pattern of kinship in urban China, which means that, in a foreseeable future, a young couple would have to support or care for two, four or even six old couples, while they have to take care their child as well (Sheng 1992). In addition, the one child policy also creates a generation of „little emperors". Parents devote great deal of time and money to their only child, with expectation of succession of family lines, and the only child could be spoiled to the point of selfishness and self-centralized. They are more like seen by their parents as dependents rather than as supports (Sheng 1992).

3.2 The Breaking of the „Iron Rice Bowl"[2]

The growing market economy has created an environment of multiple-ownership enterprises, marked by the rapidly increasing of enterprises owned by someone other than the state. As the state full employment policy was replaced by a market-controlled employment, the „iron rice bowl" was broken and occupational mobility increased rapidly. According to China Statistics (Statistical Bureau,1997, 2001), from 1978 to 2000, the numbers of workers in state-owned units were staying roughly the same, while those of private enterprises increased from zero to 1.268 million and of those individual businesses increased 142 times. Until 1984, the great majorities (98.2%) of urban workers were life-long employees. However, the proportion of contract workers increased 28 times, from 1.8% in 1984 to 40.9% in 1996, and almost all workers in 2000 became contract workers. Jobs became less secure, and the registered urban uncmployment increased from 2.3% in 1992 to 3.0% in 1996 and to 3.1% in 2000. Under this employment system, urban elderly no longer benefited from their long-term work, and have almost nothing to do with their children's employment. The younger generation no longer relies on older generation for employment, and thus became more independent.

3.3 The Improvement of Social Life

Most of the economic and social indicators available suggest that the economic reform efforts have resulted in growth in nearly all parts of social life in China, especially for urban families. The large-scale improvements in the standard of living, the greater „Westernization" of lifestyles, all in one way or another weakened the interdependence between generations. According to the official statistics (Statistical Bureau 1997; 2001), from 1978 to 2000, the annual per capita income of urban

---

[2] The „iron rice bowl" commonly refers to the life-long permanent and stable employment system in pre-reformed China. This employment system was based on the planning economy and the existing of unique ownership of state enterprises in that time.

residents increased 383.7%, and the annual per capita income of rural residents increased 483.5%. The annual per capita consumption of all residents increased 18.5 times, the per capita floor space (sq.m.) of urban residential building increased from 3.6 to 14.9, and the amount of floor space (sq.m.) for rural residents increased from 8.1 to 24.8. The number of color TV sets per 100 households increased from zero in 1978 to 116.6 in urban areas, and 101.7 in rural areas. The growth of living standards, especially the improved housing conditions, made it possible for older and younger generations to be independent from each other. The mass media, especially TV programs, continuously introduce „Western" lifestyles and cultural values through news and movies, and have made such ideas as independence and self-reliance a fashion among the young generation.

3.4 New Policy Efforts

Learning from the experiences of Western welfare countries, the major intention of Chinese welfare policies for elderly has been to „avoid the creation of large welfare agencies which have drained the capacity of the richer governments" (China News Analysis 1984: 8). The employment-based social security system is still there for workers of state-owned work units, but becomes vulnerable because the general depression of state businesses. In the past years, some of these businesses went broke or were turned into joint venture, collective, or private businesses. Although the government uses various ways (e.g., laws, policies, regulations) to make sure that retired workers receive their pensions, other components of this system such as medical care vary from one work unit to other (Divis, Gan, Ren, Liang, Davis & Lin 1995). In order to meet the increasing demands for elderly care, government policies heavily emphasize the obligations and responsibilities of families. This can be observed from several newly developed laws, as Leung (1997) cites: The Criminal law (1979), Article 183, makes it an offense, punishable by a sentence of not more that five years' criminal detention, for adult children to refuse to perform their proper duty to support an aged family member. The revised Marriage Law of 1980, Article 20 also imposes similar responsibilities on adopted children (Leung 1997: 91). And the new Law for the Elderly „delineates the responsibility of husbands and wives to support their parents and parents-in-law" (Leung 1997: 90). These reinforced legal obligations of caring for the elderly, however, may be less practical because the economic reforms in the 1980's inevitably have reduced state control over family affairs in general, and the one child policy has limited the capabilities of younger generations to support and care the aged.

A second emphasis of government policy on elderly care is to develop the community-based services. In recent years, community-based personal services for the single elderly in cities have been enthusiastically promoted by the government (Leung 1997). Some communities have developed such facilities as nursing homes, day care centers, health service centers, entertainment centers, and canteens for elderly. However, these services are mainly targeted to the „three nos" elderly-those with no ability to work, no source of income, and no family support. It seems that, to the policymakers, single elderly people are in the most urgent need, and the services supporting others will undermine family obligations (Ekels 1992). In addition, government investment for these community-based care facilities is very limited, and each community has to find its own financial resources to support the development of elderly care services. Thus the quality and quantity of these services are heavily dependent on the resources accessible in local communities, and vary substantially from neighborhood to neighborhood. In 1995, about 564,000 elderly people lived in these community-based nursing homes for the aged, although most of the homes are only ensuring survival level care. In general, as Leung (1990) pointed out, community services are both informal and loosely structured, with quality of services not standardized.

Although the Chinese government put great effort on family and community based support and care systems, it generally ignores the need for developing formal social institutional services for elderly. The institutional rate of elderly in China was extremely low, representing about 0.5% of the elderly population in 1995 (Ministry of Civil Affairs 1995: 86). The development of institutions has been very slow. In 1978 there were 577 homes and by 1985 the number had only risen to 752, while the expenditure per capita did rise significantly from 553 Yuan in 1987 to 1782 Yuan by 1989 (Liu, W. 1989: 113). In addition to these homes, there has been a growing demand for more accessible medical centers, hospitals as well as professional service personnel such as physical therapists, counselors, and home health aides to provide direct services for elderly people (Divis, et al. 1995). As the population ages, the increasing demands for institutionalized elderly care will be a great challenge for Chinese government.

4 Changing Values and Practices of Elderly Care

The rapid economic growth, demographic change, and occupational migration in China have jeopardized the capacity and willingness of the family to serve as a primary resource to its older members. Although children are still the primary source of older age support to their parents (Gu, Chen & Liang 1995), the dynamics of parent-child relationships are undergoing a dramatic transition (Chen & Silverstein 2000). The changing attitudes and practices towards elder care, in contemporary urban China, have undergone two changes: the strengthening in consciousness of independent and the weakening of reciprocity expectations. These could be seen from four dimensions.

4.1 The Meaning of Having Children

The traditional reason for having children in China was for the succession of patriarchal line of family and for having care in old age. This idea, however, has changed greatly. The Family Consciousness Survey[3] conducted in 1993 in Beijing (Ma, Wang, Sheng & Shinozaki 1994) reported that only about 6% and 11% of the Beijing people supported the ideas of having children for succession of patriarchal lines and for old age support. While the traditional ideas were weakening, more emphasis was given to the purposes of „affective satisfaction" (27%) and „realization of unfulfilled ideals in children"(23%). The age differences among the respondents were also significant: in the age group of 20-29, which supposed to be a more productive age group, there were only 3.9% and 8.0% of the respondents who agreed that „having children is for family succession" and „old age support", whereas in the age group of over 60, the percentages were 9.2% and 25.3% correspondingly. The traditional ideas of having children for the succession of the patriarchal line of family and for having care in old age are also connected with the male preference of children, because only sons can succeed in patriarchal lineage, according to Chinese tradition. However, in this survey, only 4.5% of the respondents agreed with the idea of „must have a son", and great majority of them (78%) said that it „doesn't matter" to have a son or a daughter. Moreover, 6.5% of them even agreed with the idea of „having a daughter is better that having a son".

Research literature suggests gender differences in intergenerational support. Daughters are more involved than sons in providing emotional assistance, daily caretaking, and social services, while financial assistance more often comes from

---

[3] As a part of cross-national comparative study among Japan, Korea, Thailand and China, the Family Consciousness Survey in Beijing is a cooperative research project between the Institute of Sociology in Chinese Academy of Social Science and Kitakyushu Forum of Asian Women. Data was randomly collected in Beijing in 1994 with 1920 respondents. Mr. Xuewen Sheng, the author of this paper, was of one of the three principle investigators in this survey, participated in date collection and analysis, and report writing.

sons (Bahr 1976; Lee 1979; Lopata 1979; Taylor 1988). This, however, is more likely to be the case in rural China, where the demand for labor on the land is still high and where the one child policy is relatively flexible (Yang, H. 1996). The metropolitan areas where the one child policy has been implemented much more strictly, the gender preference of children becomes almost impossible, and both sons and daughters have to play similar roles in elderly care. Recent evidence shows that, beside emotional support, urban daughters contribute as much monetary support, it not more, to their aging parents as do the sons (Chen, J. 1996).

4.2 The Living Arrangements

Living with an adult child may provide convenient conditions for elderly to receive daily care. However, the Family Consciousness Survey has shown that only about a quarter of the respondents preferred to live with adult children (son: 6.4%, daughter: 9.1%, either: 9%). In the contrast, about one third (32.2%) of them preferred to „live close but not necessarily together" and other 14.5% even said „not necessarily live together". Age comparison of living preference also shown that aged adults (over 60) were more likely to support the ideas of living close (45%) than younger adults (20-29)(25.8%), but younger adults were more likely to say, „not necessarily live together" (21.6%) than aged adults (10.3%). This trend reflects a further tendency of independent living arrangements in urban China. The Nine Cities' Old People Survey[4] (Hu & Ye 1991) presents a similar trend: 35% of the 7,000 respondents supported the idea of „live close but not necessarily together", and 41% of them were actually living with their adult children when the survey was conducted in 1988. However, among them, only 38.4% said that the reason why they live with children was „need financial support" (15%), or „need to be cared by children" (23.4%). A large majority (50%) of those who live with children were under the consideration of caring and helping their children with housework (15.7%), housing shortage (28.3%), close to work (2.1%) and living expenses (4.4%). The same survey also reported that, in actual practice, nearly half of the elderly were living in three or more generation families, while 25% of them were living in two-generation

---

[4] The Nine City Old People Survey is the earliest large-scale sociological survey on lives of aged population in China. It was conducted in 1988 with totally 7,000 respondents of 60 years old or above in Beijing, Tianjin, Wuhan, Haerbin, Shanghai, Chendu, Guiyang, Xinan, and Lanzhou, by a cooperative research team formed by a number of sociological research institutions cross the nation. Mr. Xuewen Sheng, the author of this paper, was of one of coordinators in this survey, in charge for the date collection and analysis in Beijing.

and another 25% in one-generation families, as the result of housing shortages in Chinese cities, which prevent people from achieving their residential preference (Davis & Harrell 1993). Findings from another large scale survey on elderly (Tian, Xiong & Xiong 1991) not only supported this fact of new living arrangements of elderly in China, but also revealed the difference between urban and rural residents: While the national average of elderly living in three or more generation family was 50%, the number for urban resident was 38% and for rural residents was 62%.

It appears that, as co-residence continues to be the core of support relationships between parents and adult offspring in mainland China, there are emerging tendencies living closer and keeping frequent contact between generations. As Unger (1993: 40) argues, Chinese „parents who live apart from their married children still tend to maintain very close mutual contact, more than would be the norm in most Western societies". A commonly held ideal in China for the distance between parents and children is in „a distance that keeps a soup warm". Bian, Logan and Bian's study (1998) in Shanghai and Tianjin found that 9% of nonco-resident children live in the same neighborhood (3 minutes walk) as the parents, and 48% live within at least the same district (20 minutes walk). At the mean time, about 25% of parents have at least daily contact with their children, most parents (80%) see their children at least every week, and there is only a small difference between the contact with sons and daughters. According to this study, the intergenerational assistance flows still mainly upward rather than downward. About 55% of the parent reported receiving regular help from offspring, whereas 25% of the children received any kind of regular help from parents. In the case of American, as Logan and Spitze's study (1996) reported, where 27% of parents report receiving help from any child, and 58% of parents give help to any child.

4.3 Care for Later Life

Although most Chinese still have a strong sense of responsibility for their aged parents, concerns about economic support and daily care for the elderly are more concentrated on the vary aged parent than on younger or mid-aged parents in Urban China. This is simply because most of urban elderly have their own pension and lifelong savings, and thus, sometimes, they are even in economically better off than younger generations (Davis-Friedman 1985; Sankar 1989). As reported by the Family Consciousness Survey, the majority of respondents (55%) agreed with the idea that children „should support parents economically whenever in their need", whereas 35% agreed that children „should support parents so as to make them happy even though they are better off economically". The Nine City Old People Survey (Hu & Ye 1991) has shown that, while there was a main upward flow of financial support (41%) from younger to the older generation, there also was a flow of cash transfers (21%) from older to the younger generations. The Family Consciousness Survey has also shown that, while large majority of respondents (72%) agreed with the idea that „children should take care of parents' daily life", a noticeable proportion (20.5%) of them support the idea of „children should take care of parents only when they cannot help themselves". Other studies done in Tianjin and Beijing show that when elders become ill or very old, 96% (Tianjin) and 87% (Beijing) of them were cared for directly by family members (Yuan 1987).

Beside the fact that family care for the older parents has been the dominant pattern of practice in today's China, there is an increasing demand for institutional care. The Family Consciousness Survey has shown that, among the choices of later care, 22% of respondents preferred to „stay at rest house or apartment for the elderly", 8.2% want to „hire assistants". The preference for being cared at home by children or grandchildren was pretty low (16%), although 31% prefer to be cared by spouse in home. In addition, the younger generations tend to have higher expectations for institutional care (age group 20-40 years: 23.6%) than that of elder generation (age group of over 60 years: 11.3%). Correspondingly, the expectations for being cared by children went to the opposite direction: 10% for 20-40 age group and 37% for the age group of over 60.

4.4 Parent-Child Relations

Although adult children have traditionally been obligated to obey and serve their parents, parent-child relations in China are becoming more egalitarian as members of younger generations gain access to better paying jobs and begin to adopt more western attitudes towards their elderly care responsibilities (Yuan 1987). As reported by the Five City Marriage and Family Survey (Liu & Xue 1987), arranged marriage, one of the symbols of parents' power over their children, has become history in major Chinese cities. Among those who married before 1937, 54% were married by arrangement of parents, whereas less then 1% of marriages between 1970s and 1980s were under parents' arrangement, even though old parents are still highly respected and have certain economic and decisive power in family lives. In the study by Tian, Xiong & Xiong (1991), more than half to two thirds of elderly reported that they were highly respected by their offspring, whereas only 5% reported not being respected by their children. In urban China, 41% elderly have power of controlling over family economy in whole, 23% control partially, 13% control their own part. The numbers, however, were relatively lower in rural area: 19% control whole and 18% control part of family economy, and 13% only control their own part. In the Nine City Old People survey (Hu & Ye 1991), a similar report was found: 54 % played decisive role and 31% have a word on family economy. In addition, about 43% of the respondents reported that they played „decisive role" in major family issues, whereas another 42% reported, „can have a word" on such issues. This study also revealed that role of older parents on children's marriage, study and career are more likely to be suggestive than decisive. Eleven percent of respondents reported, „play decisive role" and 55.5% reported, „have a word" on children's marriage. Ten percent of them reported, „play decisive role" and 44% reported, „have a word" on children's study and career.

As the parent-child relationships tend to be more egalitarian, the intergenerational reciprocity remains functional in Chinese families. Whereas older generations are mainly supported and cared by younger generations at home in China, as we introduced previously, they also tend to be considered by their as important resources for daily help, including providing temporary housing for married children until they find their own (34%), making supplementary payment for non-coresidential children (30%), and helping with housework and childcare for coresidential children (25%) (Sheng, X. 1991). Over half of the respondents who were living with adult children in the Nine City Old People survey (Hu & Ye 1991) reported, doing „most" or „more" housework, under the considerations of „should do something for children anyway, as retired"(24%), reducing children's burden" (19%), and „good for health" (1.7%). The routine housework tasks that older parents are more like to be engaged are, according to the survey, doing laundry (60%), cooking (70%), cleaning (77%), and taking care of grandchildren (25%). X. Sheng (1991) argued that help from parents would strengthen intergenerational relationships through improving mutual communication and understanding, close emotional ties, and increasing the opportunities of interdependence between generations.

In summary, historical and recent social and economic changes in China have shifted Chinese people's values and practices on intergenerational relationships far away from their original meanings of Confucianism's filial piety, although personally respecting, economically supporting and physically caring aged parents are still the ideal of social norms of Chinese people. Recent changes on the attitudes and practices towards elderly care reveal a significant tendency of independence between generations, and of a growing expectation in both generations for the improvement of institutional care.

5 Discussion and Conclusions

In contemporary Chinese families the historic concept of filial piety is still honored in the way government and the media discuss elder care and support. The expectations of dependency, frequent interaction and support, duty to maintain parental wishes are seen as an alternative to major program for support and services for the elderly. The smaller families and new economic opportunities provide a continuing basis for change. The increasing opportunity for grandparents to be meaningfully involved in their grandchildren's lives and to offer care and guidance to them suggests an increasing basis for mutual exchange. Adult children are also more mobile than previous generations with rural families often experiencing at least one child moving away to work. The speed with which Chinese families and elders have made new adjustments is unprecedented.

The behavioral differences among Chinese families appears to be closing in terms of the responsibility and caregiving to their elder relatives. There is better recognition of how much care and attention Chinese give their families including the elderly. Some Chinese families also have to handle caregiving at a distance as young people follow job and educational opportunities and continue to want to support their families. As family size has decreased, divorce and remarriage have expanded, and the elderly are living much longer, families are needing to address the care of a more complex set of elderly persons, some of whom have less direct claims for care and responsibility. The need for specialized care in home and institutional settings especially for the frail elderly who may have become too much of a burden for their caregivers or outlived them is being widely recognized and may be more common in future (Sanborn & Bould 1991). Understanding how the dramatic changes of the society have been incorporated into the social meanings and feelings about family responsibilities and actions could be helpful in predicting what programs and services will be acceptable and used. Quality of care is a slippery concept. In Chinese society the preference for home care given by family members is couched in the language of quality. The actuality of the adequacy of such care varies among families, may differ over the later years of people's lives, and can be affected by technological change and services. Both the elderly and their families take into account other variables than strictly those of health, safety, and physical well-being. There are many ways in which situations and family processes account for emotional, social, and status well being.

In China, the concepts of obedience and duty may function to help family members put up with these same demands from elders that care and respect be given on their terms. One may be able to handle „unreasonable demands" by complying without the need to be so invisible in the performance of care and support and without shielding the elder from the burden that is involved. The increasing role that grandparents are taking in the care of their grandchildren and in sponsoring the independence of their children, however, suggests that higher reciprocity and personal relationship quality may also characterize exchanges in the Chinese family as well. Certainly as a smaller cohort of young adults responds to an increasing long lived and large cohort of elders, some priorities will be set both by individuals and the larger society. Those elders who have been good companions and sponsors to their younger family members may at an individual level be more likely to receive frequent and effective help. More institutional alternatives and in home services may be designed and implemented bringing some new options into play.

References

Bahr, Howard M. (1976): The Kinship Role. In: Nye, F. Ivan (Ed.): Role Structures and Analysis of Family. Beverly Hills, CA: Harvard University Press: 71-79.

Bengston, Vern L./Rosenthal, Carolyn & Burton, Linda (1990): Families and Aging: Diversity and Heterogeneity. In: Binstock, Robert H. & George, Linda K. (Eds.): Handbook of Aging and the Social Sciences (3rd ed.). San Diego, CA: Academic Press: 263-287.

Bian, Fuqin/Logan, John R. & Bian, Yanjie (1998): Intergenerational Relations in Urban China: Proximity, Contact, and Help to Parents. In: Demography 35: 115-124.

Bianco, Lucien (1981): Birth Control in China: Local Data and Their Reliability. In: China Quarterly 85: 119-137.

Cai, W. M./Song, Y. H./Luo, X. Y. & Jiang, L. W. (1994): China. In: Kosberg, Jordan (Ed.): International Handbook on Services for the Elderly. Westport, CT: Greenwood Press: 87-190.

Chen, Jieming (1996): Old Age Support and Intergenerational Relations in Urban China: Maintenance of Obligations Between Older Parents and Children. Ph.D. Dissertation. Department of Sociology, University of Michigan, Ann Arbor, MI. (No. 9711937). Ann Arbor, MI: UMI Dissertation Services.

Chen, Xiangming (1985): The One-Child Population Policy, Modernization, and the Extended Chinese Family. In: Journal of Marriage and the Family 47: 193-202.

Chen, Xiangming & Silverstein, Merril (2000): Intergenerational Social Support and the Psychological Well-Being of Older Parents in China. In: Research on Aging 22: 43-65.

China News Analysis (1984, March 26): Socialist China, Social Policy and Elderly, 1257: 1-8.

Confucius (1982): The Book of Filial Piety. In: Mckee, Patrick L. (Ed.): Philosophical Foundations of Gerontology. New York: Human Sciences Press: 103-113.

Cowgill, Donald O. (1974): Aging and Modernization: A Revision of Theory. In: Gubrium, Jaber F. (Ed.): Laterlife: Community and Environmental Policies. Springfield, IL: Charles C. Thomas: 123-146.

Crimmins, Eileen M. (1986): The Social Impact of Recent and Prospective Mortality Decline Among Older Americans. In: Sociology and Social Research 70: 192-199.

Davis, Deborah B. & Harrell, Stevan (1993): Introduction: The Impact of Post-Mao Reforms on Family Life. In: Davis, Deborah & Harrell, Stevan (Eds.): Chinese Families in the Post-Mao Era. Berkeley: University of California Press: 1-22.

Davis-Friedman, Deborah (1983): Long Lives: Chinese Elderly and the Communist Revolution. Cambridge, MA: Harvard University Press.
Davis-Friedman, Deborah (1985). Chinese Retirement: Policy and Practice. In: Current Perspectives on Aging and the Life Cycle 1: 295-313.
Davis, Andrew J./Gan, L./Ren, Q./Liang, Y./Davis, Deborah B. & Lin, James (1995): Home Care for the Urban Chronically Ill Elderly in the People's Republic of China. In: International Journal of Aging and Human Development 41: 345-358.
Etzioni, Amitai (1977): The Family: Is It Obsolete? In: Journal of Social Issues 33: 47-51.
Farkas, Janice I. & Hogan, Dennis P. (1995): The Development of Changing Intergenerational Relationships. In: Bengtson, Vern L./Schaie, K. Warner & Burton, Linda M. (Eds.): Adult Intergenerational Relations: Effects of Societal Change. New York: Springer: 1-18.
Genov, Nikolai B. (1997): Four Global Trends: Rise and Limitations. In: International Sociology 12: 209-428.
Goldman, Noreen (1986): Effects of Mortality Levels on Kinship. In: Population Studies, No. 95, Consequences of Mortality Trends and Differentials. U.N. Department of International Economic and Social Affairs, New York: United Nations: 79-87.
Gu, Shengzu /Chen, Xiangming & Liang, Jersey (1995): Old-Age Support System and Policy Reform in China. Paper presented at the International Conference on Aging in East-West, Seoul National University, Korea.
Hanks, Roma S. & Settles, Barbara H. (1990): Theoretical Questions and Ethical Issues in a Family Caregiving Relationship. In: Biegal, David E. & Blum, Arthur (Eds.): Aging and Caregiving: Theory, Research, and Policy. Newbury Park, CA: Sage Publications: 98-120.
Hu, R. & Ye, N. (1991): 1988 Zhongguo Jiu Da Chengshi Laonianren Zhuangkuang Chouyang Diaocha (The Elderly Survey of Nine Chinese Cities in 1988). China: Tianjin Education Press.
Huber, Joan & Spitze, Glenna D. (1988): Trends in Family Sociology. In: Smelser, Neil J. (Ed.): Handbook of Sociology. Newbury Park, CA: Sage Publications: 425-448.
Ikels, Charlotte (1980): The Coming of Age in Chinese Society: Traditional Patterns and Contemporary Hong Kong. In: Fry, Christine L. (Ed.): Aging in Culture and Society: Comparative Viewpoints and Strategies. New York: Bergin Publishers: 80-100.
Ikels, Charlotte (1983): Aging and Adaptation: Chinese in Hong Kong and the United States. North Haven, CT: Archon Books.
Ikels, Charlotte (1992): Family Caregiver and Elderly in China. In: Biegel, David E. & Blum, Arthur (Eds.): Aging and Caregiving: Theory and Practice. Newbury Park, CA: Sage Publications: 270-284.
Jia, Aimei (1988): New Experiments with Elderly Care in Rural China. In: Journal of Cross-Cultural Gerontology 3: 139-148.
Kallgren, Daniel C. (1985): Politics, Welfare and Change: The Single-Child Family in China. In: Perry, Elizabeth & Wong, Christine (Eds.): The Political Economy of Reform in Post-Mao China. Cambridge, MA: Harvard University Press: 131-156.
Kwong, Paul & Cai, Guoxuan (1992): Aging in China: Trends, Problems, and Strategies. In: Phillips, David (Ed.): Aging in East and South-East Asia. London: Edward Arnold: 105-127.
Lee, Gary R. (1979). The Effects of Social Networks in the Family. In: Burr, Wesley R./Hill, Reuben /Nye, F. Ivan & Reiss, Ira L. (Eds.): Contemporary Theories About the Family. New York: Free Press: 27-56.
Leung, Joe C. B. (1990): The Community-Based Welfare System in China. In: Community Development Journal 25: 196-205.
Leung, Joe C. B. (1997): Family Support for the Elderly in China: Issues and Challenges. In: Journal of Aging and Social Policy 9: 87-101.
Liu, Wei (Ed.) (1989): China Social Statistics 1986. The China Statistics Series. New York: Praeger.

Liu, Y. & Xue, S. (Eds.) (1987): Zhong Gu Hun Yin Jia Ting Yan Jiu (Chinese Marriage and Family studies). Beijing: Chinese Social Science Document Press.
Logan, John R. & Spitze, Glenna D. (1996): Family Ties: Enduring Relations Between Parents and Their Adult Children. Philadelphia: Temple University Press.
Lopata, Helena Z. (1979): Women as Widows: Support Systems. New York: Elsevier.
Ma, Y./Wang, Z./Sheng, Xiangming & Shinozaki, M. (1994): A Study on the Life and Consciousness of Contemporary Urban Family in China: A Research in Beijing with Comparison among Bangkok, Seoul and Fukuoka. Kitakyushu: Kitakyushu Forum on Asian Women.
Marciano, Teresa D. (1993): Issues of Technology's Possible Futures. In: Settles, Barbara. H./Hanks, Robert S. & Sussman, Marvin B. (Eds.): American Families and the Future: Analyses of Possible Destinies. Binghamton, New York: The Haworth Press: 125-134.
McCartney, S. (1994, December 8): Society's Subcultures Meet by Modem: For Teens, Chatter on the Internet Offers the Comfort of Anonymity. In: The Wall Street Journal b1 & b4.
Ministry of Civil Affairs (1995): Zhongguo Minzheng Tongji Nianjian (China Civil Affairs Yearbook 1995). Beijing: Ministry of Civil Affairs.
Parsons, Talcott & Bales, Robert F. (with Olds, J./Zelditch, M., Jr. & Slater, P.) (1955): Family, Socialization, and Interaction Process. New York: The Free Press.
Poston, Dudley L. & Gu, Bao Chang (1984): Socioeconomic Differentials and Fertility in the Provinces, Municipalities and Autonomous Regions of the People's Republic China. Circa-1982. In: Texas Population Research Center Paper. Series 6: Paper No. 6.011. Austin: University of Texas.
Rigdon, J. E. (1994, December 8): Society's Subcultures Meet by Modem: Home Bound and Lonely, Older People Use Computers to Get Out. In: The Wall Street Journal b1 & b14.
Sanborn, Beverly & Bould, Sally (1991): Intergenerational Caregivers of the Oldest Old. In: Marriage and Family Review 16: 125-142.
Sankar, Anand (1989): Gerontological Research in China: The Role of Anthropological Inquiry. In: Journal of Cross-Cultural Gerontology 4: 199-224.
Settles, Barbara H. (1993): The Illusion of Stability in the Family; the Reality of Change and Mobility. In: Settles, Barbara H./Hanks, Daniel E. & Sussman, Marvin B. (Eds.): Families on the Move. Marriage and Family Review 19. New York: Haworth Press.
Settles, Barbara H. (1999): The Future of Families. In: Sussman, Marvin B./Steinmetz, Suzanne K. & Peterson, Gary W. (Eds.): Handbook of Marriage and the Family. New York: Plenum: 143-178.
Sheng, Xuewen (1991): Zhongguo Chengshi Laonianren De Jiating Shenghuo (The Family Life of Urban Chinese Elderly). In: Hu, R./Yao, S. & Liu, B. (Eds.): Zhongguo Chengshi Laoling Wenti Yanjiu (The Study of Aging Issues in Urban China). Tianjin: Jianjin Educational Press: 13-42.
Sheng, Xuewen (1992): Population Aging and the Traditional Pattern of Supporting the Aged. In: Proceedings of Asia-Pacific Regional Conference on Future of the Family. China Social Science Documentation Publishing House: 66-71.
Statistical Bureau of People's Republic of China (Ed.) (1997): China Statistical Yearbook 1997. Beijing: China Statistical Publishing House.
Statistical Bureau of People's Republic of China (Ed.) (2001): China Statistical Yearbook 2001. Beijing: China Statistical Publishing House.
Sung, Kyu-Taik (1995): Measures and Dimensions of Filial Piety in Korea. In: Gerontologist 35: 240-247.
Taylor, Robert J. (1988): Aging and Supportive Relationships among Black Americans. In: Jackson, James (Ed.): The Black American Elderly. New York: Springer: 259-281.
Thornton, Arland (1989): Changing Attitudes Toward Family Issues in the United States. In: Journal of Marriage and the Family 51: 873-893.
Tian, X./Xiong, Y. & Xiong, B. (1991): Zhong Guo Lao Nian Ren Kou She Hui (Chinese Aging Population Society). Beijing: China Economic Press.

Unger, Jonathan (1993): Urban Families in the Eighties: An Analysis of Chinese Survey. In: Davis, Deborah & Harrell, Stevan (Eds.): Chinese Families in the Post-Mao Era. Berkeley: University of California Press: 25-49.
Watkins, Susan C./Menken, Jane A. & Bongaarts, John (1987): Demographic Foundations of Family Changes. In: American Sociological Review 52: 348-358.
White, James M. (1991): Dynamics of Family Development: A Theoretical Perspective. NY: Gilford.
Wolf, Arthur (1986): The Preeminent Role of Government Intervention in China's Family Revolution. In: Population and Development Review 12: 101-116.
Yang, Hongqiu (1996): The Distributive Norm of Monetary Support to Older Parents: A Look at a Township in China. In: Journal of Marriage and the Family 58: 404-415.
Yang, K. S./Yeh, K. H. & Huang, L. (1988): Hsiao-Dao De Ser-Hwei Tai-Du Yu Hsing-Wei Li-Luen Yu Tse-Liang (A Social Attitudinal Analysis of Chinese Filial Piety: Concepts and Assessment). Bulletin of the Institute of Ethnology, Academia Sinica 65: 117-227.
Yuan, Fan (1987): The Status and Role of the Chinese Elderly in Families and Society. In: Schulz, James H. & Davis-Friedmann, Deborah (Eds.): Aging China: Family, Economics, and Government Poli cies in Transition. Washington, DC: The Gerontological Society of America: 36-46.
Zhu, Zhi Xin (Ed.) (2001): International Statistical Yearbook. Beijing: China Statistics Press.
Zimmerman, Carl C. (1972): The Future of the Family in America: 1971 Burgess Award Address. In: Journal of Marriage and the Family 34: 323-333.

Intergenerational Relations in Taiwan: A Preliminary Analysis on the Lineage Differential

Chin-Chun Yi & En-Ling Pan

1 Background

Over the past few decades, Taiwan has experienced rapid demographic transition, economic development, and social change that take other industrialized countries a century or more to experience. The decline in mortality and the increase in the life expectancy at birth have produced a rapidly rising aging population in Taiwan. The percentage of people 65 or older grew from 6.1 in 1990 to 8.6 in 2000, and elderly dependency ratio increased from 9.1 to 12.2 (Accounting and Statistics 2000). It is estimated that by 2050 more than 20% of the total population will be over 65, and the elderly dependency ratio will be 40% (Wang 2003). On the other hand, fertility is dropping. Children under age 5 decreased nearly 27% from 1980 to 2000 (Accounting and Statistics 2000). The population age structure of Taiwan, like that of most industrialized societies, has changed from a pyramid into a „beanpole" structure which consists of more generations but fewer members in each generation (Bengtson 2001). This beanpole structure suggests that not only family members across generations will share their lives together over a longer period of time, but intergenerational interactions in Taiwan will be more frequent and complicated.

From the historical stand, Taiwan inherits Chinese family and kinship practices from early immigrants of Mainland China (Chen & Yi 2005). The traditional Chinese family pattern is characterized by the „enforcement of patriarchy". Children are socialized to obey authorities and the elderly, especially the elderly male authority in the family. Filial piety is also a very important moral imperative in Chinese culture. Adult children, especially sons, are expected to treat their parents or the elderly with respect, and to provide care and support to elderly parents unconditionally. Hence, interpersonal relationships tend to be vertical, and the strongest bond is between father and son (Hsu 1948; Yi 1998).

The strong patriarchal family value is kept quite intact in actual practice. About 65% of Taiwanese aged parents with married children live with a married son, while the percentage of those living with a married daughter is much lower

(Chang 1994; Lee, Parish & Will, 1994). In this context, it is documented that Taiwanese children are more likely to reside with paternal grandparents during early socialization, and are more likely to be exposed to the subsequent paternal intergenerational family experiences (Yi et al. 2004). A substantial body of research on intergenerational relations in Taiwan has focused on the living arrangement of aged parents (e.g. Chang 1994; Yi & Chen, 1998; and Weinstein et al., 1994), on adult children's support (e.g. Lee, Parish & Will 1994; Lin et al. 2003), or on the consequence of children being reared by grandparents alone (e.g. Chu 1983; Hsiao 1999; Chen et al. 2000; Wu & Chang 2003). In contrast, relatively little is known pertaining to how patriarchal institutions affect intergenerational relations.

Therefore, this paper intends to explore the lineage differential in the intergenerational relations in Taiwan. The analyses will focus on the structural living arrangement as well as the actual contact between adolescents (G3), parents (G2) and grandparents (G1). Specifically, we will explore whether the effects of socio-demographic and ethnic-cultural characteristics differ between patrilineal and matrilineal intergenerational interaction. In addition, it is assumed that early family experiences will affect the present intergenerational relations and possible lineage differentials will be examined.

2 Patriarchy and Intergenerational Relations

Adhering to the patriarchal tradition of Confucianism, Taiwan falls in the category of strong patriarchy in the family system. From early childhood, sons and daughters are socialized to different roles and are expected to fulfill different functions in the family. The primary responsibility of a son is to carry on the family name, to provide financial support, and to take care of parents in their old age (Hsu 1948). On the other hand, daughters are prepared with different roles. Before marriage, she belongs to her father's family, help household chores, be her mother's companion, and contribute to family income (Arnold & Kuo 1984). But after marriage, daughter becomes the member of her husband's family, and her status in her own father's family seriously declines in comparison with her unmarried siblings (Yi & Lu 1999). Furthermore, married daughter has no obligation to support her father's family (Greenhalgh, 1985). As a consequence, in Taiwan as in many other patriarchal societies, the strongest preference is to have sons (Arnold & Kuo 1984).

Besides the lineage concern, the patriarchal institution shapes gender differentials through economic, physical, social, ideological, and familial mechanisms. From an economic perspective, Greenhalgh (1985) argued that relations between Taiwanese parents and children can be regarded as „contracts" for the expected exchange of rights and duties. In the family, „parents could not avoid investing their resources in their children, but they could treat the investment as a loan that had to be repaid by fulfilling a number of obligations. These obligations included absolute obedience (filiality) and large contributions to the family economy. Sons were also obligated to support the parents in their old age" (Greenhalgh 1985: 269). Since sons are the successor of the descent line and the caregivers for aged parents, parents usually invest more resources in sons than in daughters, especially in son's education (Greenhalgh 1985: 269).

Furthermore, patriarchal norms also affect the perception of family. According to an island wide study, it was shown that married daughters tend to report a bilateral family concept in their subjective definition of family members; while married sons reveal a strong patrilineal preference (Yi & Lu 1999). But regarding the family reunion on Chinese New Year's Eve, patriarchal norms become dominant and married daughters tend to resemble their male counterpart indicating a composition of patrilineal relatives, instead of bilateral kinship network (Yi & Lu 1999).

The lineage differences in the actual investment of children as well as in the normative expectation regarding family composition shed light on the possible differences in intergenerational relations between paternal versus maternal kins. Among them, grandparents are the closest kin and three generational interactions are the most likely locus of analyses. This is exactly the target of this paper. In the following, we will first examine the interaction pattern between grandparents and parents, then between grandparents and grandchildren. For the latter, actual contact during early socialization process and at present will be investigated separately.

2.1   Grandparent-Parent (G1-G2) Relations: Proximity and Contact

Although Taiwan has experienced rapid social change, the change in the living arrangements of aged parents has not been as dramatic. Weinstein et al. (1994) found that between 1973 and 1986 (for couples with wives aged 20-39) the percentage of co-residence of adult children with the husband's parents dropped from 57.8% to 44.2%, and the percentage of adult children living with the wife's parents slipped slightly from 4.5% to 3.5%. However, with regard to those living in the same township or city, the total percentage of couples living with or in the same township or city as the husband's parents only declined slightly (from 73.9% to 69.3%), while the percentage of couples living with or near the wife's parents actually increased (from 37.5% to 44.3%). These findings suggest that, although couples are less likely to co-reside with parents, they are still likely to live close to them.

Previous studies suggest that the *living arrangements* of aging parents are related to various characteristics of sons, such as ethnicity, age, education, and area of residence (Chang 1994; Weinstein et al. 1994). With respect to ethnicity, compared to mainlanders, it is more common for Fukienese and Hakka to live with their aged parents and with extended kin (Yi & Chen 1998). Aging parents are less likely to reside with their older sons than with their younger sons. For the more educated, their parents tend to live alone or far away. Adult children in urban areas are less likely to live with their aged parents (Chang 1994). It should be noted that the characteristics of daughters-in-law are also associated with the proximity to their parents-in-law (Weinstein et al. 1994). Those with more education or those living in cities are more likely to live far away from their parents-in-law. However, the correlation between the characteristics of daughters-in-law and the proximity to their own parents is weak (Weinstein et al. 1994). Again, subtle differences from the lineage differential may be revealed. In general, findings on proximity between generations suggest that the characteristics of sons and daughters-in-law are significant and appear to have more influences on the intergenerational relations for the paternal side of the family.

With respect to *contact*, studies show that between 1973 and 1986, there was little change in the frequency of face-to face contact between adult children and aging parents of either side (Weinstein et al. 1994). Looking from children's characteristics, the highly educated are less likely to visit their parents. Couples living in cities are less likely to visit daily than are couples living in rural areas (Weinstein et al. 1994). However, lineage differential is found for those who live in the same city or township. If couples live in the same city or township as husband's parents, they are more likely to visit paternal parents frequently. But it is not the case for maternal parents. The frequency of face-to-face contact with wife's parents is much lower as compared with husband's parents. In other words, the lineage differential revealed from the contact frequency suggests a favorable pattern toward paternal intergenerational interaction, similar as the proximity findings above.

2.2 Grandparent-Grandchild (G1-G3) Relations: Early Family Experience – Co-residence and Child Care

The subject of grandparenthood has received broad attention in Taiwan. As stated above, most studies focus on the consequences of children with absent parents and are reared by grandparents alone (Chu 1983; Hsiao 1999; Chen et al. 2000; Wu & Chang 2003). Documents regarding patrilineal versus matrilineal lineage variations in the relations between grandparents and their adolescent grandchildren is seriously inadequate in Taiwan.

In the United States, the quality of relations between grandparents and grandchild has been examined from various aspects. Although few studies focus on the effects of proximity and lineage (King & Elder 1995), most are interested in the social consequences of different structural arrangements, such as the rural-urban area of residence (King et al. 2003); early family relationships and contemporary parent-grandparent relationships (Chen & Elder 2000; Whitbeck, Hoyt & Huck 1993; King & Elder 1995); parent-child relationships (King & Elder 1995; Thompson & Walker 1987); and grandparents' divorce and parents' divorce (King 2003; Amato & Cheadle 2005). It is clear that among the vast relevant literature, children's early socialization experience and its possible effect on the present intergenerational relations has not received enough attention. This paper will focus on two specific aspects of children's early socialization, namely the co-residence experience and the child care arrangement patterns.

About 44.2% of newly married women in Taiwan co-reside with their husband's parents or the paternal extended kin (Weinstein et al. 1994). During the period between the birth of the eldest child and the youngest child entering primary school, over 40% of married women live with their husband's parents (Chien & Yi 2001). It points out a significant family experience in Taiwan that a substantial proportion of grandchildren ever co-reside with paternal grandparents before age 6. This relatively unique and quite prevalent phenomenon deserves special attention, especially with regard to its potential impact on the family dynamics.

According to the Report on Children's Life Conditions 1993, regardless of parents' working status, 13.8% of preschoolers had grandparents as main caregivers in 1992 (Yi et al. 2004). For co-resident grandchildren and grandparents, the percentage becomes much higher: 34%. Among them, if both parents are working, the most important child caregiver is their grandparent (Ibid.). It has been argued that the rural-urban migration and the increase in working mothers have contributed to this childcare arrangement pattern (Yi 1994; Feng 1995; Hu

& Chou 1996). In term of lineage differentials, it is not surprising that under the patriarchal and patrilocal systems, grandparents are more likely to provide care for their paternal grandchildren than for maternal grandchildren (Hu & Chou 1996). If grandparents are asked to take care of maternal grandchildren, married daughters often pay a certain amount of money to them (Hu & Chou 1996). It has been reported that the experience of co-residence with grandparents and of being cared for by them in early childhood seems to be beneficial to the current grandparent-adolescent relationships (Yi et al. 2004). However, the specific dynamics such as the gender and birth order of grandchildren require further investigation.

Previous research in Taiwan suggests that patrilineal ties are stronger than matrilineal ties and patriarchal norms significantly affect attitudes toward elderly support and intergenerational relations. It is very likely that lineage differential is an important factor to be considered in the interplay. But to date, there are few studies aimed at lineage variations among grandparent-adolescent relations. The main objectives of this paper are (1) to examine the lineage differentials on intergenerational relations, particularly the grandparent-parent and grandparent-adolescent relations, and (2) to specify the effects of early family experiences, namely the co-residence and the child care experience, on the current grandparent-adolescent relations.

3 Methods

3.1 The Sample

To examine whether intergenerational relations differ by patrilineal or matrilineal side, we used the data collected by the Taiwan Youth Project (the Institute of Sociology, Academic Sinica, Taiwan). This project is an eight-year longitudinal study with eight-waves of surveys scheduled from 2000 to 2007. It consists of two-cohorts of students: 2696 seventh-grade students (first grade of junior high) and 2890 ninth-grade students (last year of junior high) in the year 2000. In addition to the adolescent, one of their parents and their head master of the class were also interviewed in the same year. In order to explore the growth trajectory of the youth, the research design focuses on three main social mechanisms of adolescent development: family, school and community, and their interplay. The questionnaire for each year includes two parts: current questions and retrospective questions. Current questions are asked every year in order to explore the adolescent developmental trajectory. For example, in order to understand adolescent life experiences, we ask adolescents to report their life events each year. Conversely, retrospective questions are asked only once. For example, in the wave-three parent interview, parents reported on their children's relations with their grandparents during early childhood.

Taiwan Youth Project used a school-based, stratified sampling design. A sample of junior high schools were selected from Taipei city, Taipei county, and Yilan county, stratified by the level of urbanization. These three areas located in the northern part of Taiwan have different levels of urbanization and different economic structures. Taipei city is the largest metropolitan city in Taiwan; Yilan is a mostly agriculture-based county; and Taipei county is in-between these two regions. Thus, in the first stage of sampling, according to the level of urbanization, we divided Taipei city into three strata, Taipei county into three strata, and Yilan county into two strata. In the second stage, based on the number of students registered in each stratum, we chose 40 schools from the pool: 16 schools from Taipei city, 15 schools from Taipei county, and 9 schools from Yilan county. In each school, we randomly chose two classes in each grade and interviewed all the students. One parent of each student, usually the mother (about 70%), and the head master of the class were also asked to fill out the parent questionnaire and the teacher questionnaire.

Because we needed some retrospective questions, such as the early family process in this study, the sample was based on the surveys of 7th grade students and their parents from wave two to wave three (from year of 2001 to 2002). In wave one, 2696 student in 7th grade received the student questionnaire, and 99% (N = 2690) completed it. About 98% of the parents (N = 2666) filled out the parent questionnaire. In wave two, student number was slightly increased because of the transfer students who participated in the study, a sample of 2797 students was interviewed. About 95% (N = 2683) answered the questionnaire in the class. In wave three, 2663 students (98%) completed the questionnaire, and 2023 parents (75%) received interviews at home.

3.2 Measures

G1-G2 Grandparent-Parent contact: With respect to paternal grandparent-parent contact, if mothers responded to the questionnaire, it was measured by the question: „How often are you in contact with your parents-in-law?" If fathers responded, it was measured by the question: „How often are you in contact with your parents?" With respect to maternal grandparent-parent contact, conversely, if mothers responded to the questionnaire, it was measured by the question: „How often are you in contact with your parents?" If fathers responded, it was measured by the question: „How often are you in contact with your parents-in-law?" The seven ranges of contact are from „almost everyday" to „once or twice per year". Since there is a subtantial proportion of co-residence in the sample, we include this category and assume it has the highest contact. So the responses were recoded into five categories: co-residence, daily, at least once a week, at least once a month, and several times a year.

G1-G3 Grandparent-Grandchild contact: the measure of grandparent-grandchild contact was based on the question: „How often adolescents have face-to-face contact with their paternal and maternal grandparents each year?" The responses are co-residence, daily, once or twice per week, once every two or three months, once or twice per year, and none applicable/died. We excluded those who reported their grandparents were dead, and recoded responses into five categories: co-residence, daily, at least once a week, at least once a month, and several times a year.

G1-G2 Grandparent-Parent co-residence (G3 Age 0-3, Age3-6): Parents (G2) indicated whether they lived with paternal/maternal grandparents (G1) when grandchildren (G3) were age 0-3 and age 3-6.

G1-G3 Grandparent-Grandchild Child Care (G3 Age 0-3, Age3-6): According to parent's reports of early child care experience during the preschool period, two stages were distinguished: age0-3 and age3-6. For each stage, two items referred to who was the major child caregiver during daytime and nighttime. If paternal grandparents provided care during daytime or nighttime, they were regarded as day or night caregivers. If paternal grandparents provided care during daytime and nighttime, they were regarded as 24-hour caregivers. There are three categories: none, day or night care, and 24-hour care. The maternal grandparent childcare indicator was constructed in the same manner.

Characteristics of G2 Parents: Parent's characteristics may affect their relations with their parents and children. For example, older parents may be less likely to live with grandparents. Thus, we examined the effects of parent's age, education, and ethnicity on intergenerational relations. Parent's age was calculated by their birth year at the time of the interview. We recoded them into three groups: 39 and younger, 40-49 years old, and 50 and older. Parent's education was based on their self-reports about the highest education level they achieved. In this study, it consisted of five categories: primary school and lower, junior high school, senior high school, vocational college, and college and higher. Previous research suggests there are ethnic variations in attitudes toward parental support and living arrangement. Hence, we considered the effects of ethnicity, including Fukienese, Hakka, Mainlander, and Aboriginal, in our study.

Characteristics of G3 Grandchild: With respect to gender, previous research suggests that daughters are more likely to have better relations with family members and more likely to take care of elderly parents than sons. Gender was based on adolescents' self-reports about their biological sex. Because in Chinese culture, paternal grandparents may put higher value on eldest grandsons, we considered the impact of birth order. This variable was constructed from adolescent's self-reported sibling roster.

Characteristics of Family. Variations in urban and rural background are distinguished into three categories with Taipei city the largest metropolitan city in Taiwan, Yilan county an agricultural region, and Taipei county represent the in-between region. Family income is an important indicator of socioeconomic status. It was assessed by the question about parent's report on family monthly income. We recoded them into 4 categories: NT$ 30000 and below, NT$ 30001-50000, NT$ 50001-70000, and NT$ 70001 and above. With respect to family structure, according to parental marital status and adolescent living arrangement, family structure was grouped into three different types: two-parent family, single-mother family, and single-father family.

4 Results

4.1 Contact between Grandparent and Parent (G1-G2)

Table 1[1] shows the result of contact between parents (G2) and paternal grandparents (G1) by characteristics of family: living area, family income, and family structure as well as characteristics of parents: parents' age, education, and ethnicity. 26.4% of parents were co-residing with paternal grandparents. Among them, rural Yilan county reveals the highest percentage (38.7%), followed by Taipei county (23.6%) and Taipei city (20.3%). Lower family income, younger in age, lower educated are all positively associated with the co-residence pattern. Results from family structure point out that single-father status more likely leads to co-residing with his own parents (62%), much higher than two-parent or single-mother families (26.2% or 10.5%). Fukienese and Aboriginals have

---

[1] The tables are at the end of this paper.

higher co-residence rate (27.8% and 26.7%) than Hakka (22.1%) or Mainlander (18.8%).

With regard to non-coresident samples, socio-demographic characteristiccs and the contact frequency reported between paternal G1-G2 vary. 16.8% of parents reported contact with paternal grandparents everyday, and over 30% of parents kept in contact with paternal grandparents at least once per week. With regard to the differences by area, compared to those living in Taipei city and Taipei county, parents in Yilan county were more likely to be in contact with paternal grandparents (23.8%). Parents with lower family income tended to live with or to keep in daily contact with paternal grandparents (co-residence: 31.9%; daily: 17.8%). Compared to two-parent families, single mothers were less likely to be co-resident with paternal grandparents (10.5%) or to keep in daily contact (14.5%); whereas single fathers were more likely to live with paternal grandparents (62.2%). In addition, nearly 24% of single mothers were in contact with paternal grandparents only several times a year.

Looking at the characteristics of fathers, about 23.9% of the youngest fathers (age 39 or below) were in contact with paternal grandparents everyday, whereas only 9.7% of older fathers (age 50 or above) kept in daily contact. With respect to father's education, although the more highly educated fathers were less likely to be in contact with paternal grandparents everyday (11.6%), nearly half of them report contact with paternal grandparents at least once per week (43.8%). Ethnicity is related to the pattern of contact between parents and paternal grandparents. Compared to other ethnic groups, Fukienese fathers were more likely to live with paternal grandparents (27.8%), or to keep in daily contact with them (18.6%). Most Hakka fathers and Mainlander fathers reported contact with paternal fathers weekly (Hakka: 36.1%; Mainlander: 41.9%). The effects of mother's characteristics on the patterns of contact with parental grandparents are similar to the effects of father's characteristics (The results of mother's characteristics are not shown in Table 3.). It is worth mentioning that compared to other ethnic mothers, Hakka mothers were less likely to keep in daily contact with paternal grandparents.

Table 2 presents the results of contact between parents (G2) and maternal grandparents (G1). Let us look at the co-residence pattern first. A total of 4.2% of parents lived with maternal grandparents. The pattern is considerably different from their male counterpart. Taipei city (instead of rural Yilan county), Mainlanders (instead of Fukienese) are more likely to co-reside with maternal grandparents. Except the lowly educated, level of education is positively associated with co-residing with maternal grandparents. Single mothers, same as single fathers, are more likely to co-reside with their own parents.

For the non-resident samples, 17.8% reports daily contact; 46.2% at least once per week; 22.7% at least once per month; and only 9.1% for several times per year. Single mothers not only are more likely to live with maternal grandparents, they also keep more daily contact than married parents (24.6% vs. 17.4%). Looking at the characteristics of mothers, compared to the less well educated women, the most highly educated mothers were more likely to be in contact with maternal grandparents at least once per week (56.1%). Compared to other ethnic mothers, mainlander mothers were more likely to be in contact with them daily (20.3%), as well as to contact at least once a week (50%).

In short, the tendency toward patrilineal and patrilocal preference in this study is consistent with previous studies. With respect to proximity, the proportion of co-residence with paternal grandparents is higher than that with maternal grandparents. Parents living in Yilan county (rural area), those having lower family income, single fathers, those with lower level of education, or those who are Fukienese were more likely to be co-resident with paternal grandparents. On the other hand, the patterns in proximity to maternal grandparents are unclear. It is worth noting that the most highly educated mothers and mainlander mothers tended to live with maternal grandparents, or else they lived close to them. Although the proportion of co-residence with maternal grandparents is lower, lineage differential in contact between parents and grandparents is not significant. Nearly 75% of parents indicated frequent contact with paternal grandparents (co-residence: 26.4%; daily contact: 16.8%; and at least once per week: 31.8%), whereas the percentage of frequent contact with maternal grandparents also reaches 70 (co-residence: 4.2%; daily contact: 17.8%; and at least once per week: 46.2%).

4.2 Grandparent-Grandchild (G1-G3) Relations: Early Family Experience – Co-residence and Child Care

In order to examine whether early family experiences: G1-G2 co-residence and G1-G3 child care in early childhood, affect current G1-G3 relations, we first present the results of co-residence and child care arrangement when grandchildren were 0-3 years old (Table 3). Let us look at the paternal grandparent care first. Regardless of other factors, about 15.3% of adolescents were cared for by paternal grandparents during childhood. Specifically, about 9.1% were cared for during the daytime or nighttime; and 6.2% were given care for around the clock. Although the chi-square test on the three living areas is barely significant, adolescents in Yilan county had a higher likelihood of have been cared for by paternal grandparents (17.1%) than their counterparts. Looking at the grandchildren's birth order, eldest grandchildren were more likely to have received care from paternal grandparents (19.3%). We were also concerned with the impact of G1-G2 co-residence on the willingness of paternal grandparents to provide child care. About 44.8 % of G2 parents lived with G1 paternal grandparents when the adolescent was aged 0-3. G1 paternal grandparents who were co-resident with G2 parents when G3 grandchildren were aged 0-3 were more likely to have taken care of the grandchildren than those G1 grandparents not living with G2 (26.4% vs. 6.4%).

Next, looking at maternal grandparents care, about 7.9% of adolescents were cared for by their maternal grandparents: 3.4% during daytime or nighttime, and 4.5% for all the time. Here, mother's ethnicity is regarded as maternal grandparent's ethnicity. Adolescents with Fukienese mothers were least likely to be cared for by maternal grandparents; and relatively, adolescents with mainlander mothers were most likely to be cared for by maternal grandparents (6.5% vs. 12.7%). In other words, mainlander maternal grandparents were most likely to provide help in child care for their married daughters. In addition, for the eldest grandchild, the likelihood of being cared for by maternal grandparents increased (10.9%). With respect to G1-G2 co-residence when G3 was aged 0-3, about 6.7% of G2 parents lived with G1 maternal grandparents. About 54.4% of G1 maternal grandparents who lived with G2 parents provided care to grandchildren; and for those G1 not living with G2, about only 4.6% provided care to their grandchildren.

Table 4 shows the findings of child care when G3 was aged 3-6. Here, we were concerned with the change of child care arrangement between ages 0-3 and ages 3-6. When grandchildren were at the age of 3-6, the percentage of G1 providing help in child care decreased slightly (paternal grandparents: 9.8%; maternal grandparents: 5%). Looking at paternal grandparent care, only the difference chi-square tests of G1-G3 child care at G3 ages 0-3 and G1-G2 co-residence at G3 ages 3-6 are significant. When grandchildren were aged 3-6, the percentage of G1-G2 co-residence decreased slightly (40.6%). About 20.1% of G1 paternal grandparents living with G2 parents provided care for G3 grandchildren, and only 2.7% did so for those not living together. With respect to G1-G3 childcare at ages 0-3, if paternal grandparents did not take care of grandchildren at ages 0-3, most of them would not provide child care later on (98.1%). Nearly half of the paternal grandparents providing daytime or nighttime care at age 0-3 continued taking care of grandchildren at ages 3-6, and 61.1% of grandparents who provided care for 24 hours would continue taking care of their grandchildren later on.

Looking at maternal grandparent care, when adolescents were aged 3-6, the percentage of G1-G2 co-residence decreased slightly (5.4%). About 42.7% of G1 maternal grandparents who were living with G2 parent took care of G3 grandchildren, and 4.6% did so for those not living together provided care. Compared to the patterns of child care at ages 0-3 in maternal grandparent care, the change for maternal grandparent caregiving is similar to that for paternal grandparent caregiving. When grandchildren grew older, nearly half of maternal grandparents continued taking care of the grandchildren.

In sum, paternal grandparents were more likely to provide help in child care than were maternal grandparents. Eldest grandchildren or adolescents in Yilan county were more likely to have received early child care from paternal grandparents than their counterparts. On the other hand, Fukienese maternal grandparents were least likely to provide help in early child care for their married daughters, whereas mainlander maternal grandparents were the most likely. Moreover, considering G1-G2 co-residence, maternal grandparents co-residing with their married daughters were more likely to provide care to their grandchildren.

4.3 Face-to-Face Contact between Grandparent and Grandchild (G1-G3)

The results for face-to-face contact between grandchildren (G3) and paternal grandparents (G1) are presented in Table 5. About 23.2% of adolescent grandchildren lived with paternal grandparents; 11.7% had daily face-to-face contact with paternal grandparents; 16.2% were in contact with them in person at least once per week; 13.5% had face-to-face contact at least once per month; and 35.4% were in contact just several times a year. Adolescents in Yilan county were more likely than their counterparts in other settings to be co-resident with paternal grandparents (34.1%), keep in daily contact with them (15.3%), or be in contact with them at least once a week (20.7%). Adolescents who are the youngest grandchildren were less likely to have face-to-face contact with paternal grandparents.

Looking at the early family experience, the early co-residence and child care experiences affected the current contact between G3 grandchildren and G1 paternal grandparents at significant levels. Nearly half of adolescents whose parents used to live with paternal grandparents before their preschool were currently co-resident with paternal grandparents (G1-G2 co-residence with G3 0-3: 42.8%; G3 3-6: 47.6%). They were also more likely to see their paternal grandparents everyday (G3 0-3: 16.3%; G3: 3-6: 17.2%). On the other hand, adolescents whose parents never lived with paternal grandparents were least likely to have face-to-face contact with paternal grandparents. With regard to child care experience, adolescents cared for by paternal grandparents before preschool were more likely to live with their grandparents in adolescence, or to have frequent contact with them.

Table 6 shows the results of face-to-face contact between grandchildren (G1) and maternal grandparents (G3). Without taking into account the effects of socio-demographic characteristics and early family experiences, nearly half of adolescents indicated face-to-face contact with maternal grandparents several times a year (49.8%), and only 7.9% lived with maternal grandparents. Adolescents in Yilan county had a higher proportion of co-residence with maternal grandparents (11%), and were more likely to be in contact with them (daily: 7.8%; at least once a week: 24.7%), than those in Taipei city or in Taipei county. Here, we used mother's ethnicity to represent maternal grandparent's ethnicity. Compared to other ethnic groups, adolescents with mainlander mothers were more likely to live with maternal grandparents (11.5%); and they were likely to have more frequent contact with them (daily: 6.2%; at least once a week: 21.1%). In other words, mainlander maternal grandparents were more likely to live with married daughters and grandchildren.

Let us look at early family experience. About 21.9% of adolescents whose parents lived with maternal grandparents when the adolescents were aged 0-3 were now co-residing with maternal grandparents; 12.3% had contact daily; 15.8% at least once a week; 16.7% at least once a month; and 33.3% several times a year. On the other hand, nearly half of adolescents who never lived with their maternal grandparents in early childhood were in contact with their maternal grandparents no more than „several times a year." The patterns of contact with maternal grandparents who co-resided with adolescents when they were aged 3-6 are similar to those who co-resided when the adolescents were aged 0-3. With respect to child care experience, adolescents who were cared for by maternal grandparents in early childhood were more likely to live with maternal grandparents now, and they had more frequent contact with them than those never cared for by maternal grandparents.

In short, the patrilineal and patrilocal preference strongly affects the patterns of adolescents' face-to-face contact with grandparents. Nearly half of the adolescents saw their maternal grandparents only several times a year. In other words, adolescents were more likely to live with, or see paternal grandparents than maternal grandparents. In addition, early family experiences: co-residence and childcare before preschool are significantly associated with the patterns of contact with grandparents during adolescence. Generally, adolescents who lived with or were cared by grandparents were more likely to be co-resident with or be in contact with grandparents, especially when we examine contact with paternal grandparents.

5 Conclusion

This study aims to delineate the lineage differentials of intergenerational relations in Taiwan. Specifically, the impact of socio-demographic characteristics of parents (G2) and grandchildren (G3), as well as the effect of early family experiences (co-residence and child care) on the current generational relations are focused. With regard to the assumed strong lineage difference, it is shown the answer to this question is positive. Intergenerational relations in Taiwan are deeply affected by the patriarchal family systems. This pattern is a manifestation of the tendency toward patrilineal and patrilocal preference. The proportion of co-residence with paternal grandparents is much higher than that of co-residence with maternal grandparents. The levels of urbanization, family income, marital status, education, and ethnicity of parents are significantly associated with contact with paternal grandparents. More specifically, parents who live in rural Yilan county, have a lower family income, are single fathers, have a lower level of education, and are Fukienese are more likely to be co-resident with paternal grandparents. On the contrary, the most highly educated mothers and mainlander mothers tend to live with maternal grandparents or tend to live close to them.

With respect to contact between parents and grandparents, lineage differential is not significant. In other words, the percentage of frequent contact with paternal grandparents, including co-residence, daily contact, and at least once a week are similar as the percentage for contact with maternal grandparents. Since there is a much lower co-residence rate with maternal grandparents, this finding implies the importance of matrilineal attachment. Although constrained by the opportunity for face-to-face contact, mothers still try hard in contact with their own parents by phone or mail to express emotional attachment and concern toward them. It is clear that the contact pattern for non-coresident mothers resembles their male counterpart.

Regarding early family experiences, paternal grandparents are more likely to provide help in child care for married sons than are maternal grandparents for married daughters. Maternal grandparents who co-resided with their married daughters are more likely to provide care to their grandchildren than those who did not live together. These patterns are consistent with the patriarchal ideology. Paternal grandparents may regard help in childcare as a loan or an exchange of services, and they may expect their married sons to repay the help by financial support or care in their old age. Moreover, because of limitations of time and energy, maternal grandparents may be able to provide child care only for their married sons (Hu & Chou 1996). It is worth mentioning that the eldest grandchild and adolescents in Yilan county are more likely than their counterparts to have received early child care from paternal grandparents. On the other hand, mainlander maternal grandparents are most likely to have provided help in early child care for their married daughters, whereas Fukienese maternal grandparents are least likely to have done so.

The patrilineal and patrilocal preference also is strongly related to the patterns of adolescents' face-to-face contact with grandparents. Adolescents are more likely to live with, or see paternal than maternal grandparents. In addition, adolescents living in Yilan county are more likely than their counterparts to co-reside or have frequent contact with grandparents, particularly with paternal grandparents. Early family experiences (i.e., co-residence before preschool and early child care) are also significantly associated with patterns of contact with grandparents. Generally, adolescents who lived with or were cared for by grandparents are more likely to currently co-reside with or have contact with grandparents, especially for contact with paternal grandparents.

Although Taiwan has experienced rapid economic development and social change, and has become an industrial society within only a few decades, the family systems of Taiwan remain to be in accord with the patriarchal tradition. Patrilineal and patrilocal preferences still play an important role in intergenerational relations in Taiwan.

References

Accounting and Statistics, Executive Yuan, R.O.C. (2000): Population and Housing Census. In: http://www.stat.gov.tw/public/Attachment/41171663571.rtf.

Amato, Paul. R. & Cheadle, Jacob (2005): The Long Research of Divorce: Divorce and Child Well-being across Three Generations. In: Journal of Marriage and the Family 67: 191-206.

Arnold, Fred & Kuo, Eddie C. Y. (1984): The Value of Daughters and Sons: A Comparative Study of Gender Preferences of Parents. In: Journal of Comparative Family Studies 15: 299-318.

Bengtson, Vern L. (2000): Beyond the Nuclear Family: The Increasing Importance of Multigenerational Bonds. In: Journal of Marriage and the Family 63: 1-16.

Chan, C. & Elder Jr., Glen H. (2000): Matrilineal Advantage in Grandchild-Grandparent Relations. In: The Gerontologist 40: 179-190.

Chang, Ying-Hwa (1994): Household Compositions and the Attitude of Support for Parents in a Changing Society. The Case of Taiwan. In: Social Work Review 23, National Taiwan University: 1-34.

Chien, Wen-Yin & Yi, Chin-Chun (2001): The Dynamic Development of Taiwanese Families: Structural Fission and Expansion. In: Journal of Population Studies 23: 1-47.

Chen, Li-Hsin/Ong, Fu-Yuan/Hsu, Wei-Su & Lin, Chi-Jung (2000): The Current State of Child Rearing by Grandparents in Taiwan. In: Newsletter for Adult Education 4: 51-66.

Chen, Yu-Hua & Yi, Chin-Chun (2005): Taiwan's Families. In: Adams, Bert N. & Trost, Jan (Eds.): Handbook of World Families. Thousand Oaks: Sage Publications.

Chu, Chen-Lou (1983): The Problem of Grandparenting. In: Contemporary Life 203: 6-8.

Feng, Yan (1995): Day Care Services: An Ecological Perspective. Taipei, Taiwan: Chu-Liu Publishing.

Greenhalgh, Susan (1985): Sexual Stratification: The Other Side of 'Growth with Equity' in East Asia. In: Population and Development Review 11: 265-314.

Hsiao, Uun-Wen (1999): The Parental Education under Social Change: Three-Generational Families and the Missing Parent Child-Rearing. In: Information Newsletter on Pre-School Education 107: 22-23.

Hsu, Frances (1948): Under the Ancestor's Shadow. New York: Columbia University Press.

Hu, Yow-Hwey & Chou, Yah-Jong (1996): Intergenerational Exchange: A Study of Older Women's Housework Experience. In: Taiwanese Journal of Sociology 20: 1-48.

King, Valaries & Elder Jr., Glen H. (1995): American Children View Their Grandparents: Linked Lives Across Three Rural Generations. In: Journal of Marriage and the Family 57: 165-178.

King, Valaries/Silverstein, Merril/Elder Jr., Glen H./ Bengston, Vern L. & Conger, Rand (2003): Relations with Grandparents: Rural Midwest Versus Urban Southern California. In: Journal of Family Issues 24: 1044-1069.

King, V. (2003): The Legacy of Grandparent's Divorce: Consequences for Ties between Grandparents and Grandchildren. In: Journal of Marriage and the Family 65: 170-183.

Lee, Yean-Ju/Parish, Williams L. & Willls, Robert J. (1994): Sons, Daughter and Intergenerational Support in Taiwan. In: American Journal of Sociology 99: 1010-1041.

Lin, I-Fen/Goldman, Noreen/Weintein, Maxine/Lu, Yu-Hsuan/Gorrindo, Tristan & Seeman, Teresa (2003): Gender Differences in Adult Children's Support of Their Parents in Taiwan. In: Journal of Marriage and the Family 65: 184-200.

Thompson, Linda & Walker, Alexis (1987): Mothers as Mediators of Intimacy between Grandmothers and Their Young Adult Granddaughters. In: Family Relations 36: 72-77.

Wang, De-Lu (2003): Population. In: Wang, Chen-Huan & Chu, Hai-Yuan (Eds.): Sociology and Taiwan Society. Taipei: Chuliu Publish Company.

Weinstein, Maxine/Sun, Te-Hsiung/Chang, Ming-Cheng & Freedman, Ronald (1994): Co-residence and Other Ties Linking Couples and Their Parents. In: Thornton, Arland & Lin, Hui-Sheng (Eds.): Social Change and the Family Taiwan Chicago: The University of Chicago Press.
Whitbeck Les B./Hoyt, Denny R. & Huck, Shirley M. (1993): Family Relationship History, Contemporary Parent-Grandparent Relationship Quality, and the Grandparent-Grandchild Relationship. In: Journal of Marriage and the Family 55: 1025-1035.
Wu, Chia-Jung & Chang, Te-Sheng (2003): The Comparison between Elementary Students Reared by Grandparents and Students Reared by Parents Regarding to School Life Adaptation. In: Journal of National Hualien Teachers College 16: 109-133.
Yi, Chin-Chun (1994): Child Care Arrangements of Employed Mothers in Taiwan. In: Chow, Esther N. L. & Berheide, Catherine W. (Eds.): Women, The Family, and Policy: A Global Perspective. Albany, N.Y.: State University of New York Press: 235-254.
Yi, Chin-Chun & Chen, Yu-Hua (1998): Present Forms and Future Attitudes of the Elderly Parental Support in Taiwan. In: Journal of Population Studies 19: 1-32.
Yi, Chin-Chun (1998): A Preliminary Analysis on the Indicator of the Chinese Marital Concept. In: Siu-Kia, Lao et al. (Eds.): The Change of Chinese Societies: An Analysis of Social Indicators. Hong Kong: Hong Kong Institute of Asia Pacific Studies, Chinese University of Hong Kong. (in Chinese): 423-448.
Yi, Chin-Chun & Lu, Yu-Hsia (1999): Who Are My Family Members? Lineage and Marital Status in The Taiwanese Family. In: American Journal of Chinese Studies 6: 249-278.
Yi, Chin-Chun/Chang, Ying-Hwa/Pan, En-Ling & Chan, Chao-Wen (to appear): Grandparents, Adolescents, and Parents: Intergenerational Relations of Taiwanese Youth. In: Journal of Family Issues.

Tables

Table 1:   Contact of G2-G1 (Parent-Paternal Grandparent)

	Co-reside	Daily	At least 1/week	At least 1/month	Several /year	%	N
Total	26.4	16.8	31.8	17.1	7.9	100	1537
Area							
Taipei City	20.3	14.2	34.6	19.8	11.1	100	586
Taipei County	23.6	14.5	33.3	19.7	8.8	100	543
Yilan County	38.7	23.8	25.5	9.8	2.2	100	408
Likelihood Ratio $\chi^2 = 103.45$***							
Family Income							
30000 and below	31.9	17.8	26.6	13.1	10.6	100	320
30001-50000	28.9	16.3	30.2	17.8	6.8	100	454
50001-70000	25.8	18.3	32.9	15.9	7.1	100	295
70001 and above	19.2	16.0	37.3	21.1	6.4	100	407
Likelihood Ratio $\chi^2 = 33.16$***							
Family Structure							
Two-Parent	26.2	17.1	32.4	17.2	7.1	100	1363
Single-Mother	10.5	14.5	34.2	17.1	23.7	100	76
Single-Father	62.2	13.3	13.3	8.9	2.2	100	45
Likelihood Ratio $\chi^2 = 53.68$***							
G2 (Father)							
Age							
39 and below	33.0	23.9	24.8	12.8	5.5	100	109
40-49	26.0	17.2	32.1	17.2	7.4	100	1224
50 and above	25.3	9.7	33.3	20.4	11.3	100	186
Likelihood Ratio $\chi^2 = 19.44$*							
Education							
Primary and lower	34.0	16.0	26.4	16.0	7.5	100	212
Jr. High	27.4	19.4	28.6	16.9	7.7	100	427
Sr. High	28.9	17.8	28.4	17.6	7.4	100	461
Vocational College	24.9	17.3	36.4	16.8	4.6	100	173
College and higher	14.3	11.6	43.8	18.2	12.0	100	258
Likelihood Ratio $\chi^2 = 54.15$***							
Ethnicity							
Fukienese	27.8	18.6	29.5	16.7	7.5	100	1126
Hakka	22.1	11.5	36.1	18.0	12.3	100	122
Mainlander	18.8	14.0	41.9	16.1	9.1	100	186
Aboriginal/other	26.7	6.7	30.0	30.0	6.7	100	30
Likelihood Ratio $\chi^2 = 27.65$**							

* $p < .05$, ** $p < .01$, *** $p < .001$

Table 2: Contact of G2-G1 (Parent-Maternal Grandparent)

	Co-reside	Daily	At least 1/week	At least 1/month	Several /year	%	N
Total	4.2	17.8	46.2	22.7	9.1	100	1658
Area							
Taipei City	3.4	17.1	47.3	22.7	9.6	100	626
Taipei County	6.6	15.5	43.9	23.4	10.6	100	594
Yilan County	2.3	21.9	47.7	21.7	6.4	100	438
Likelihood Ratio $\chi^2 = 25.29^{**}$							
Family Income							
30000/below	5.7	17.9	41.7	22.3	12.5	100	336
30001-50000	3.0	18.1	46.2	24.8	7.9	100	504
50001-70000	6.1	18.8	47.0	20.0	8.2	100	330
70001/above	3.1	17.4	48.9	23.9	6.7	100	419
Likelihood Ratio $\chi^2 = 19.41$							
Family Structure							
Two-Parent	3.5	17.4	47.4	22.9	8.7	100	1468
Single-Mother	10.5	24.6	38.6	18.4	7.9	100	114
Single-Father	5.3	5.3	26.3	31.6	31.6	100	19
Likelihood Ratio $\chi^2 = 26.47^{***}$							
G2 (Mother)							
Age							
39 and below	5.2	16.4	45.3	23.2	9.9	100	426
40-49	3.9	18.1	46.6	22.6	8.8	100	1175
50 and above	3.6	21.8	47.3	18.2	9.1	100	55
Likelihood Ratio $\chi^2 = 3.26$							
Education							
Primary/ lower	4.3	15.2	42.7	25.5	12.3	100	302
Jr. High	1.7	18.0	48.0	22.0	10.2	100	460
Sr. High	5.3	20.1	43.9	22.3	8.5	100	602
Vocational College	5.2	15.7	48.4	26.8	3.9	100	153
College/higher	6.5	14.4	56.1	15.8	7.2	100	139
Likelihood Ratio $\chi^2 = 36.74^{**}$							
Ethnicity							
Fukienese	3.9	18.4	46.5	21.8	9.5	100	1246
Hakka	4.7	11.3	47.2	28.3	8.5	100	106
Mainlander	7.0	20.3	50.0	16.9	5.8	100	172
Aboriginal/other	3.8	18.9	26.4	45.3	5.7	100	53
Likelihood Ratio $\chi^2 = 29.69^{**}$							

Table 3: Child Care G3 Age 0-3

	Paternal Grandparent Care 0-3			Maternal Grandparent Care 0-3		
	None	Day or night	24 hours	N (%)	None	Day or night	24 hours	N (%)
Total	84.7	9.1	6.2	2023 (100)	92.1	3.4	4.5	2023 (100)
Area	Likelihood Ratio χ^2 = 12.83*				Likelihood Ratio χ^2 = 5.13			
Taipei City	85.7	9.9	4.4	755 (100)	90.6	3.8	5.6	755 (100)
Taipei County	85.0	7.1	7.8	714 (100)	92.2	3.4	4.5	714 (100)
Yilan County	82.9	10.5	6.7	554 (100)	93.9	2.9	3.2	554 (100)
G2's ethnicity	Father's Likelihood Ratio χ^2 = 6.60				Mother's Likelihood Ratio χ^2 = 12.94*			
Fukienese	84.3	9.9	5.9	1482 (100)	93.5	2.8	3.7	1499 (100)
Hakka	86.4	5.8	7.8	154 (100)	89.1	3.6	7.3	137 (100)
Mainlander	85.7	9.1	5.2	231 (100)	87.4	6.1	6.6	198 (100)
Other	92.0	4.0	4.0	50 (100)	92.2	5.2	2.6	77 (100)
G3's gender	Likelihood Ratio χ^2 = 2.61				Likelihood Ratio χ^2 = 0.61			
Male	83.7	10.1	6.2	1029 (100)	92.4	3.1	4.5	1029 (100)
Female	85.7	8.0	6.2	994 (100)	91.6	3.7	4.6	994 (100)
G3's birth order	Likelihood Ratio χ^2 = 38.55***				Likelihood Ratio χ^2 = 28.18***			
Eldest	80.7	13.0	6.2	866 (100)	89.1	4.7	6.2	866 (100)
Second	86.7	6.5	6.8	721 (100)	93.5	3.2	3.3	721 (100)
Third	91.7	5.4	2.9	313 (100)	94.9	1.6	3.5	313 (100)
Fourth	84.2	6.1	9.6	114 (100)	98.2	.0	1.8	114 (100)
G1-G2 Co-reside (G3 0-3)	Likelihood Ratio χ^2 = 179.95***				Likelihood Ratio χ^2 = 236.39***			
Yes	73.6	17.5	8.8	907 (44.8)	45.6	28.7	25.7	136 (6.7)
No	93.6	2.2	4.1	1115 (55.2)	95.4	1.6	3.0	1886 (93.3)

* p < .05, ** p < .01, *** p < .001

Table 4: Child Care G3 Age 3-6

	Paternal Grandparent Care 3-6				Maternal Grandparent Care 3-6			
	None	Day or night	24 hours	N (%)	None	Day or night	24 hours	N (%)
Total	90.2	6.3	3.5	2023 (100)	95.0	2.9	2.1	2023 (100)
Area	Likelihood Ratio χ^2 = 7.02				Likelihood Ratio χ^2 = 5.24			
Taipei City	91.5	6.2	2.3	755 (100)	94.3	3.6	2.1	755 (100)
Taipei County	89.5	5.9	4.6	714 (100)	94.7	3.2	2.1	714 (100)
Yilan County	89.4	6.9	3.8	554 (100)	96.4	1.6	2.0	554 (100)
G2's ethnicity	Father's Likelihood Ratio χ^2 = 6.02				Mother's Likelihood Ratio χ^2 = 4.81			
Fukienese	89.8	6.7	3.5	1482 (100)	95.5	2.5	2.0	1499 (100)
Hakka	90.9	7.1	1.9	154 (100)	93.4	3.6	2.9	137 (100)
Mainlander	93.1	4.8	2.2	231 (100)	92.9	5.1	2.0	198 (100)
Others	94.0	2.0	4.0	50 (100)	93.5	3.9	2.6	77 (100)
G3's gender	Likelihood Ratio χ^2 = 1.56				Likelihood Ratio χ^2 = 2.75			
Male	90.6	6.4	3.0	1029 (100)	95.7	2.3	1.9	1029 (100)
Female	89.8	6.1	4.0	994 (100)	94.3	3.5	2.2	994 (100)
G3's birth order	Likelihood Ratio χ^2 = 8.67				Likelihood Ratio χ^2 = 8.27			
Eldest	89.0	7.7	3.2	866 (100)	94.0	3.2	2.8	866 (100)
Second	91.3	5.0	3.7	721 (100)	95.0	3.1	1.9	721 (100)
Third	92.7	4.5	2.9	313 (100)	96.5	2.6	1.0	313 (100)
Fourth	87.7	8.8	3.5	114 (100)	97.2	1.7	1.2	114 (100)
G1-G2 Co-reside (G3 3-6)	Likelihood Ratio χ^2 = 171.20***				Likelihood Ratio χ^2 = 160.44***			
Yes	79.9	13.3	6.8	822(40.6)	57.3	24.5	18.2	110(5.4)
No	97.3	1.5	1.2	1201(59.4)	95.4	1.6	3.0	1913(94.6)
Child Care (G3 0-3)	Likelihood Ratio χ^2 = 44.57***				Likelihood Ratio χ^2 = 458.90***			
None	98.1	1.5	.5	1713 (100)	99.2	.6	.2	1862 (100)
Day or night	52.2	45.1	2.7	184 (100)	50.7	46.4	2.9	69 (100)
24 hours	38.9	15.1	46.0	126 (100)	42.4	17.4	40.2	92 (100)

* p < .05, ** p < .01, *** p < .001

Intergenerational Relations in Taiwan

Table 5: Face-to-Face Contact of G3-G1 (Grandchild-Paternal Grandparent)

	Co-reside	Daily	At least 1/week	At least 1/month	Several /year	%	N
Total	23.2	11.7	16.2	13.5	35.4	100	2114
Area							
Taipei City	20.2	10.1	14.9	17.0	37.8	100	823
Taipei County	20.1	11.4	14.9	10.9	42.8	100	827
Yilan County	34.1	15.3	20.7	11.9	18.1	100	464
Likelihood Ratio $\chi^2 = 114.91$***							
G2 Father's ethnicity							
Fukienese	24.4	11.9	16.0	13.0	34.7	100	1535
Hakka	15.6	10.0	14.4	16.9	43.1	100	160
Mainlander	21.6	10.8	18.1	13.9	35.5	100	259
Others	21.6	9.8	13.7	11.8	43.1	100	51
Likelihood Ratio $\chi^2 = 12.82$							
G3's gender							
Male	23.0	12.8	16.3	13.3	34.6	100	1100
Female	23.4	10.6	16.1	13.7	36.3	100	1014
Likelihood Ratio $\chi^2 = 2.85$							
G3's birth order							
Eldest	23.2	11.1	18.7	13.2	33.9	100	941
Second	21.8	12.4	15.2	13.8	36.8	100	744
Third	26.0	12.2	15.1	13.8	32.9	100	304
Fourth	25.0	13.5	4.2	12.5	44.8	100	96
Likelihood Ratio $\chi^2 = 23.12$*							
Early Family Experience							
G1-G2 Co-reside (G3 0-3)							
Yes	42.8	16.3	16.5	9.7	14.7	100	750
No	8.4	8.7	18.3	16.5	48.0	100	841
Likelihood Ratio $\chi^2 = 382.70$***							
G1-G2 Co-reside (G3 3-6)							
Yes	47.6	17.2	15.3	7.6	12.3	100	681
No	7.5	8.6	19.1	17.6	47.3	100	911
Likelihood Ratio $\chi^2 = 487.56$***							
Child Care (G3 0-3)							
None	21.1	11.9	17.7	13.8	35.6	100	1329
Day or night	46.8	15.2	16.5	10.1	11.4	100	158
24 hours	36.2	12.4	16.2	12.4	22.9	100	105
Likelihood Ratio $\chi^2 = 72.21$***							
Child Care (G3 3-6)							
None	21.4	11.5	18.1	14.0	35.0	100	1422
Day or night	49.1	20.9	10.9	7.3	11.8	100	110
24 hours	56.7	13.3	15.0	8.3	6.7	100	60
Likelihood Ratio $\chi^2 = 100.77$***							

Table 6: Face-to-Face Contact of G3-G1 (Grandchild-Maternal Grandparent)

	Co-reside	Daily	At least 1/week	At least 1/month	Several /yearr	%	N
Total	7.9	6.7	18.2	17.5	49.8	100	2118
Area							
Taipei City	6.8	6.2	17.0	19.5	50.4	100	819
Taipei County	7.1	6.4	15.7	13.9	56.8	100	826
Yilan County	11.0	7.8	24.7	20.1	36.4	100	473
Likelihood Ratio $\chi^2 = 58.53$***							
G2 Mother's ethnicity							
Fukienese	7.3	6.9	18.8	18.4	48.7	100	1568
Hakka	6.1	4.3	13.4	17.1	59.1	100	164
Mainlander	11.5	6.2	21.1	16.7	44.5	100	209
Others	9.0	10.4	17.9	7.5	55.2	100	67
Likelihood Ratio $\chi^2 = 21.11$*							
G3's gender							
Male	6.9	7.5	19.9	16.6	49.2	100	1078
Female	8.9	5.8	16.5	18.4	50.4	100	1040
Likelihood Ratio $\chi^2 = 9.63$*							
G3's birth order							
Eldest	8.4	7.3	20.5	18.2	45.6	100	951
Second	7.0	6.9	17.2	17.1	51.8	100	738
Third	7.3	4.3	16.9	18.5	53.0	100	302
Fourth	9.1	8.1	12.1	13.1	57.6	100	99
Likelihood Ratio $\chi^2 = 17.94$							
Early Family Experience							
G1-G2 Co-reside (G3 0-3)							
Yes	21.9	12.3	15.8	16.7	33.3	100	114
No	6.5	6.4	18.7	18.7	49.7	100	1479
Likelihood Ratio $\chi^2 = 34.46$***							
G1-G2 Co-reside (G3 3-6)							
Yes	29.7	14.3	16.5	19.8	19.8	100	91
No	6.3	6.4	18.6	18.4	50.3	100	1502
Likelihood Ratio $\chi^2 = 64.46$***							
Child Care (G3 0-3)							
None	6.7	6.3	18.5	18.7	49.8	100	1453
Day or night	19.4	19.4	22.6	14.5	24.2	100	62
24 hours	15.4	7.7	15.4	17.9	43.6	100	78
Likelihood Ratio $\chi^2 = 36.36$***							
Child Care (G3 3-6)							
None	6.7	6.2	18.6	18.8	49.8	100	1504
Day or night	21.2	21.2	21.2	15.4	21.2	100	52
24 hours	24.3	13.5	13.5	13.5	35.1	100	37
Likelihood Ratio $\chi^2 = 45.25$***							

Tabellarischer Lebenslauf von Bernhard Nauck

27.08.1945   Geboren in Hildesheim
06.07.1990   Heirat mit Şule Nauck, geb. Çakaloğlu

1972   Diplom-Prüfung in Erziehungswissenschaften an der Pädagogischen Hochschule Rheinland mit den Fächern Pädagogik, Soziologie, Vorschulische Erziehung und Didaktik der deutschen Sprache „mit Auszeichnung" bestanden
1977   Promotion an der Pädagogischen Hochschule Rheinland mit dem Hauptfach Soziologie „mit Auszeichnung"
1983   Habilitation an der Universität Bonn für das Lehrgebiet „Soziologie"
1983-1987   Privat-Dozent für das Lehrgebiet „Soziologie" an der Universität Bonn
1987   Umhabilitation zum Dr. phil. habil. und Privatdozent für das Lehrgebiet „Soziologie" an der Universität Augsburg
1987-1989   Privat-Dozent für das Lehrgebiet „Soziologie" an der Universität Augsburg

Hauptamtliche Tätigkeiten und Gastaufenthalte

1972-1984   Wissenschaftlicher Assistent an der Pädagogischen Hochschule Rheinland und den Universitäten Oldenburg und Bonn
1985-1986   Vertretung einer Professur für „Soziologie und Methodenlehre" an der Bergischen Universität Wuppertal
1986-1988   Gründungs-Leiter der Abteilung Familienforschung im Staatsinstitut für Frühpädagogik und Familienforschung, München
1988-1989   Vertretung einer Professur für „Soziologie" an der Universität zu Köln
1990-1992   Professor (C 4) für Soziologie an der Pädagogischen Hochschule Weingarten
1992   Annahme des Rufes auf die Gründungsprofessur „Allgemeine Soziologie I" der Technischen Universität Chemnitz
1996, 1998   Gastprofessur am Department of Sociology der University of Toronto, Kanada

1998	Fellowship am Hanse-Wissenschaftskolleg Delmenhorst
2004	Gastprofessur an der Universität Wien
2004	Fellowship der Chinese Acadamy of Science, Taipei, Taiwan

Funktionen in wissenschaftlichen Vereinigungen

1990-1996	Sprecher der Sektion „Familien- und Jugendsoziologie" der Deutschen Gesellschaft für Soziologie
1992-1996	Mitglied der Kommission für den sozialen und politischen Wandel in den neuen Bundesländern (KSPW)
1996-2000	Mitglied der Sachverständigenkommission für den 6. Bericht der Bundesregierung über die Lage der Familien in der BRD, ab 1998 Kommissarischer Vorsitzender
1997-2001	Wissenschaftlicher Beirat des Instituts für Bevölkerungsforschung und Sozialpolitik der Universität Bielefeld, ab 1998 Stellvertretender Vorsitzender
1997-2001	Vorstandsmitglied der Sektion „Migration und ethnische Minderheiten" der Deutschen Gesellschaft für Soziologie
seit 2000	Fachgutachter im Gutachterausschuss „Empirische Sozialforschung" der Deutschen Forschungsgemeinschaft
2000-2001	Vorstandsmitglied der Deutschen Gesellschaft für Bevölkerungswissenschaft
seit 2001	Wissenschaftlicher Beirat der „Zeitschrift für Soziologie"
seit 2001	Associate Editor des „Journal of Comparative Family Studies"
seit 2001	Sprecher der Sektion „Migration und ethnische Minderheiten" der Deutschen Gesellschaft für Soziologie
2001-2004	Vorstandsmitglied „Deutschen Gesellschaft für Demographie"
2002-2006	Präsident des Committee on Family Research (RC06) der International Sociological Association
seit 2002	Mitglied des Advisory Board des Minerva Youth Institute in Haifa, Israel
2003-2005	Mitglied des Advisory Board des Sourcebook of Family Theory and Research
seit 2003	Mitglied des Rates für Migration
seit 2003	Mitglied der Antragsteller- und Koordinatorengruppe für das DFG-Schwerpunktprogramm „Beziehungs- und Familienentwicklung" (SP 1611)

Schriftenverzeichnis von Bernhard Nauck

A. Monographien und Herausgebertätigkeiten

mit Barbara Settles: „Migrant and Ethnic Minority Families", Special Issue des ‚Journal of Comparative Family Studies' XXXII, 2001.

mit Klaus J. Bade, Maria Dietzel-Papakyriakou, Hans-Joachim Hoffmann-Nowotny und Rosemarie von Schweitzer als Mitglied der Sachverständigenkommission für den 6. Familienbericht: „Familien ausländischer Herkunft in Deutschland. Empirische Beiträge zur Familienentwicklung und Akkulturation - Lebensalltag - Rechtliche Rahmenbedingungen". 3 Bände. Opladen (Leske + Budrich) 2000.

mit Ulrich Mueller und Andreas Diekmann: „Handbuch der Demographie". 2 Bände. Berlin/Heidelberg/New York (Springer) 2000.

mit Hans Bertram und Thomas Klein: „Solidarität, Lebensformen und regionale Entwicklung". Opladen (Leske & Budrich) 2000.

mit Ingrid Gogolin: „Migration, gesellschaftliche Differenzierung und Bildung. Resultate des Forschungsschwerpunktprogramms FABER". Opladen (Leske + Budrich) 2000.

mit Friedrich W. Busch und Rosemarie Nave-Herz: „Aktuelle Forschungsfelder der Familienwissenschaft". Würzburg (Ergon) 1999.

mit Friedrich W. Busch und Rosemarie Nave-Herz: Buchreihe: „Familie und Gesellschaft". Würzburg (Ergon) seit 1999.

mit Ute Schönpflug: „Familien in verschiedenen Kulturen". Stuttgart (Enke) 1997.

mit Hans Bertram: „Familiäre Lebensbedingungen von Kindern in Deutschland." Opladen (Leske + Budrich) 1995.

mit Uta Gerhardt, Stefan Hradil und Doris Lucke: „Familie der Zukunft. Lebensbedingungen und Lebensformen". Opladen (Leske + Budrich) 1995.

mit Corinna Onnen-Isemann: „Familie im Brennpunkt von Wissenschaft und Forschung". Neuwied/Kriftel (Luchterhand) 1995.

mit Angelika Tölke und Norbert Schneider: „Familie und Lebensverlauf im gesellschaftlichen Umbruch". Stuttgart (Enke) 1995.

mit Peter Büchner, Matthias Grundmann, Johannes Huinink, Lothar Krappmann, Dagmar Meyer und Sabine Rothe: „Kindliche Lebenswelten, Bildung und innerfamiliale Beziehungen". Materialien zum 5. Familienbericht, Band 4, Weinheim/München (DJI/Juventa) 1994.

„Lebensgestaltung von Frauen. Eine Regionalanalyse zur Integration von Familien- und Erwerbstätigkeit im Lebensverlauf". Weinheim/München (Juventa) 1993.

mit Manfred Markefka: „Handbuch der Kindheitsforschung". Neuwied/Kriftel/Berlin (Luchterhand) 1993.

mit Albert Over und Christoph Reichert: „Existenzgründungen von zurückgekehrten Fachkräften aus Entwicklungsländern". München/Köln/London (Weltforum) 1992.

„Erwerbstätigkeit und Familienstruktur. Eine empirische Analyse des Einflusses außerfamiliärer Ressourcen auf die Interaktionsstruktur und die Belastung von Vätern und Müttern". Weinheim/München (DJI/Juventa) 1987.

„Arbeitsmigration und Familienstruktur. Eine soziologische Analyse der mikrosozialen Folgen von Migrationsprozessen". Frankfurt a. M./New York (Campus) 1985.

mit Rosemarie Nave-Herz: „Familie und Freizeit. Eine empirische Studie". Weinheim/München (DJI/Juventa) 1978.

„Jugendbuch und Sozialisation". Wien/Köln (Böhlau) 1977.

„Kommunikationsinhalte von Jugendbüchern. Eine literatursoziologische Inhaltsanalyse der Themenstruktur westdeutscher Jugendbücher der Erscheinungsjahrgänge 1967 – 1969". Weinheim/Basel (Beltz) 1974.

mit Manfred Markefka: „Zwischen Literatur und Wirklichkeit". Neuwied/Berlin (Luchterhand) 1972.

B. Wissenschaftliche Beiträge zu Zeitschriften und Sammelwerken

„Changing Value of Children: An Action Theory of Fertility Behavior and Intergenerational Relationships in Cross-Cultural Comparison", in: Wolfgang Friedlmeier, Pradeep Chakkarath und Beate Schwarz (Hrsg.), Culture and Human Development. The Importance of Cross-Cultural Research to the Social Sciences. Hove/New York (Psychology Press) 2005, S. 183 - 202.

mit Anja Steinbach: „Intergenerationale Transmission in Migrantenfamilien". In: Urs Fuhrer & Haci-Halil Uslucan (Hrsg.): Familie, Akkulturation und Erziehung. Migration zwischen Eigen- und Fremdkultur. Stuttgart (Kohlhammer) 2005, S. 111 - 125.

mit Thomas Klein: „Families in Germany", in: Bert. N. Adams und Jan Trost (Hrsg.): Handbook of World Families. Thousand Oaks/London (Sage) 2005, S. 283 - 312.

mit Daniela Klaus: „Families in Turkey", in: Bert. N. Adams und Jan Trost (Hrsg.), Handbook of World Families, Thousand Oaks/London (Sage) 2005, S. 364 - 388.

„Soziales Kapital, intergenerative Transmission und interethnischer Kontakt in MIgrantenfamilien", in: Jahrbuch Jugendforschung Wiesbaden (Verlag für Sozialwissenschaften) 2004, S. 18 - 49.

„Interkultureller Kontakt und intergenerationale Transmission in Migrantenfamilien", in: Yasemin Karakasoglu und Julian Lüddecke (Hrsg.), Migrationsforschung und Interkulturelle Pädagogik. Aktuelle Entwicklungen in Theorie, Empirie und Praxis, Münster/New York (Waxmann) 2004, S. 229 - 248.

„Familienbeziehungen und Sozialintegration von Migranten", in: Klaus J. Bade und Michael Bommes (Hrsg.), Migration - Integration - Bildung, Grundfragen und Problembereiche, Osnabrück IMIS 2004, S. 83 - 104.

mit Anja Steinbach: „Intergenerationale Transmission von kulturellem Kapital in Migrantenfamilien. Zur Erklärung von ethnischen Unterschieden im deutschen Bildungssystem", in: Zeitschrift für Erziehungswissenschaft, 7, 2004, S. 20 - 32.

„Kinder als Objekte individuellen und kollektiven Nutzens. Anmerkungen zur familien- und sozialpolitischen Diskussion", in: Zeitschrift für Sozialreform, 50, 2004, S. 60 - 80.

mit Jana Suckow: „Generationenbeziehungen im Kulturvergleich - Beziehungen zwischen Müttern und Großmüttern in Japan, Korea, China, Indonesien, Israel, Deutschland und der Türkei", in: Michael Feldhaus, Niels Logemann und Monika Schlegel (Hrsg.), Blickrichtung Familie. Vielfalt eines Forschungsgegenstandes, Würzburg (Ergon) 2003, S. 51 - 66.

mit Jana Suckow: „Generationenbeziehungen im Kulturvergleich - Beziehungen zwischen Müttern und Großmüttern in Japan, Korea, China, Indonesien, Israel, Deutschland und der Türkei", in: Michael Feldhaus, Niels Logemann und Monika Schlegel (Hrsg.), Blickrichtung Familie. Vielfalt eines Forschungsgegenstandes, Würzburg (Ergon) 2003, S. 51 - 66.

mit Jana Suckow: „Soziale Netzwerke und Generationenbeziehungen im interkulturellen Vergleich. Soziale Beziehungen von Müttern und Großmüttern in Japan, Korea, China, Indonesien, Israel, Deutschland und der Türkei", in: Zeitschrift für Soziologie der Erziehung und Sozialisation XXII, 2002, S. 374 - 392.

„Dreißig Jahre Migrantenfamilien in der Bundesrepublik. Familiärer Wandel zwischen Situationsanpassung, Akkulturation, Segregation und Remigration", in: Rosemarie Nave-Herz (Hrsg.),Kontinuität und Wandel der Familie in Deutschland. Eine zeitgeschichtliche Analyse, Stuttgart (Lucius & Lucius) 2002, S. 315 - 339; modifiziert und gekürzt wiederabgedruckt als: „Familienbeziehungen und Sozialintegration von Migranten", in: Klaus J. Bade und Michael Bommes (Hrsg.), Migration - Integration - Bildung. Grundfragen und Problembereiche, Osnabrück IMIS 2004, S. 83 - 104.

„Families in Turkey", in: Rosemarie Nave-Herz (Hrsg.), Family Change and Intergenerational Relations in Different Cultures, Würzburg (Ergon) 2002, S. 11 - 48.

„Social Capital, Intergenerational Transmission and Intercultural Contact in Immigrant Families", in: Bernhard Nauck und Barbara Settles (Hrsg.), Migrant and Ethnic Minority Families. Special Issue des Journal for Comparative Family Studies XXXII, 2001, S. 465 - 488.

„Intercultural Contact and Intergenerational Transmission in Immigrant Families", in: Journal of Cross-Cultural Psychology XXXII, 2001, S. 175 - 189.

mit Yasemin Niephaus: „Intergenerative Konflikte und gesundheitliche Belastungen in Migrantenfamilien", in: Peter Marschalck und Karl Heinz Wiedl (Hrsg.), Migration und Krankheit, Osnabrück (Universitätsverlag Rasch) 2001, S. 217 - 250.

„Der Wert von Kindern für ihre Eltern. 'Value of Children' als spezielle Handlungstheorie des generativen Verhaltens und von Generationenbeziehungen im interkulturellen Vergleich", in: Kölner Zeitschrift für Soziologie und Sozialpsychologie LIII, 2001, S. 407 - 435.

mit Otto G. Schwenk: „Did Societal Transformation Destroy the Social Networks of Families in East Germany?" in: American Behavioral Scientist IVL, 2001, S. 1864 - 1878.

mit Klaus J. Bade, Maria Dietzel-Papakyriakou, Hans-Joachim Hoffmann-Nowotny und Rosemarie von Schweitzer als Mitglieder der Sachverständigenkommission: „Sechster Familienbericht - Familien ausländischer Herkunft in Deutschland", in: Bundesministerium für Familie, Senioren, Frauen und Jugend (Hrsg.), Familien ausländischer Herkunft in Deutschland. Sechster Familienbericht, Bonn (Bundesanzeiger Verlagsgesellschaft) 2000, S. 1 - 236.

„Generationenbeziehungen und Heiratsregimes - theoretische Überlegungen zur Struktur von Heiratsmärkten und Partnerwahlprozessen am Beispiel der Türkei und Deutschland", in: Thomas Klein (Hrsg.), Partnerwahl und Heiratsmuster. Sozialstrukturelle Voraussetzungen der Liebe, Opladen (Leske und Budrich) 2001, S. 35 - 55.

mit Anja Steinbach: „Die Wirkung institutioneller Rahmenbedingungen für das individuelle Eingliederungsverhalten von russischen Immigranten in Deutschland und Israel", in: Regina Metze, Kurt Mühler und Karl-Dieter Opp (Hrsg.), Normen und Institutionen: Entstehung und Wirkungen, Leipzig (Leipziger Universitätsverlag) 2000, S. 299 - 320.

„Sozialer und intergenerativer Wandel in Migrantenfamilien in Deutschland", in: Reiner Buchegger (Hrsg.), Migranten und Flüchtlinge: eine familienwissenschaftliche Annäherung, Wien (Österreichisches Institut für Familienforschung) 1999, S. 13 - 69; verändert wiederabgedruckt als: „Eltern-Kind-Beziehungen in Migrantenfamilien - ein Vergleich zwischen griechischen, italienischen, türkischen und vietnamesischen Familien in Deutschland", in: Sachverständigenkommission 6. Familienbericht (Hrsg.), Empirische Beiträge zur Familienentwicklung und Akkulturation. Materialien zum 6. Familienbericht, Band 1, Opladen (Leske und Budrich) 2000, S. 347 - 392.

„Migration, Globalisierung und der Sozialstaat", in: Berliner Journal für Soziologie, 9, 1999, S. 479 - 493; verändert wiederabgedruckt als: „Familien ausländischer Herkunft und der Sozialstaat", in: Edda Curle und Tanja Wunderlich (Hrsg.), Deutschland - ein Einwanderungsland? Rückblick, Bilanz und neue Fragen, Stuttgart (Lucius und Lucius) 2001, S. 249 - 270.

„Soziales Kapital und intergenerative Transmission von kulturellem Kapital im regionalen Kontext", in: Hans Bertram, Bernhard Nauck und Thomas Klein (Hrsg.): Solidarität, Lebensformen und regionale Entwicklung, Opladen (Leske & Budrich) 1999, S. 17 - 57; gekürzt wiederabgedruckt als: „Social Capital and Intergenerative Transmission of Cultural Capital within a Regional Context", in: John Bynner und Rainer K. Silbereisen (Hrsg.): Adversity and Challenge in Life in the New Germany and in England, London (Macmillan) 1999, S. 212 - 238.

mit Annette Kohlmann: „Values of Children - Ein Forschungsprogramm zur Erklärung von generativem Verhalten und intergenerativen Beziehungen", in: Friedrich W. Busch, Bernhard Nauck und Rosemarie Nave-Herz (Hrsg.): Aktuelle Forschungsfelder der Familienwissenschaft, Würzburg (Ergon) 1999, S. 53-73.

mit Heike Diefenbach und Kornelia Petri: „Intergenerationale Transmission von kulturellem Kapital unter Migrationsbedingungen: Zum Bildungserfolg von Kindern und Jugendlichen aus Migrantenfamilien in Deutschland", in: Zeitschrift für Pädagogik 44, 1998, S. 701 - 722.

mit Magdalena Joos: „Sozialberichterstattung und Kinderarmut in Ost- und Westdeutschland", in: Hans Oswald (Hrsg.), Sozialisation und Entwicklung in den neuen Bundesländern. 2. Beiheft der Zeitschrift für Soziologie der Erziehung und Sozialisation, Weinheim (Juventa) 1998, S. 248 - 264.

mit Annette Kohlmann: „Verwandtschaft als soziales Kapital - Netzwerkbeziehungen in türkischen Migrantenfamilien", in: Michael Wagner und Yvonne Schütze (Hrsg.), Verwandtschaft. Sozialwissenschaftliche Beiträge zu einem vernachlässigten Thema, Stuttgart (Enke Verlag) 1998, S. 203 - 235; gekürzt wiederabgedruckt als: „Kinship as Social Capital: Network Relationships in Turkish Migrant Families", in: Rudolf Richter und Sylvia Supper (Hrsg.), New Qualities in the Lifecourse. Intercultural Aspects, Würzburg (Ergon Verlag) 1999, S. 199 - 218.

mit Heike Diefenbach: „Bildungsverhalten als 'strategische Praxis.': Ein Modell zur Erklärung der Reproduktion von Humankapital in Migrantenfamilien", in: Ludger Pries (Hrsg.), Transnationale Migration. Sonderband 12 der Sozialen Welt, Baden-Baden (Nomos Verlag) 1997, S. 277 - 291.

„Intergenerative Konflikte und gesundheitliches Wohlbefinden in türkischen Familien", in: Bernhard Nauck und Ute Schönpflug (Hrsg.), Familien in verschiedenen Kulturen, Stuttgart (Enke Verlag) 1997, S 324 - 354.

„Sozialer Wandel, Migration und Familienbildung bei türkischen Frauen", in: Bernhard Nauck und Ute Schönpflug (Hrsg.), Familien in verschiedenen Kulturen, Stuttgart (Enke Verlag) 1997, S. 162 - 199.

mit Ute Schönpflug: „Familien in verschiedenen Kulturen", in: Bernhard Nauck und Ute Schönpflug (Hrsg.), Familien in verschiedenen Kulturen, Stuttgart (Enke Verlag) 1997, S. 1 - 21.

mit Annette Kohlmann und Heike Diefenbach: „Familiäre Netzwerke, intergenerative Transmission und Assimilationsprozesse bei türkischen Migrantenfamilien", in: Kölner Zeitschrift für Soziologie und Sozialpsychologie, 49, 1997, S. 477 - 499.

mit Heike Diefenbach: „Bildungsbeteiligung von Kindern aus Familien ausländischer Herkunft: Eine methodenkritische Diskussion des Forschungsstands und eine empirische Bestandsaufnahme", in: Folker Schmidt (Hrsg.), Methodische Probleme der empirischen Erziehungswissenschaft, Hohengehren (Burgbücherei Schneider) 1997, S. 289 - 307.

mit Magdalena Joos: „Wandel der familiären Lebensverhältnisse von Kindern in Ostdeutschland", in: Gisela Trommsdorff (Hrsg.), Sozialisation und Entwicklung von Kindern vor und nach der Vereinigung. Opladen (Leske & Budrich) 1996, S. 243 - 298.

mit Magdalena Joos: „Kinderarmut in Ostdeutschland - zum Zusammenwirken von Institutionentransfer und familialer Lebensform im Transformationsprozeß", in: Hans P. Buba und Norbert Schneider (Hrsg.), Familie zwischen gesellschaftlicher Formung und individuellem Design, Opladen: Westdeutscher Verlag 1996, S. 165 - 181; wiederabgedruckt als: „Child Poverty in East Germany - the Interaction of Institution Transfer and Family Type in the Transformation Process", in: Rainer K. Silbereisen und Alexander von Eye (Hrsg.), Growing up in Times of Social Change. Berlin/New York: De Gruyter 1999, S. 73 - 90.

mit Magdalena Joos: „East Joins West: Child Welfare and Market Reforms in the 'Special Case' of the Former GDR", Innocenti Occasional Papers Economy Policy Series, No. 48, 53 Seiten, Florenz (International Child Development Centre der UNICEF) 1995.

„Lebensbedingungen von Kindern in Einkind-, Mehrkind- und Vielkindfamilien", in: Bernhard Nauck und Hans Bertram (Hrsg.): „Kinder in Deutschland. Lebensverhältnisse von Kindern im Regionalvergleich", Opladen (Leske & Budrich) 1995, S. 137 - 169.

„Kinder als Gegenstand der Sozialberichterstattung - Konzepte, Methoden und Befunde im Überblick", in: Bernhard Nauck und Hans Bertram (Hrsg.): „Kinder in Deutschland. Lebensverhältnisse von Kindern im Regionalvergleich", Opladen (Leske & Budrich) 1995, S. 11 - 87; gekürzt wiederabgedruckt als „Sozialberichterstattung zu den Lebensverhältnissen von Kindern", in: Heinz H. Noll (Hrsg.), Sozialberichterstattung in Deutschland. Konzepte, Methoden und Ergebnisse für Lebensbereiche und Bevölkerungsgruppen, Weinheim/München (Juventa) 1997, S. 167 - 194; außerdem als: „Sozialstrukturelle Ansätze in der Kindheitsforschung", in: Heinz Sahner und Stefan Schwendtner (Hrsg.), 27. Kongreß der Deutschen Gesellschaft für Soziologie. Gesellschaften im Umbruch, Opladen (Westdeutscher Verlag) 1995, S. 739 - 745; außerdem mit Wolfgang Meyer und Magdalena Joos: „Sozialberichterstattung über Kinder in der Bundesrepublik Deutschland. Zielsetzungen, Forschungsstand und Perspektiven", in: Aus Politik und Zeitgeschichte. Beilage zur Wochenzeitschrift Das Parlament B11, 1996, S. 11 - 20.

„Familie im Kontext von Politik, Kulturkritik und Forschung: Das internationale Jahr der Familie", in: Uta Gerhardt, Stefan Hradil, Doris Lucke und Bernhard Nauck (Hrsg.), Familie der Zukunft. Lebensbedingungen und Lebensformen, Opladen (Leske & Budrich) 1995, S. 21 - 36.

mit Norbert F. Schneider und Angelika Tölke: „Familie im gesellschaftlichen Umbruch - nachholende oder divergierende Modernisierung?", in: Bernhard Nauck, Norbert F. Schneider und Angelika Tölke (Hrsg.), Familie und Lebenslauf im gesellschaftlichen Umbruch, Stuttgart (Enke Verlag) 1995, S. 1 - 25.

„Regionale Milieus von Familien in Deutschland nach der politischen Vereinigung", in: Bernhard Nauck und Corinna Onnen-Isemann (Hrsg.): Familie im Brennpunkt von Wissenschaft und Forschung, Neuwied (Luchterhand Verlag) 1995, S. 91 - 122; wiederabgedruckt als: „Regionale Familienmilieus in

Deutschland", in: Gerhard Brunn (Hrsg), Region und Regionsbildung in Europa. Konzeptionen der Forschung und empirische Befunde, Baden-Baden (Nomos Verlag) 1996, S. 119 - 150.

„Sozialräumliche Differenzierung der Lebensverhältnisse von Kinder in Deutschland", in: Wolfgang Glatzer und Hans H. Noll (Hrsg.), Getrennt vereint. Lebensverhältnisse in Deutschland seit der Wiedervereinigung, Frankfurt/New York (Campus Verlag) 1995, S. 165 - 202.

„Trasmissione intergenerazionale fra genitori e adolescenti. Un confronto tra famiglie migrate in Germania e famiglie in Turchia (Intergenerative Transmission zwischen Eltern und Jugendlichen - Ein Vergleich zwischen Migrantenfamilien in Deutschland und Familien in der Türkei)", in: Robert Hettlage (Hrsg.), Problemi migratori in Germania e in Italia tra spazi senza frontiere e nuevi confini. Annali di Sociologia 10, 1994, Trento 1996, S. 423 - 465; verändert wieder abgedruckt als: „Educational Climate and Intergenerative Transmission in Turkish Families: A Comparison of Migrants in Germany and Non-Migrants", in: Peter Noack, Manfred Hofer und James Youniss (Hrsg.), Psychological Responses to Social Change. Human Development in Changing Environments, Berlin/New York (de Gruyter) 1995, S. 67 - 85; erweitert wieder abgedruckt als: „Migration and Intergenerational Relations: Turkish Families at Home and Abroad", in: Wlesowod W. Isajiw (Hrsg.), Multiculturalism in North America and Europe: Comparative Perspectives on Interethnic Relations and Social Incorporation, Toronto (Canadian Scholars' Press) 1997, S. 435 - 465; gekürzt wiederabgedruckt als: „La transmission culturelle d'une génération à l'autre: differences entre les Turcs demeurés au pays et les Turcs émigrés en Allemagne", in: International Scope Review, 1, 1999, S. 206 - 234.

„Bildungsverhalten in Migrantenfamilien", in: Peter Büchner, Matthias Grundmann, Johannes Huinink, Lothar Krappmann, Bernhard Nauck, Dagmar Meyer und Sabine Rothe, Kindliche Lebenswelten, Bildung und innerfamiliale Beziehungen. Materialien zum Fünften Familienbericht, Band 4, Weinheim/ München (DJI/Juventa) 1994, S. 105 - 141.

„Transformations démographiques de la population Turque immigrée en Allemagne", in: Nouzha Bensalah (Hrsg.), Familles Turques et Maghrébines aujourd'hui. Evolution dans les espaces d'origine et d'immigration, Louvain/Paris (Academia-Maisonneuve et Larose) 1994, S. 53 - 73.

„Die (Reproduktions-)Arbeit tun die anderen, oder: Welchen Beitrag leisten Gruppen traditionaler Lebensführung für die Entstehung moderner Lebensstile", in: Berliner Journal für Soziologie IV, 1994, S. 203 - 216; wiederabgedruckt in: Philosophische Fakultät der Technischen Universität Chemnitz-Zwickau (Hrsg.), Antrittsvorlesungen der Philosophischen Fakultät, Chemnitz (Universitätsdruck) 1995, S. 10 - 32.

„Erziehungsklima, intergenerative Transmission und Sozialisation von Jugendlichen in türkischen Migrantenfamilien", in: Zeitschrift für Pädagogik XL, 1994, S. 43 - 62.

„Regionale und sozialstrukturelle Differenzierung der Kindschaftsverhältnisse in Deutschland", in: Zeitschrift für Pädagogik IXL, 1993, S. 953 - 369.

„Bildung, Migration und generatives Verhalten bei türkischen Frauen", in: Andreas Diekmann und Stefan Weick (Hrsg.), Der Familienzyklus als sozialer Prozeß. Bevölkerungssoziologische Untersuchungen mit den Methoden der Ereignisanalyse, Berlin (Duncker und Humblot) 1993, S. 308 -346.

„Frauen und ihre Kinder: Regionale und soziale Differenzierungen in Einstellungen zu Kindern, im generativen Verhalten und in den Kindschaftsverhältnissen", in: Bernhard Nauck (Hrsg.): Lebensgestaltung von Frauen. Eine Regionalanalyse zur Integration von Familien- und Erwerbstätigkeit im Lebensverlauf, Weinheim/München (Juventa Verlag) 1993, S. 45 - 86.

„Dreifach diskriminiert? - Ausländerinnen in Westdeutschland", in: Gisela Helwig und Hildegard M. Nickel (Hrsg.), Frauen in Deutschland 1945 - 1992, Berlin (Akademie Verlag) 1993, S. 364 - 395; gekürzt und verändert wiederabgedruckt als: „Erwerbstätigkeit und gesundheitliches Wohlbefinden ausländischer Frauen in der Bundesrepublik Deutschland", in: Ruprecht-Karls-Universität Heidelberg (Hrsg.), Erfahrungen des Fremden. Vorträge im Sommersemester 1992, Heidelberg (Heidelberger Verlagsanstalt) 1993, S. 57 - 76.

mit Hans Merkens: „Ausländerkinder", in: Manfred Markefka und Bernhard Nauck (Hrsg.), Handbuch der Kindheitsforschung, Neuwied /Frankfurt (H. Luchterhand Verlag) 1993, S. 447 - 457.

„Sozialstrukturelle Differenzierung der Lebensbedingungen von Kindern in West- und Ostdeutschland", in: Manfred Markefka und Bernhard Nauck (Hrsg.), Handbuch der Kindheitsforschung, Neuwied/Frankfurt (H. Luchterhand Verlag) 1993, S. 143 - 163.

„Fruchtbarkeitsunterschiede in der Bundesrepublik Deutschland und in der Türkei. Ein interkultureller und interkontextueller Vergleich", in: Eckart Voland (Hrsg.), Fortpflanzung: Natur und Kultur im Wechselspiel. Versuch eines Dialogs zwischen Biologen und Sozialwissenschaftlern, Frankfurt (Suhrkamp) 1992, S. 239 - 269.

„Familien- und Betreuungssituationen im Lebenslauf von Kindern", in: Hans Bertram (Hrsg.), Die Familie in Westdeutschland. Stabilität und Wandel familiärer Lebensformen, Opladen (Leske und Budrich) 1991, S. 389 - 428.

„Migration, ethnische Differenzierung und Modernisierung der Lebensführung", in: Wolfgang Zapf (Hrsg.), Die Modernisierung moderner Gesellschaften. Verhandlungen des 25. Deutschen Soziologentages in Frankfurt am Main 1990, Frankfurt (Campus Verlag) 1991, S. 704 - 723.

„Intergenerative Beziehungen in deutschen und türkischen Familien. Elemente einer indvidualistisch-strukturtheoretischen Erklärung", in: Peter Bott, Hans Merkens und Folker Schmidt (Hrsg.), Türkische Jugendliche und Aussiedlerkinder in Familie und Schule. Theoretische und empirische Beiträge der pädagogischen Forschung, Hohengehren (Schneider Verlag) 1991, S. 79 - 102.

„Intergenerational Relationships in Families from Turkey and Germany. An extension of the 'value of children' approach to educational attitudes and socialization practices", in: European Sociological Review V, 1989, S. 251 - 274; modifiziert wiederveröffentlicht als: „Eltern-Kind-Beziehungen bei Deutschen, Türken und Migranten. Ein interkultureller Vergleich der Werte von Kindern, des generativen Verhaltens, der Erziehungseinstellungen und Sozialisationspraktiken", in: Zeitschrift für Bevölkerungswissenschaft XVI, 1990, S. 87 - 120.

„Demographische Entwicklung der Jugend in der Bundesrepublik Deutschland", in: Rosemarie Nave-Herz und Manfred Markefka (Hrsg.), Handbuch der Familien- und Jugendforschung. Band II: Jugendforschung, Neuwied/Frankfurt (H. Luchterhand Verlag) 1989, S. 273 - 292.

„Familiales Freizeitverhalten", in: Rosemarie Nave-Herz und Manfred Markefka (Hrsg.), Handbuch der Familien- und Jugendforschung. Band I: Familienforschung, Neuwied/Frankfurt (H. Luchterhand Verlag) 1989, S. 327 - 346.

„Individualistische Erklärungsansätze in der Familienforschung: die rational-choice-Basis von Familienökonomie, Ressourcen- und Austauschtheorien", in: Rosemarie Nave-Herz und Manfred Markefka (Hrsg.), Handbuch der Familien-

und Jugendforschung. Band I: Familienforschung, Neuwied/Frankfurt (H. Luchterhand Verlag) 1989, S. 45 - 61.

„Lebenslauf, Migration und generatives Verhalten bei türkischen Familien. Eine multivariate Analyse freudiger Ereignisdaten", in: Alois Herlth und Klaus P. Strohmeier (Hrsg.), Lebenslauf und Familienentwicklung. Mikroanalysen des Wandels familialer Lebensformen, Opladen (Leske und Budrich) 1989, S. 189 - 229.

„Die normative Struktur intergenerativer Beziehungen im interkulturellen Vergleich: Erziehungseinstellungen in deutschen, türkischen und Migrantenfamilien", in: Hans Bertram u.a. (Hrsg.), Blickpunkt Jugend und Familie. Internationale Beiträge zum Wandel der Generationen, Weinheim (DJI/Juventa Verlag) 1989, S. 276 - 299.

„Inter- und intragenerativer Wandel in Migrantenfamilien", in: Soziale Welt IXL, 1988, S. 504 - 521.

„Sozial-ökologischer Kontext und außerfamiliäre Beziehungen. Ein interkultureller und interkontextueller Vergleich am Beispiel von deutschen und türkischen Familien", in: Jürgen Friedrichs (Hrsg.), Soziologische Stadtforschung. Sonderheft 29 der Kölner Zeitschrift für Soziologie und Sozialpsychologie, Opladen (Westdeutscher Verlag) 1988, S. 310 - 327.

„Sozialstrukturelle und individualistische Migrationstheorien. Elemente eines Theorienvergleichs", in: Kölner Zeitschrift für Soziologie und Sozialpsychologie XL, 1988, S. 15 - 39.

„Zwanzig Jahre Migrantenfamilien in der Bundesrepublik. Familiärer Wandel zwischen Situationsanpassung, Akkulturation und Segregation", in: Rosemarie Nave-Herz (Hrsg.), Wandel und Kontinuität der Familie in der Bundesrepublik Deutschland, Stuttgart (Enke Verlag) 1988, S. 279 - 297.

mit Sule Özel: „Kettenmigration in türkischen Familien. Ihre Herkunftsbedingungen und ihre Effekte auf die Reorganisation der familiären Interaktionsstruktur in der Aufnahmegesellschaft", in: Migration I, 1987, S. 61 - 94; gekürzt wiederabgedruckt als: „Türk çi Ailelerinde Zincirleme Göç Olgusu" in: Veyis Güngör (Hrsg.), Bati Avrupa Türkleri. Göçmenlikten Yerleik Hayata Geçi, Amsterdam (Stichting Nederlands-Turks Academisch Genootschap) 1992, S. 33 - 36.

„Individuelle und kontextuelle Faktoren der Kinderzahl in türkischen Migrantenfamilien. Ein Replikationsversuch bevölkerungsstatistischer Befunde durch Individualdaten", in: Zeitschrift für Bevölkerungswissenschaft XIII, 1987, S. 319 - 344.

„Migration and Reproductive Behavior in Turkish Migrant Families: A Situational Explanation", in: Cigdem Kagitcibasi (Hrsg.), Growth and Progress in Cross-Cultural Psychology. Selected Papers from the 8th International Conference of the International Association for Cross-Cultural Psychology, Berwyn/Lisse (Swets & Zeitlinger) 1987, S. 336-345.

„Familiäres Freizeitverhalten und soziale Ungleichheit. Eine multivariate Analyse von familiären Ressourcen, expressiver Interaktion und innerfamiliären Spannungen", in: Hartmut Lüdtke, Sigurd Agricola und Uwe V. Karst (Hrsg.), Methoden der Freizeitforschung, Opladen (Verlag Leske und Budrich) 1987, S. 189 - 227.

mit Sule Özel: „Erziehungsvorstellungen und Sozialisationspraktiken in türkischen Migrantenfamilien. Eine individualistische Erklärung interkulturell vergleichender empirischer Befunde", in: Zeitschrift für Sozialisationsforschung und Erziehungssoziologie VI, 1986, S. 285 - 312; modifiziert wiederabgedruckt: „Migration and Change in Parent-Child-Relationships. The Case of Turkish Migrants in Germany", in: International Migration XXVI, 1988, S. 33 - 55.

„Der Verlauf von Eingliederungsprozessen und die Binnenintegration von türkischen Migrantenfamilien", in: Jürgen H.P. Hoffmeyer-Zlotnik (Hrsg.), Segregation und Integration. Die Situation von Arbeitsmigranten im Aufnahmeland, Berlin (Quorum Verlag) 1986, S. 56 - 105; modifiziert wiederabgedruckt: „Assimilation Process and Group Integration of Migrant Families", in: International Migration XXVII, 1989, S. 27 - 48.

„Heimliches Matriarchat in Familien türkischer Arbeitsmigranten? Empirische Ergebnisse zu Veränderungen der Entscheidungsmacht und Aufgabenallokation", in: Zeitschrift für Soziologie XIV, 1985, S. 450 - 465.

„Positions- und Situationseffekte in der Familienforschung. Eine empirische Analyse ihres Einflusses auf die Gültigkeit von Ergebnissen standardisierter Befragungen", in: Rosemarie Nave-Herz (Hrsg.), Familiäre Veränderungen in der Bundesrepublik Deutschland seit 1950, Oldenburg (Universitätsdruck) 1984, S. 54 - 99.

„Konkurrierende Freizeitdefinitionen und ihre Auswirkungen auf die Forschungspraxis der Freizeitsoziologie", in: Kölner Zeitschrift für Soziologie und Sozialpsychologie XXXV, 1983, S. 274 - 303.

„Kriminalität bei Ausländern", in: Willi Seitz (Hrsg.), Kriminalpsychologie und Rechtspsychologie. Ein Handbuch in Schlüsselbegriffen, München/Wien/Baltimore (Verlag Urban und Schwarzenberg) 1983, S. 100 - 105.

„Ein jugendsoziologischer Erklärungsansatz für die Kinder- und Jugendliteraturforschung", in: Alfred C. Baumgärtner (Hrsg.), Literaturrezeption bei Kindern und Jugendlichen, Baltmannsweiler (Pädagogischer Verlag Burgbücherei Schneider) 1982, S. 116 - 148.

mit Doris Kleffmann: „Integration von Ausländerkindern im Vorschulbereich", in: Hans G. Lehmann (Hrsg.), Die Europäische Integration in der interdisziplinären Lehrerbildung, Bonn (Europa Union Verlag) 1981, S. 31 - 59.

„Neuere Ergebnisse zur Soziologie der Jugendliteratur" in: Recht der Jugend und des Bildungswesens XXVIII, 1980, S. 113 - 127.

C. Weitere Arbeiten

mit Jana Suckow: „Social Networks and Intergenerational Relationships in Cross-Cultural Comparisons: Social Relationships of Mothers and Grandmothers in Japan, Korea, China, Indonesia, Israel, Germany, and Turkey" in: Ken'ichi Tominaga, Akira Tokuyasu und Makato Kobayashi (Hrsg.), Environment in Natural and Socio-Cultural Context, Tokyo: German-Japanese Society for Social Sciences 2003, S. 275 - 297.

„Diskriminierung", Migration", Minderheit", Segregation", in: Günter Endruweit und Gisela Trommsdorff (Hrsg.), Wörterbuch der Soziologie, 2. Aufl. Stuttgart (Lucius & Lucius) 2002, S. 82 - 83, 362 - 363, 367 - 368, 470 - 471.

mit Magdalena Joos: „Kinder", in: Hans-Uwe Otto und Hans Thiersch (Hrsg.), Handwörterbuch Sozialarbeit/Sozialpädagogik. 2. Aufl. Neuwied/Kriftel (H. Luchterhand) 2001, S. 927 - 935.

„Strukturelle (Des-)Integration, Anomie und Adaptionsformen bei der Zweiten Generation. Kommentar", in: Hans-Joachim Hoffmann-Nowotny (Hrsg.), Das Fremde in der Schweiz.Ergebnisse soziologischer Forschung, Zürich (Seismo Verlag) 2001, S. 197 - 203.

„Familien ausländischer Herkunft. Politische Konsequenzen der Vielfalt von Akkulturationsprozessen", in: Diskurs X (3), 2001, S. 13 - 19.

„Familien ausländischer Herkunft in Deutschland", in: Jörg Maywald, Bernhard Schön und Bernd Gottwald (Hrsg.): Familien haben Zukunft, Reinbek (Rowohlt Taschenbuch Verlag) 2000, S. 177 - 189; gekürzt wiederabgedruckt in: Frühe Kindheit, III/4, 2000, S. 10 - 14.

mit Heike Diefenbach: „Der Beitrag der Migrations- und Integrationsforschung zur Entwicklung der Sozialwissenschaften", in: Ingrid Gogolin und Bernhard Nauck (Hrsg.): Migration, gesellschaftliche Differenzierung und Bildung. Resultate des Forschungsschwerpunktprogramms FABER, Opladen (Leske & Budrich) 2000, S. 37 - 52.

„Changes in the Quality of Life for Children and Families in Germany and Central and Eastern Europe", in: Ino Konstantopoulou (Hrsg.): Family - Europe - 21st Century: Visions and Institutions, Athens (Livani Publishing Organization) 1999, S. 94 -109; verändert wiederabgedruckt als: „Political Transformation, Rapid Changes in the Family Structure and the Living Conditions of Children in East Germany", in: German-Japanese Society for Social Sciences (Hrsg.): Social and Psychological Change of Japan and Germany, Tokyo (Waseda University Press) 1999, S. 231 - 257.

mit Monika Alamdar-Niemann: „Migrationsbedingter Wandel in türkischen Familien und seine Auswirkungen auf Eltern-Kind-Beziehungen und Erziehungsverhalten", in: Arbeitskreis Neue Erziehung (Hrsg.), Erziehung - Sprache - Migration. Berlin (Arbeitskreis Neue Erziehung) 1998, S. 1 - 35.

mit Magdalena Joos und Wolfgang Meyer: „Kinder", in: Bernhard Schäfers und Wolfgang Zapf (Hrsg.), Handwörterbuch zur Gesellschaft Deutschlands. Opladen (Leske & Budrich) 1998, S. 362 - 371; verändert wiederabgedruckt als „Kinder/Kindheit" in der 2. Aufl. 2001, S. 371 - 380.

mit Magdalena Joos: „Monitoring the Living Conditions of Children in Germany", in: Asher Ben-Arieh und Helmut Wintersberger (Hrsg.), Monitoring and Measuring the State of the Child - Beyond Survival", Wien (European Centre for Social Welfare Policy and Research) 1997, S. 177 - 185.

„Umbrüche in den Lebensverhältnissen von Kindern und Jugendlichen in Europa. Einführung", in: Bernhard Schäfers (Hrsg.), Lebensverhältnisse und Konflikte im neuen Europa. Verhandlungen des 26. Deutschen Soziologentages in Düsseldorf 1992, Frankfurt/New York (Campus) 1993, S. 281 - 284.

„Lebensqualität von Kindern. Befunde und Lücken der Sozialberichterstattung", in: Deutsches Jugendinstitut (Hrsg.), Was für Kinder. Aufwachsen in Deutschland, München (Kösel Verlag) 1993, S. 222 - 228.

„Les transformations des familles d'immigrés turcs en Allemagne", in: Bernard Lewis und Dominique Schnapper (Hrsg.), Musulmans en Europe, Poitiers: Actes Sud 1992, S. 165 - 180; wiederabgedruckt als: „Changes in Turkish migrant families in Germany", in: Bernard Lewis und Dominique Schnapper (Hrsg.), Muslims in Europe, London/New York (Pinter Publishers) 1994, S. 130 - 147.

mit Ute Schönpflug und Hans Merkens: „Intergenerational Relations in Turkish Migrant Worker's Families. The Transmission of Individualism-Collectivism Orientation". Berlin: Bericht Nr. 12 aus der Arbeit des Instituts für Allgemeine und Vergleichende Erziehungswissenschaft der Freien Universität 1992.

„Differentielle Fertilität in der Bundesrepublik Deutschland und in der Türkei", in: Wolfgang Glatzer (Hrsg.), 25. Deutscher Soziologentag 1990. Die Modernisierung moderner Gesellschaften, Opladen (Westdeutscher Verlag) 1991, S. 121 - 123.

„Federal Almanya'daki Yabancilarin Konut Durumu" (Wohnsituation der Ausländer in der Bundesrepublik Deutschland), in: Ruen Kele, Jürgen Nowak und Ihan Tomanbay (Hrsg.), Türkiye'de ve Almanya'da Sosyal Hizmetler. Ansiklopedik Sözlük, Ankara (Selvi Yayinlari) 1991, S. 81 - 84.

„Federal Almanya'da Türk Ailesi" (Türkische Familien in der Bundesrepublik Deutschland), in: Ruen Kele, Jürgen Nowak und Ihan Tomanbay (Hrsg.), Türkiye'de ve Almanya'da Sosyal Hizmetler. Ansiklopedik Sözlük, Ankara (Selvi Yayinlari) 1991, S. 57 - 63.

„Existenzgründungen rückgewanderter türkischer Arbeitnehmer. Eine Evaluationsstudie des Kreditsonderfonds durch eine qualitative Befragung von Experten der HALK-Bank und Existenzgründern in Trabzon, Gaziantep, Bursa und Izmir", 231 Seiten, Kassel (Wissenschaftliches Zentrum für Berufs- und Hochschulforschung an der GHS Kassel) 1991.

„Soziologie der ehelichen Machtverhältnisse", in: Norbert Kruse (Hrsg.), Weibliche Perspektiven in einer männlichen Welt. Weingartener Hochschulschriften Nr. 14, Weingarten (Pädagogische Hochschule) 1991, S. 37 - 70.

„Sozialwissenschaftliche Migrationsforschung im Marginalisierungsprozeß?", in: Soziologische Revue XIII, 1990, S 32 - 40.

mit Heinz Krombholz und Maria Gavranidou: „Erwerbstätige Mütter in unterschiedlichen Lebenslagen - eine Ergänzungsuntersuchung zum Familien-Survey", DJI-Arbeitspapier 0-0010 zum Forschungskomplex „Wandel und Entwicklung familialer Lebensformen", 26 Seiten, München (Deutsches Jugendinstitut) 1989.

„Intergenerative Beziehungen in deutschen und türkischen Familien - ein interkultureller Vergleich", in: Hans J. Hoffmann-Nowotny (Hrsg.), Kultur und Gesellschaft. Gemeinsamer Kongress der Deutschen, der Österreichischen und der Schweizerischen Gesellschaft für Soziologie Zürich 1988, Zürich (Seismo Verlag) 1989, S. 83 - 86.

„Familien- und sozialpolitische Aspekte der Nachfrage vorschulischer Betreuung", in: Zeitschrift für Familienforschung I, 1989, S. 36 - 60. Wiederabgedruckt als: „Kontinuität und Wandel in Familie, Früherziehung und Familienbildung", in: Thea Sprey-Wessing und Margret Horstmann (Hrsg.), Familie und Familienbildung. Aktuelle Aspekte in Forschung, Bildung und Politik, Köln (Universitätsdruck) 1990, S. 10 - 33.

„Anforderungen an die Vorschulerziehung durch veränderte Familienstrukturen", in: 23. Beiheft der Zeitschrift für Pädagogik, 1988, S. 269 - 272; wiederabgedruckt in: Wassilios E. Fthenakis, Robert Geipel und Erich Happ (Hrsg.), Übergänge und Brüche im Bildungswesen. Bericht über eine Tagung im Zentrum für Bildungsforschung in München, München (Ehrenwirth Verlag) 1989, S. 77 - 85; wiederabgedruckt in: Wilma Grossmann (Hrsg.), Kindergarten und Pädagogik. Grundlagentexte zur deutsch-deutschen Bestandsaufnahme, Weinheim/Basel (Beltz Verlag) 1992, S. 202 - 205.

mit Rosemarie Nave-Herz: „Erosionstendenzen der modernen Familie? Generationenvertrag, generatives Verhalten und Familienpolitik", in: Ulf Fink (Hrsg.), Der neue Generationenvertrag. Die Zukunft der sozialen Dienste, München/Zürich (Piper Verlag) 1988, S. 81 - 81. Gekürzt und verändert wiederabgedruckt als: „Generationenvertrag, generatives Verhalten und Eltern-Kind-Beziehungen im interkulturellen Vergleich", in: Anette Engfer, Beate Minsel und Sabine Walper (Hrsg.), Zeit für Kinder! Kinder in Familie und Gesellschaft, Weinheim/Basel (Beltz Verlag) 1991, S. 125 - 132.

„Die Analyse des Wandels familiärer Lebensformen als Beitrag zur Dauerbeobachtung der Situation von Familien. Ein Forschungsprogramm an der Schnittstelle von Familienforschung und Familienpolitik", in: Familie als Gegenstand von Forschung und Lehre. Beiträge zur Fachtagung an der Universität Bamberg 1988, S. 120 - 130.

„Migration und familiärer Wandel", in: Jürgen Friedrichs (Hrsg.), 23. Deutscher Soziologentag 1986. Sektions- und Ad-hoc-Gruppen, Opladen (Westdeutscher Verlag) 1987, S.564 - 567.

„Zur Situation türkischer Frauen und ihrer Familien in der Bundesrepublik Deutschland", in: Frauenforschung V, 1987, S. 89-97.

„Modernisierungsprozeß und Ressourcenverfügung in Familien türkischer Arbeitsmigranten", in: Hans W. Franz (Hrsg.), 22. Deutscher Soziologentag 1984. Sektions- und ad-hoc-Gruppen, Opladen (Westdeutscher Verlag) 1985, S. 137 - 139.

mit Sule Özel: „Zur Situation türkischer Migrantenfamilien in Deutschland", in: Theorie und Praxis der Sozialen Arbeit XXXVI, 1985, S. 313 - 317.

„Teilnahme von Elterngruppenmitgliedern an Weiterbildungsveranstaltungen. Eine empirische Analyse der Teilnehmerstruktur und -motivation", in: Eltern, Kinder und Erzieher 19, 1983, S. 67 - 85.

„Diversifizierung von Familienstrukturen in nachindustriellen Gesellschaften. Herausforderung und Chance für Familienpolitik und Familienforschung", in: Theorie und Praxis der Sozialen Arbeit XXXIII, 1982, S. 91 - 98.

„Die Belastungsprobe steht erst noch bevor. Kritische Überlegungen zur Problematik türkischer Kinder im Schulbetrieb der Bundesrepublik Deutschland", in: Zeitschrift für Kulturaustausch XXXI, 1981, S. 299 - 303.

„Männerrollen im sozialen Wandel", in: Eltern, Kinder und Erzieher 10, 1981, S. 5 - 24.

„Gruppen- und familiensoziologische Voraussetzungen von Elternselbsthilfegruppen", in: Eltern, Kinder und Erzieher 7, 1980, S. 20 - 28.

„Neuere Untersuchungen zur Rolle und zur Sozialisation des Lehrers", in: Recht der Jugend und des Bildungswesens XXVII, 1979, S. 317 - 325.

Verzeichnis der Autorinnen und Autoren

Bertram Hans, Prof. Dr., Humboldt Universität zu Berlin, Institut für Sozialwissenschaften, Mikrosoziologie, Unter den Linden 6, 10099 Berlin
E-Mail: hbertram@rz.hu-berlin.de

Diefenbach, Heike, Dr., Ludwig-Maximilians-Universität München, Institut für Soziologie, Konradstraße 6, 80801 München,
E-Mail: heike.diefenbach@soziologie.uni-muenchen.de

Eckhard, Jan, Dipl.-Soz., Universität Heidelberg, Institut für Soziologie, Sandgasse 9, 69117 Heidelberg
E-Mail: j.eckhard@urz.uni-heidelberg.de

Huinink, Johannes, Prof. Dr., Universität Bremen, EMPAS – Institut für angewandte und empirische Sozialforschung, FVG-Mitte, Celsiusstraße, 28359 Bremen
E-Mail: huinink@empas.uni-bremen.de

Klaus, Daniela, Dipl.-Soz., Technische Universität Chemnitz, Institut für Soziologie, Allgemeine Soziologie I, 09107 Chemnitz
E-Mail: daniela.klaus@phil.tu-chemnitz.de

Klein, Thomas, Prof. Dr., Universität Heidelberg, Institut für Soziologie, Sandgasse 9, 69117 Heidelberg
E-Mail: thomas.klein@urz.uni-heidelberg.de

Nave-Herz, Rosemarie, Prof. Dr. Dr. H.C. em., Carl von Ossietzky Universität Oldenburg, Institut für Soziologie, 26111 Oldenburg
E-Mail: rosemarie.nave.herz@uni-oldenburg.de

Onnen-Isemann, Corinna, Prof. Dr., Universität Regensburg, Philosophische Fakultät II, Gender Studies, 93053 Regensburg
E-Mail: corinna.onnen-isemann@paedagogik.uni-regensburg.de

Pan, En-Ling, Ph.D., Institute of Sociology, Academia Sinica, Taipei, Taiwan
E-Mail: epan@ gate.sinica.edu.tw

Schwarz, Beate, PD Dr., Universität Konstanz, Institut für Psychologie, Postfach 14, 78457 Konstanz
E-Mail: beate.schwarz@uni-konstanz.de

Settles, Barbara H., Prof., University of Delaware, Department of Individual and Family Studies, Newark, DE 19716
E-Mail: settlesb@udel.edu

Sheng, Xuewen, Ph.D., University of Delaware, Department of Individual and Family Studies, Newark, DE 19716
E-Mail: ysheng@udel.edu

Steinbach, Anja, Dr., Technische Universität Chemnitz, Institut für Soziologie, Allgemeine Soziologie I, 09107 Chemnitz
E-Mail: anja.steinbach@phil.tu-chemnitz.de

Suckow, Jana, Dipl.-Soz., Technische Universität Chemnitz, Institut für Soziologie, Allgemeine Soziologie I, 09107 Chemnitz
E-Mail: jana.suckow@phil.tu-chemnitz.de

Trommsdorff, Gisela, Prof. Dr., Universität Konstanz, Institut für Psychologie, Postfach 14, 78457 Konstanz
E-Mail: gisela.trommsdorff@uni-konstanz.de

Yi, Chin-Chun, Ph.D., Institute of Sociology, Academia Sinica, Taipei, Taiwan
E-Mail: chinyi@gate.sinica.edu.tw

Neu im Programm Soziologie

Rolf Becker /
Wolfgang Lauterbach (Hrsg.)
Bildung als Privileg?
Erklärungen und Befunde zu den
Ursachen der Bildungsungleichheit
2004. 451 S. Br. EUR 39,90
ISBN 3-531-14259-3

Manuel Castells
Die Internet-Galaxie
Internet, Wirtschaft und Gesellschaft
2005. 297 S. Br. EUR 24,90
ISBN 3-8100-3593-9

Jürgen Gerhards
Kulturelle Unterschiede in der Europäischen Union
Ein Vergleich zwischen Mitgliedsländern,
Beitrittskandidaten und der Türkei
Unter Mitarbeit von Michael Hölscher
2005. 316 S. Br. EUR 27,90
ISBN 3-531-14321-2

Ronald Hitzler / Thomas Bucher /
Arne Niederbacher
Leben in Szenen
Formen jugendlicher
Vergemeinschaftung heute
2. Aufl. 2005. 239 S. Erlebniswelten.
Br. EUR 20,90
ISBN 3-531-14512-6

Aldo Legnaro / Almut Birenheide
Stätten der späten Moderne
Reiseführer durch Bahnhöfe, shopping
malls, Disneyland Paris
2005. 304 S. Erlebniswelten.
Br. EUR 36,90
ISBN 3-8100-3725-7

Michaela Pfadenhauer (Hrsg.)
Professionelles Handeln
2005. 266 S. Br. EUR 27,90
ISBN 3-531-14511-8

Georg Vobruba
Die Dynamik Europas
2005. 147 S. Br. EUR 17,90
ISBN 3-531-14393-X

Andreas Wimmer
Kultur als Prozess
Zur Dynamik des Aushandelns
von Bedeutungen
2005. 225 S. mit 1 Abb. und 4 Tab.
Geb. EUR 24,90
ISBN 3-531-14460-X

Erhältlich im Buchhandel oder beim Verlag.
Änderungen vorbehalten. Stand: Januar 2005.   **www.vs-verlag.de**

VS VERLAG FÜR SOZIALWISSENSCHAFTEN

Abraham-Lincoln-Straße 46
65189 Wiesbaden
Tel. 0611.7878-722
Fax 0611.7878-400

Lehrbücher

Norbert Dittmar
Transkription
Ein Leitfaden mit Aufgaben für Studenten, Forscher und Laien
2. Aufl. 2004. 256 S. Qualitative Sozialforschung, Bd. 10. Br. EUR 12,90
ISBN 3-8100-3902-0

Peter Fuchs
Niklas Luhmann – beobachtet
Eine Einführung in die Systemtheorie
3., akt. Aufl. 2004. 156 S. Br. EUR 17,90
ISBN 3-531-32352-0

Werner Fuchs-Heinritz
Biographische Forschung
Eine Einführung in Praxis und Methoden
3., überarb. Aufl. 2005. 402 S.
Hagener Studientexte zur Soziologie.
Br. EUR 25,90
ISBN 3-531-43127-7

Jochen Gläser / Grit Laudel
Experteninterviews und qualitative Inhaltsanalyse als Instrumente rekonstruierender Untersuchungen
2004. 336 S. mit 40 Abb. und 9 Tab.
Br. EUR 29,90
ISBN 3-8100-3522-X

Stefan Hradil
Die Sozialstruktur Deutschlands im internationalen Vergleich
2004. 304 S. Br. EUR 24,90
ISBN 3-8100-4210-2

Elmar Lange
Soziologie des Erziehungswesens
2., überarb. Aufl. 2005. 233 S. Studienskripten zur Soziologie. Br. EUR 19,90
ISBN 3-531-14122-8

Gabriele Lucius-Hoene / Arnulf Deppermann
Rekonstruktion narrativer Identität
Ein Arbeitsbuch zur Analyse narrativer Interviews
2. Aufl. 2004. 360 S. Br. EUR 32,90
ISBN 3-531-33417-4

Tatjana Schönwälder / Katrin Wille / Thomas Hölscher
George Spencer Brown
Eine Einführung in die „Laws of Form"
2004. 283 S. mit 1 Tab. Br. EUR 19,90
ISBN 3-531-14082-5

Erhältlich im Buchhandel oder beim Verlag.
Änderungen vorbehalten. Stand: Juli 2005.

www.vs-verlag.de

VS VERLAG FÜR SOZIALWISSENSCHAFTEN

Abraham-Lincoln-Straße 46
65189 Wiesbaden
Tel. 0611.7878-722
Fax 0611.7878-400

MIX
Papier aus verantwortungsvollen Quellen
Paper from responsible sources
FSC® C105338

If you have any concerns about our products,
you can contact us on
ProductSafety@springernature.com

In case Publisher is established outside the EU,
the EU authorized representative is:
**Springer Nature Customer Service Center GmbH
Europaplatz 3, 69115 Heidelberg, Germany**

Printed by Libri Plureos GmbH
in Hamburg, Germany